U0191823

全国机械行业高等职业教育“十二五”规划教材
高等职业教育教学改革精品教材

电力电子应用技术

主　编　周元一
副主编　余丙荣
参　编　汤代斌　汤德荣
主　审　程　周

机 械 工 业 出 版 社

本书是根据高等职业教育的特点，结合生产企业岗位需求和高职学生的具体情况而编写的理论、实践一体化教材，适用于电气自动化技术、机电一体化技术、应用电子技术等专业。

全书设有五个项目，包含了电力电子技术 AC/DC、DC/DC、AC/AC 和 DC/AC 四个方面的电能转换电路，涉及的电力电子器件有普通晶闸管、双向晶闸管、电力晶体管、功率场效应晶体管和绝缘栅双极型晶体管。各项目内容相对独立，可进行适当的选择和组合。每个项目基本上都是在介绍电力电子器件的基础上进行典型的电力电子电路分析，最后进行电力电子电路制作。

本书内容具有理论与实际结合紧密及突出应用的特点，注重学生的创新精神和实践能力的培养。为完善课程的知识体系和因材施教的需要，书中还设置了相关知识和练习模块，供学生自学和练习。

本书配有电子教案，凡使用本书作为教材的教师可登录机械工业出版社教育服务网 www.cmpedu.com 下载。咨询邮箱：cmpgaozhi@sina.com。咨询电话：010-88379375。

图书在版编目（CIP）数据

电力电子应用技术/周元一主编. —北京：机械工业出版社，2013（2018.1 重印）
全国机械行业高等职业教育“十二五”规划教材　高等职业教育教学改革精品教材
ISBN 978-7-111-41205-2

Ⅰ.①电…　Ⅱ.①周…　Ⅲ.①电力电子技术-高等职业教育-教材
Ⅳ.①TM76

中国版本图书馆 CIP 数据核字（2013）第 022297 号

机械工业出版社（北京市百万庄大街 22 号　邮政编码 100037）
策划编辑：崔占军　边　萌　责任编辑：边　萌　王　琪
版式设计：霍永明　　　　　责任校对：佟瑞鑫　常天培
封面设计：鞠　杨　　　　　责任印制：张　博
三河市宏达印刷有限公司印刷
2018 年 1 月第 1 版第 3 次印刷
184mm×260mm · 11.75 印张 · 285 千字
5001—6900 册
标准书号：ISBN 978-7-111-41205-2
定价：32.00 元

前 言

电力电子技术是对电能进行控制与变换的电子技术，它包括电压、电流和频率的控制与变换。自20世纪60年代开始，电力电子技术发展异常迅速，在工业自动化领域产生了举足轻重的影响，对工业技术革命起着有力的推动作用。随着电力电子技术的不断发展，目前它在国民经济各个领域中都得到了广泛应用。

电力电子技术以电力电子器件为基础。半个世纪以来各种新的电力电子器件不断涌现，应用范围已从传统的工业、交通、电力等领域，扩大到信息通信、常用电器以及环境保护等各种领域。

编者在本书编写过程中注重典型电路的分析与应用，理论紧密联系实际，突出学生的能力培养，也注意知识的扩展与深入，理论分析以定性为主，摒弃繁杂的计算与分析，技能培养以实际动手为主。

本书针对高等职业教育的特点，对原电力电子技术课程的教学进行了深层次的改革，以项目式教学并完成实际工作任务为主导，讲述常用的电力电子器件和典型的电力电子电路。在电力电子电路制作中，以学生为主体，突出装配工艺，元器件检测、故障分析与排除，技术文件编制以及任务评价等实践环节，加强学生分析问题和解决问题的能力并提高学生的学习兴趣。本书充分体现了“以学生为中心，能力培养为本位”的职业教育思想。

全书设有五个项目，项目1为单相可控整流电路及其应用；项目2为三相可控整流电路及其应用；项目3为直流斩波电路及其应用；项目4为交流变换电路及其应用；项目5为无源逆变电路及其应用。五个项目基本覆盖了电力电子技术AC/DC、DC/DC、AC/AC和DC/AC四个方面的电能转换电路及应用，涉及的电力电子器件有普通晶闸管、双向晶闸管、电力晶体管功率场效应晶体管和绝缘栅双极型晶体管。各项目内容相对独立，各院校在教学过程中可根据所处地域和当地行业和企业的特点进行适当的选择和组合。

本书由安徽机电职业技术学院周元一任主编，余丙荣任副主编，汤代斌、汤德荣为参编。周元一编写项目1、项目5、附录A、附录G，余丙荣编写项目2、附录B、附录C，汤代斌编写项目3、附录D，汤德荣编写项目4、附录E、附录F。全书由安徽职业技术学院程周主审。安徽扬子职业技术学院孙晗、安徽机电职业技术学院李必高对本书部分图稿进行了绘制和整理，在此表示感谢。

本书在编写体系和内容上做了一些新的尝试。限于编者的学术水平和实践经验，错误之处在所难免，敬请同行专家和广大读者指正。

本书在编写时参阅了许多同行专家的教材和资料，得到了不少启发，在此表示诚挚的谢意！

编 者

目　录

项目1　单相可控整流电路及其应用

在生产中有大量需要电压可调的直流电源的场合，如电阻加热炉、电解、电镀、同步发电机的励磁、直流电动机的调速等。在晶闸管出现之前，为了得到电压可调的直流电源，曾采用过电动机-发电机组、汞弧整流器、闸流管等，这些设备都存在体积大、效率低、有噪声、寿命短等缺点。晶闸管整流装置则具有体积小、重量轻、效率高、控制灵敏等优点。

当为某一生产机械制造一台晶闸管整流装置时，首先应根据负载容量的大小及性质，决定采用什么类型的整流电路，计算并选择整流变压器、电抗器、晶闸管、熔断器等元器件的容量和规格。

根据所取交流电源的相数，晶闸管可控整流装置可分为单相可控整流和三相可控整流。对于容量较小（4kW 以下）的负载，通常采用单相可控整流装置。所谓单相可控整流就是将某一固定电压值的单相交流电变换成一个电压大小可调的直流电，向直流负载供电。

本项目任务是制作一套晶闸管单相可控整流装置。在设计、安装、调试和维修晶闸管可控整流装置的过程中，需要掌握晶闸管以及由晶闸管组成的单相可控整流电路的工作原理、波形和参数计算等基本知识。在分析晶闸管整流电路的工作原理、波形时，常把晶闸管和整流二极管看成理想的器件，即导通时的正向管压降和关断时的漏电流忽略不计，且导通和关断都是瞬时完成的。

1.1　晶闸管

晶闸管的全称是硅晶体闸流管，俗称可控硅（SCR)。它是一种用硅材料制作而成的大功率开关型半导体器件，它能以较小的电流控制上千安培的电流和数千伏特的电压。

晶闸管包括普通晶闸管、双向晶闸管、逆导晶闸管和门极关断晶闸管等。由于普通晶闸管的普遍使用，人们习惯用“晶闸管”来代替普通晶闸管的名称而省略“普通”二字，其他晶闸管则冠以别的名称。

1.1.1　晶闸管的基本结构与导通、关断条件

目前大功率晶闸管的外形结构有螺栓式和平板式两种，如图 1-1 所示。平板式又分为风冷式和水冷式。

晶闸管有三个电极：阳极 A、阴极 K 和门极 G。螺栓式晶闸管的阳极是紧拴在铝制散热器上的，而平板式是由两个彼此绝缘的相同形状散热器把管子的阳极与阴极紧紧夹住，如图 1-2 所示。

螺栓式安装、更换管子方便，但仅靠阳极散热器散热效果较差。平板式由于阳极、阴极均装有散热器，散热效果好，但安装、更换管子较困难。两者的比较项目见表 1-1。

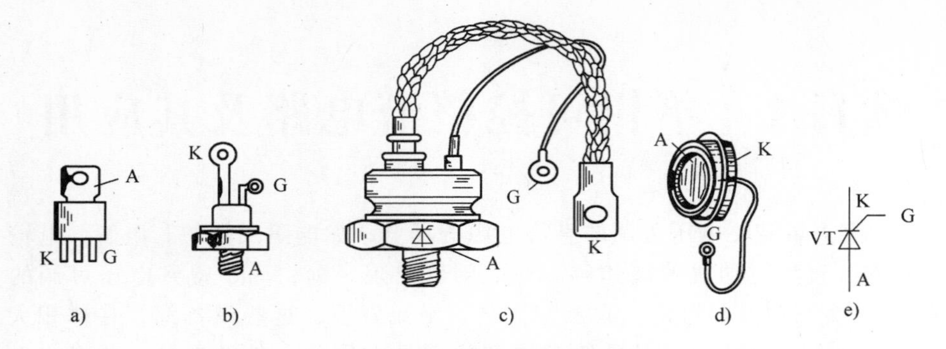

图 1-1 晶闸管的外形及符号

a）塑封式 b）小电流螺栓式 c）大电流螺栓式 d）平板式 e）图形符号

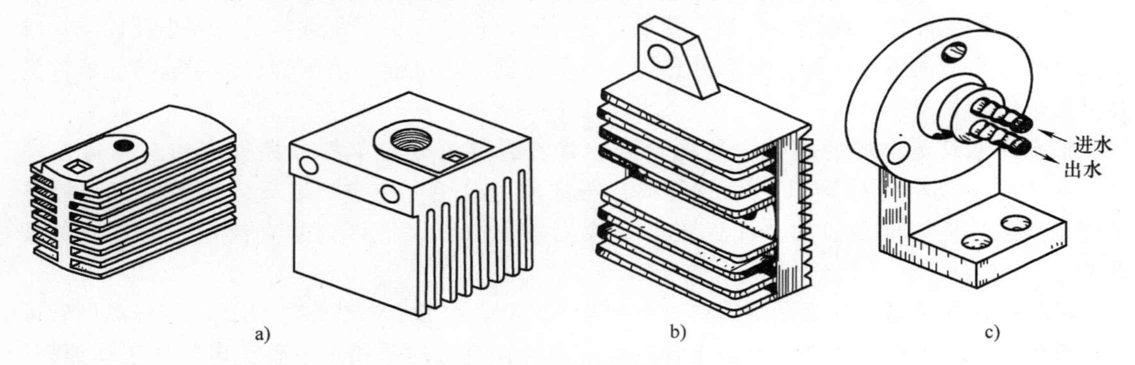

图 1-2 晶闸管散热器

a）螺栓式散热器 b）平板式风冷散热器 c）平板式水冷散热器

表 1-1 螺栓式与平板式晶闸管的比较项目

比较 \ 形式	螺栓式	平板式	
		风冷	水冷
阳极	带散热器	阳、阴极都装有相同的风冷散热器	阳、阴极都装有相同的水冷散热器
阴极	不带散热器		
门极	细小硬导线或软线引出	用细小软导线引出，并且比较靠近阴极	
优缺点	易安装和更换，但散热差	散热好，但安装、更换麻烦，必须安装冷却装置	
适用场合	一般用于 100A 以下	一般用于超过 200A 时	

图 1-3 所示为晶闸管的内部结构和等效电路。晶闸管是具有三个 PN 结的四层（$P_1N_1P_2N_2$）三端（A、K、G）器件，由最外的 P_1 层和 N_2 层引出两个电极，分别为阳极 A 和阴极 K，由中间的 P_2 层引出的电极是门极 G（也称控制极）。晶闸管内部具有三个 PN 结，即 J_1、J_2、J_3，它的 PNPN 结构又可以等效为两个互相连接的晶体管，其中

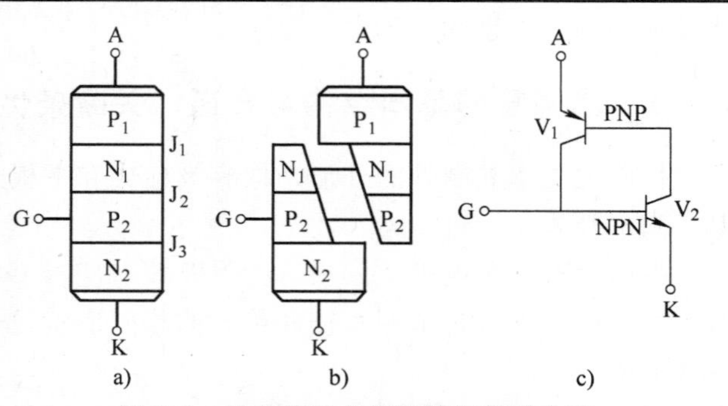

图 1-3 晶闸管的内部结构和等效电路

a）内部结构 b）结构等效 c）等效晶体管电路

N_1 和 P_2 区既是一个晶体管的集电极，同时又是另一个管子的基极。

晶闸管在工作过程中，阳极 A、阴极 K 和电源、负载相连，组成了晶闸管的主电路，门极 G、阴极 K 和控制装置相连，组成了晶闸管的控制电路（或称触发电路）。下面以灯泡作负载，接入直流电源组成一实验装置，来说明晶闸管的工作情况，如图 1-4 所示。

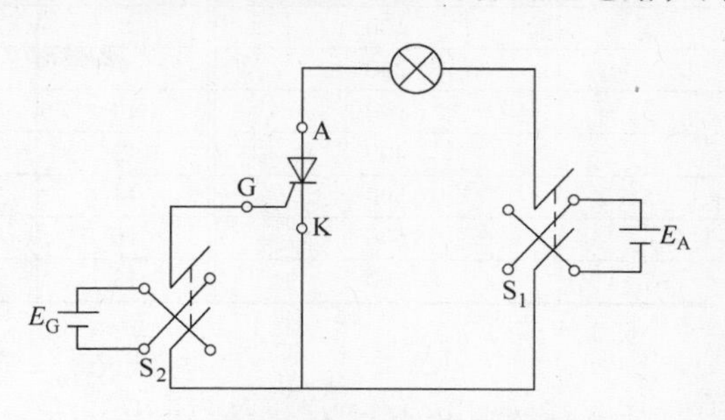

图 1-4　晶闸管的导通关断实验电路

当 S_1 正向闭合时，主电源通过负载加在晶闸管上，此时阳极接正、阴极接负，称晶闸管阳极承受正向电压。若门极开路，或接入反向电压，灯泡不亮。当 S_1 反向闭合，阳极接负、阴极接正时，称晶闸管承受反向电压，门极无论承受何种电压灯泡都不亮，晶闸管则一直处于高电阻、小电流状态，称为断态。断态时，若接入电流计，可以看到有极微小的正、反向漏电流流过电路。

当晶闸管承受正向阳极电压时，门极接入正向电压（G 正 K 负），则灯泡立即燃亮，说明晶闸管处于低电阻、低电压的状态，称为通态。通态时，晶闸管两主端管压降很小（1V 多），全部压降落在负载上，即电路电流将由电源和负载决定，$I_A = E_A/R_{灯}$。当晶闸管导通后，如果拆去门极电压，甚至门极加反向电压（G 负 K 正），电路仍然导通。说明门极只需要一正向脉冲电压即可，这个电压常称为门极触发电压（简称触发脉冲）。若要使灯泡熄灭，只有将电源电压降低，使负载电流减小到某一值（维持电流 I_H）以下，电路恢复阻断。

通过以上说明，可得到如下结论：

1）晶闸管的导通条件：在晶闸管的阳极和阴极间加正向电压，同时在它的门极和阴极间也加适当的正向电压，两者缺一不可。

2）晶闸管一旦导通，门极即失去控制作用，此时可以把门极电压撤去。因此，门极电压不需要保持直流电压，常采用脉冲电压。晶闸管从阻断变为导通的过程称为触发导通，一般门极的触发电流只有几十毫安到几百毫安，而晶闸管导通后，却可以通过几百、几千安的电流。所以说，通过晶闸管实现了弱电对强电的控制。

3）晶闸管的关断条件：使流过晶闸管的阳极电流小于维持电流。维持电流是保持晶闸管导通的最小电流。由于门极只能控制晶闸管的导通，无法控制其关断，因此又称晶闸管为半控型器件。

1.1.2　晶闸管的主要参数

为了正确选择和使用晶闸管，需要理解和掌握晶闸管的主要参数。

1. 电压参数

（1）额定电压 U_{Tn}　在门极开路和晶闸管正向阻断的条件下，可重复加在晶闸管两端的正向峰值电压称为正向重复峰值电压 U_{DRM}，可以重复加在晶闸管两端的反向峰值电压称为反向重复峰值电压 U_{RRM}。一般把 U_{DRM} 和 U_{RRM} 中较小的那个值按百位取整后作为该晶闸管的额定电压值，然后根据表 1-2 所示的标准电压等级标定晶闸管额定电压。在实际应用中选择元器件的额定电压时应注意留有充分的裕量，一般应按工作电路中可能承受到的最大瞬时值电压 U_{TM} 的 2 ~ 3 倍来选择，即

表 1-2 晶闸管的正反向电压等级

级别	正、反向重复峰值电压/V	级别	正、反向重复峰值电压/V	级别	正、反向重复峰值电压/V
1	100	8	800	20	2000
2	200	9	900	22	2200
3	300	10	1000	24	2400
4	400	12	1200	26	2600
5	500	14	1400	28	2800
6	600	16	1600	30	3000
7	700	18	1800		

$$U_{Tn} = (2 \sim 3)U_{TM} \tag{1-1}$$

（2）通态平均电压 $U_{T(AV)}$　当流过正弦半波电流并达到稳定的额定结温时，晶闸管阳极与阴极之间电压降的平均值称为通态平均电压。额定电流大小相同的元器件，通态平均电压越小，耗散功率越小，元器件质量就越高。晶闸管通态平均电压分为 9 个等级，分别用字母 A ~ I 表示，其标准值见表 1-3。

表 1-3 晶闸管的通态平均电压分组 U_T

组别	A	B	C
通态平均电压/V	$U_T \leqslant 0.4$	$0.4 < U_T \leqslant 0.5$	$0.5 < U_T \leqslant 0.6$
组别	D	E	F
通态平均电压/V	$0.6 < U_T \leqslant 0.7$	$0.7 < U_T \leqslant 0.8$	$0.8 < U_T \leqslant 0.9$
组别	G	H	I
通态平均电压/V	$0.9 < U_T \leqslant 1.0$	$1.0 < U_T \leqslant 1.1$	$1.1 < U_T \leqslant 1.2$

2. 电流参数

（1）额定电流 $I_{T(AV)}$　晶闸管的额定电流也称为额定通态平均电流。在环境温度小于 40℃ 和标准散热及晶闸管全导通（不小于 170°）的条件下，晶闸管允许通过的工频正弦半波电流平均值并按晶闸管标准电流系列取值后，称为该晶闸管的额定电流，通常所说晶闸管是多少安就是指这个电流。如果正弦半波电流的最大值为 I_m，则

$$I_{T(AV)} = \frac{1}{2\pi}\int_0^{\pi} I_m \sin\omega t \mathrm{d}(\omega t) = \frac{I_m}{\pi} \tag{1-2}$$

额定电流有效值 I_{Tn} 为

$$I_{Tn} = \sqrt{\frac{1}{2\pi}\int_0^{\pi} (I_m \sin\omega t)^2 \mathrm{d}(\omega t)} = \frac{I_m}{2} \tag{1-3}$$

根据式（1-2）和式（1-3）可求出晶闸管额定电流有效值 I_{Tn} 与额定通态平均电流 $I_{T(AV)}$ 关系为

$$I_{Tn} = 1.57 I_{T(AV)} \tag{1-4}$$

这说明额定电流 $I_{T(AV)} = 100A$ 的晶闸管，其额定电流有效值 $I_{Tn} = 157A$。

在选用晶闸管的时候，不论流过晶闸管的电流波形如何，只要流过器件的实际电流最大有效值 I_T 小于或等于器件的额定电流有效值 I_{Tn}，且散热冷却在规定的条件下，管芯的发热就可以限制在允许范围内。考虑到晶闸管的电流过载能力比一般电动机、电器要小得多，因此在选用晶闸管额定电流时，要根据实际最大的电流 I_T 计算后至少乘以 1.5 ~ 2 的安全系数，即

$$I_{T(AV)}=(1.5\sim2)\frac{I_T}{1.57} \tag{1-5}$$

（2）维持电流 I_H　在室温和门极断开时，元器件从较大的通态电流降至维持通态所必需的最小电流称为维持电流，它一般为十几毫安到几百毫安。维持电流与元器件的容量、结温有关，元器件的额定电流越大，维持电流也越大，而维持电流大的晶闸管更容易关断。

（3）擎住电流 I_L　在晶闸管由断态转入通态时去掉触发信号，能够使器件保持导通所需要的最小阳极电流称为擎住电流 I_L。I_L 为维持电流 I_H 的 2～4 倍。欲使晶闸管触发导通，必须使触发脉冲保持到阳极电流上升到擎住电流以上，否则会造成晶闸管重新回到阻断状态，因此触发脉冲必须具有一定的宽度。

3. 其他参数

（1）门极触发电流 I_{GT}和门极触发电压 U_{GT}　在室温下，对晶闸管加上 6V 正向阳极电压时，使器件由断态转入通态所必需的最小门极电流称为门极触发电流 I_{GT}，相应的门极电压称为门极触发电压 U_{GT}。同一型号的晶闸管，由于门极特性的差异，I_{GT}与 U_{GT}都相差很大。

（2）断态电压临界上升率 du/dt 和通态电流临界上升率 di/dt　在额定结温和门极开路情况下，使器件从断态到通态所需的最低阳极电压上升率称为断态电压临界上升率。晶闸管使用中要求断态下阳极电压的上升率要低于此值，否则易使晶闸管误导通。为了限制断态电压上升率，可以在器件两端并接阻容电路，利用电容两端电压不能突变的性质来限制电压上升率。

在规定条件下，晶闸管在门极触发开通时能够承受而不致损坏的最大通态电流上升率称为通态电流临界上升率。为限制通态电流临界上升率，可以在阳极回路中串入小电感，来对增长过快的电流进行限制。

晶闸管型号、种类较多，正确了解其性能参数是正确使用晶闸管的前提。表 1-4 列出了几种国产 KP 型普通晶闸管的主要参数。

表 1-4　KP 型普通晶闸管的主要参数

<table>
<tr><th>参数
型号</th><th>通态平均电流 $I_{T(AV)}$ /A</th><th>断态正反向重复峰值电压 U_{DRM}、U_{RRM} /V</th><th>维持电流 I_H /mA</th><th>门极触发电流 I_G /mA</th><th>门极触发电压 U_{GT} /V</th><th>断态电压临界上升率 du/dt /(V/μs)</th><th>通态电流临界上升率 di/dt /(A/μs)</th></tr>
<tr><td>KP1</td><td>1</td><td>50～1600</td><td>≤10</td><td>≤20</td><td>≤2.5</td><td></td><td></td></tr>
<tr><td>KP5</td><td>5</td><td rowspan="3">100～2000</td><td>≤60</td><td>≤60</td><td rowspan="5">≤3.0</td><td rowspan="3">25～800</td><td rowspan="5">25～50</td></tr>
<tr><td>KP10</td><td>10</td><td rowspan="2">≤100</td><td rowspan="2">≤100</td></tr>
<tr><td>KP20</td><td>20</td></tr>
<tr><td>KP30</td><td>30</td><td rowspan="2">100～2400</td><td>≤150</td><td>≤150</td><td rowspan="2">50～1000</td></tr>
<tr><td>KP50</td><td>50</td><td rowspan="3">≤200</td><td>≤200</td></tr>
<tr><td>KP100</td><td>100</td><td rowspan="9">100～3000</td><td rowspan="2">≤250</td><td rowspan="3">≤3.5</td><td rowspan="9">100～1000</td><td>25～100</td></tr>
<tr><td>KP200</td><td>200</td><td rowspan="2">50～200</td></tr>
<tr><td>KP300</td><td>300</td><td rowspan="6">≤300</td><td rowspan="4">≤350</td></tr>
<tr><td>KP400</td><td>400</td><td rowspan="5">≤4.0</td><td rowspan="3">50～300</td></tr>
<tr><td>KP500</td><td>500</td></tr>
<tr><td>KP600</td><td>600</td></tr>
<tr><td>KP800</td><td>800</td><td rowspan="2">≤450</td><td rowspan="2">50～500</td></tr>
<tr><td>KP1000</td><td>1000</td></tr>
</table>

1.1.3 晶闸管的型号

国产晶闸管的一般命名结构和含义如下：

KP[额定电流系列]—[额定电压等级][通态平均电压组别]

其中K表示晶闸管；P表示类型为普通型，不同类型用不同字母表示如S（双向型）、G（门极关断型）、N（逆导型）等；额定电流系列用数字标注也称额定电流值；额定电压等级也用数字标注，乘以100即为额定电压值，见表1-2；通态平均电压组别表示通态平均电压的大小，用英文字母标注，其含义见表1-3，当额定电流小于100A时，通态平均电压组别可以不标。

例如：KP100—12G，表示额定电流为100A，额定电压为1200V，通态平均电压小于1V的普通型晶闸管。

例1-1 一晶闸管接在220V交流电路中，通过器件的电流有效值为100A，问选择什么型号的晶闸管？

解： 晶闸管额定电压为

$$U_{\mathrm{Tn}}=(2\sim3)U_{\mathrm{TM}}=(2\sim3)\sqrt{2}\times220\mathrm{V}=622\sim933\mathrm{V}$$

按晶闸管额定电压等级取800V，即8级。

晶闸管的额定电流为

$$I_{\mathrm{T(AV)}}=(1.5\sim2)\frac{I_{\mathrm{T}}}{1.57}=(1.5\sim2)\times\frac{100}{1.57}\mathrm{A}=96\sim127\mathrm{A}$$

按晶闸管参数系列取100A，所以选取晶闸管型号KP100—8。

例1-2 现有晶闸管型号为KP50—7，用于某电路中时，流过的电流波形如图1-5所示，试求I_{m}允许多大？

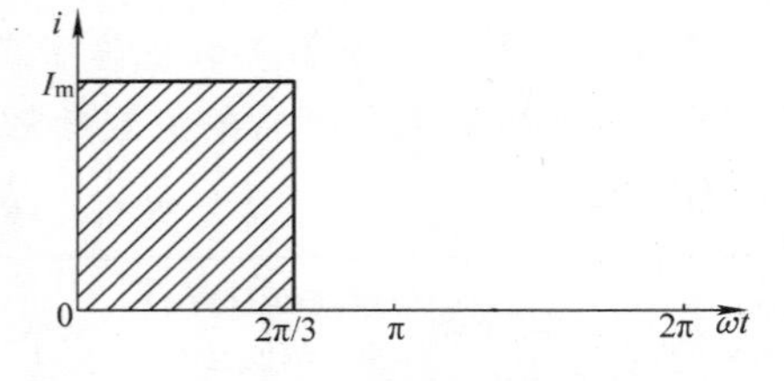

图1-5 流过晶闸管的电流波形

解： KP50—7晶闸管允许流过的电流有效值I_{Tn}为

$$I_{\mathrm{Tn}}=1.57\times I_{\mathrm{T(AV)}}=1.57\times50\mathrm{A}=78.5\mathrm{A}$$

实际流过该管的电流有效值I_{T}可根据电流波形计算求得，即$I_{\mathrm{T}}=\frac{I_{\mathrm{m}}}{\sqrt{3}}$，当考虑2倍的安全裕量时，$I_{\mathrm{m}}$的允许值为$I_{\mathrm{m}}=\frac{\sqrt{3}\times78.5}{2}\mathrm{A}=68\mathrm{A}$。

到目前为止，世界上普通晶闸管的最大额定电流可达4000A，最大额定电压可达7000V，导通压降在1000V额定电压时为1.5V，在5000V额定电压时仅为3V。

1.2 单相可控整流电路分析

在分析可控整流电路时，常忽略（或暂时忽略）系统中某些次要的或非本质因素，即在理想条件下研究分析，获得主要结论。在获得主要结论后，再将暂时被忽略的因素考虑进去加以修正和完善，使得结论接近实际。这种近似随着控制技术和控制方法的不断进步，误差越来越小，因而一般能够满足工程的要求。

假设的理想条件如下：

（1）理想开关器件　开关器件（晶闸管）导通时，通态压降为零，关断时电阻为无穷大。

（2）理想变压器　变压器漏抗为零、绕组的电阻为零、励磁电流为零。

（3）理想电源　交流电网有足够大的容量，电源为恒频、恒压和三相对称，因而整流电路接入点的电压为无畸变正弦波。

1.2.1　单相半波可控整流电路

晶闸管可控整流电路有多种形式，电路的负载也有多种性质，电路形式或负载性质不同，可控整流电路的工作情况也不一样。

1. 电阻性负载

电炉、白炽灯等均属于电阻性负载。电阻性负载的特点是：负载两端电压波形和流过负载的电流波形相同、大小成比例，电流、电压均允许突变。

（1）电路组成及电路工作原理　图1-6a为单相半波电阻性负载可控整流电路，由晶闸管 VT、负载电阻 R_d 及单相整流变压器 TR 组成。TR 用来变换电压，将一次侧电网电压 u_1 变成与负载所需电压相适应的二次电压 u_2。u_2 为二次侧正弦电压瞬时值：$u_2=\sqrt{2}U_2\sin\omega t$；$u_d$、$i_d$ 分别为整流输出电压瞬时值和负载电流瞬时值；u_T、i_T 分别为晶闸管两端电压瞬时值和流过的电流瞬时值；i_1、i_2 分别为流过整流变压器一次绕组和二次绕组电流的瞬时值。

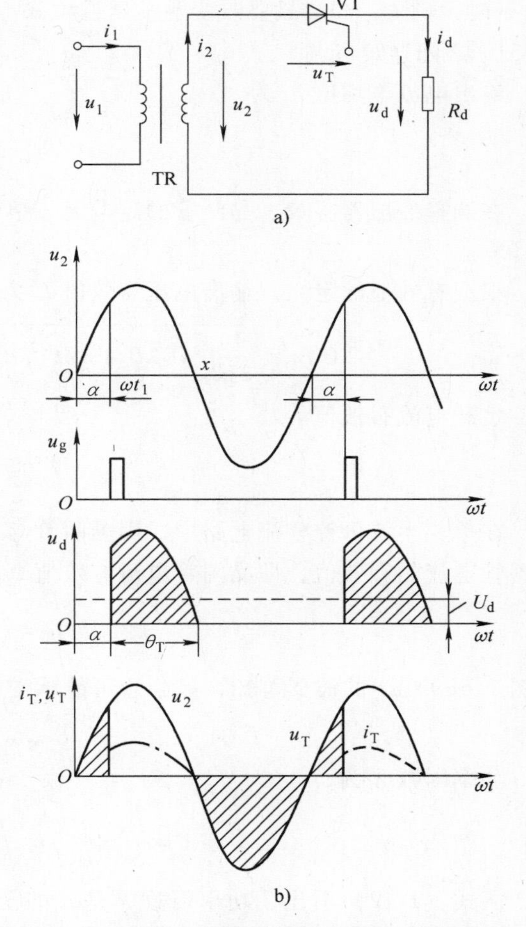

图 1-6　单相半波电阻性负载可控整流电路及波形

a）电路原理图　b）电压、电流波形

交流电压 u_2 通过 R_d 施加到晶闸管的阳极和阴极两端，在 $0\sim\pi$ 区间的 ωt_1 之前，晶闸管虽然承受正向电压，但因触发电路尚未向门极送出触发脉冲，所以晶闸管仍保持阻断状态，无直流电压输出，晶闸管 VT 承受全部 u_2 电压。

在 ωt_1 时刻，触发电路向门极送出触发脉冲 u_g，晶闸管被触发导通。若管压降忽略不计，则负载电阻 R_d 两端的波形 u_d 就是变压器二次侧 u_2 的波形，流过负载的电流 i_d 波形与 u_d 相似。由于二次绕组、晶闸管以及负载电阻是串联的，故 i_d 波形也就是 i_T 及 i_2 的波形，如图 1-6b 所示。

在 $\omega t=\pi$ 时，u_2 下降到零，晶闸管阳极电流也下降到零，晶闸管关断，电路无输出。

在 u_2 的负半周即 $\pi \sim 2\pi$ 区间，由于晶闸管承受反向电压而处于反向阻断状态，负载两端电压 u_d 为零。u_2 的下一个周期将重复上述过程。

在单相半波可控整流电路中，从晶闸管开始承受正向电压，到触发脉冲出现之前的电角度称为触发延迟角（也称移相角），用 α 表示。晶闸管在一周期内导通的电角度，用 θ_T 表示，如图 1-6b 所示。

在单相半波电阻性负载可控整流电路中 α 的移相范围为 $0 \sim \pi$，对应的导通角 θ_T 的范围为 $\pi \sim 0$，两者关系为 $\alpha + \theta_T = \pi$。从图 1-6b 波形可知，改变 α 的大小，输出整流电压 u_d 波形和输出直流电压平均值 U_d 大小也随之改变，α 减小，U_d 就增加，反之，U_d 减小。

（2）各电量的计算　根据平均值定义，输出电压平均值 U_d 为

$$U_d = \frac{1}{2\pi}\int_{\alpha}^{\pi} \sqrt{2}U_2 \sin\omega t \mathrm{d}(\omega t) = 0.45U_2 \frac{1+\cos\alpha}{2} \tag{1-6}$$

由式（1-6）可知，输出电压平均值 U_d 与整流变压器二次侧交流电压有效值 U_2 和触发延迟角 α 有关；当 U_2 一定后，仅与 α 有关。当 $\alpha = 0$ 时，则 $U_d = 0.45U_2$ 为最大输出电压。当 $\alpha = \pi$ 时，则 $U_d = 0$。只要改变触发延迟角 α（改变触发脉冲送出的时刻），U_d 就可以在 $0 \sim 0.45U_2$ 之间连续可调。

输出电流平均值 I_d 为

$$I_d = \frac{U_d}{R_d} \tag{1-7}$$

在选择变压器容量、晶闸管额定电流、熔断器以及负载电阻的有功功率时，均需按有效值计算。

根据有效值的定义，输出电压有效值 U 为

$$U = \sqrt{\frac{1}{2\pi}\int_{\alpha}^{\pi} (\sqrt{2}U_2 \sin\omega t)^2 \mathrm{d}(\omega t)} = U_2 \sqrt{\frac{\pi-\alpha}{2\pi} + \frac{\sin 2\alpha}{4\pi}} \tag{1-8}$$

负载电流有效值 I 为

$$I = \frac{U}{R_d} \tag{1-9}$$

在单相半波可控整流电路中，因晶闸管与负载串联，所以负载电流的有效值也就是流过晶闸管电流的有效值，即晶闸管电流有效值 I_T 为

$$I_T = I = \frac{U}{R_d} \tag{1-10}$$

由图 1-6b 中 u_T 的波形可知，晶闸管可能承受的正、反向峰值电压为

$$U_{TM} = \sqrt{2}U_2 \tag{1-11}$$

功率因数 λ 为

$$\lambda = \frac{P}{S} = \frac{UI}{U_2 I} = \sqrt{\frac{1}{4\pi}\sin 2\alpha + \frac{\pi-\alpha}{2\pi}} \tag{1-12}$$

从式（1-12）看出，功率因数 λ 是 α 的函数，$\alpha = 0$ 时 λ 最大为 0.707，可见单相半波可控整流电路，尽管是电阻性负载，但由于存在谐波电流，变压器最大利用率也仅有 70%。α 越大，λ 越小，设备利用率就越低。

例 1-3 单相半波可控整流电路，电阻性负载。要求输出的直流平均电压为 50 ~ 92V 之间连续可调，最大输出直流平均电流为 30A，直接由交流电网 220V 供电，试求：

（1）触发延迟角 α 的可调范围；

（2）负载电阻的最大有功功率及最大功率因数；

（3）选择晶闸管型号规格。

解：（1）由式（1-6）求得

当 $U_d = 50V$ 时

$$\cos\alpha = \frac{2 \times 50}{0.45 \times 220} - 1 \approx 0$$

$$\alpha = 90^\circ$$

当 $U_d = 92V$ 时

$$\cos\alpha = \frac{2 \times 92}{0.45 \times 220} - 1 \approx 0.87$$

$$\alpha = 30^\circ$$

（2）$\alpha = 30^\circ$时，输出直流电压平均值最大为 92V，这时负载消耗的有功功率也最大，由式（1-8）、式（1-9）和式（1-12）可求得

$$R_d = \frac{92V}{30A} = 3.07\Omega$$

$$I = \frac{U_2}{R_d}\sqrt{\frac{\pi - \alpha}{2\pi} + \frac{\sin 2\alpha}{4\pi}}$$

$$= \frac{220V}{3.07\Omega}\sqrt{\frac{180^\circ - 30^\circ}{360^\circ} + \frac{\sin 60^\circ}{4\pi}} = 49.9A \approx 50A$$

$$\lambda = \sqrt{\frac{1}{4\pi}\sin 2\alpha + \frac{\pi - \alpha}{2\pi}} = \sqrt{\frac{1}{4\pi}\sin 60^\circ + \frac{\pi - \pi/6}{2\pi}} = 0.693$$

$$P = I^2 R_d = 50^2 \times 3.07W = 7675W$$

（3）选择晶闸管，因 $\alpha = 30^\circ$时，流过晶闸管的电流有效值最大为 50A。

$$I_{T(AV)} = (1.5 \sim 2) \times \frac{I_{Tm}}{1.57} = (1.5 \sim 2) \times \frac{50}{1.57}A = 48 \sim 64A \quad 取50A$$

晶闸管的额定电压为

$$U_{Tn} = (2 \sim 3) U_{TM} = (2 \sim 3)\sqrt{2} \times 220V = 622 \sim 933V \quad 取700V$$

故选择 KP50—7 型号的晶闸管。

2. 电感性负载

电动机的励磁线圈、转差电动机电磁离合器的励磁线圈以及输出电路中串接平波电抗器的负载等均属于电感性负载。电感性负载的特点是：流过电感的电流不能突变，变化的电流会在电感中产生自感电动势，其方向总是阻碍着电流的变化。电感性负载的等效电路可用一个电感和电阻的串联电路来表示。

（1）电路组成及电路工作原理　单相半波电感性负载可控整流电路及波形如图 1-7 所示。

在 $\omega t = 0 \sim \omega t_1$ 期间，晶闸管阳极承受正向电压，但此时没有触发信号，晶闸管处于正

向关断状态，输出电压、电流都等于零，其波形如图 1-7b 所示。

当 $\omega t=\omega t_1$ 时，门极加触发信号，晶闸管触发导通，电源电压加到负载上，输出电压 $u_d=u_2$。由于电感的存在，负载电流 i_d 只能从零逐渐上升。

在 $\omega t=\omega t_1 \sim \omega t_2$ 期间，输出电流 i_d 从零增至最大值。在 i_d 的增长过程中，电感产生的感应电动势总是阻碍电流增大，其方向与电流方向相反。电源提供的能量一部分供给负载电阻，一部分为电感的储能。

在 $\omega t=\omega t_2 \sim \omega t_4$ 期间，负载电流从最大值开始下降，电感产生的感应电动势方向改变企图维持电流不变，此时电感释放能量。在 $\omega t=180°$ 时，交流电压 u_2 过零，由于电感能量的存在，电感的感应电动势使晶闸管阳极继续承受正向电压而导通，此时电感储存的磁能一部分释放变成电阻的热能，另一部分磁能变成电能送回电网。在 $\omega t=\omega t_4$ 时刻，电感的储能全部释放完后，$i_d=0$，晶闸管在 u_2 反压作用下而截止。到下一个周期的正半周，即 $\omega t=360°+\alpha$ 时，晶闸管再次被触发导通，如此循环，周而复始。u_d、i_d 和 u_T 波形如图 1-7b 所示。

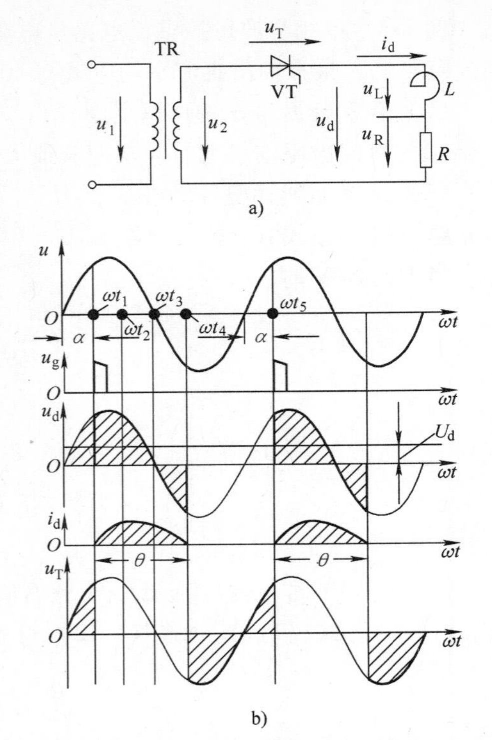

图 1-7 单相半波电感性负载可控整流电路及波形

a）电路原理图 b）电压、电流波形

表 1-5 列出了一个周期内晶闸管的导通、负载电压、晶闸管端电压的情况。由图 1-7b 可见，由于电感的作用，负载两端出现负电压，结果使负载电压平均值减少了，若电感越大，则维持导电的时间越长，负电压部分占的比例越大，使输出直流电压下降得越多。特别是大电感负载（$X_L \geqslant 10R_d$）时，输出电压正负面积趋于相等，输出电压平均值趋于零，如不采取措施，电路则无法满足输出一定直流平均电压的要求。

表 1-5 各区间晶闸管的导通、负载电压和晶闸管端电压情况

ωt	$0 \sim \alpha(\omega t_1)$	$\alpha \sim 180°$	$180° \sim \omega t_4$	$\omega t_4 \sim 360°$	$360° \sim 360°+\alpha$
晶闸管工作情况	VT 截止	VT 导通	VT 导通	VT 截止	VT 截止
u_d	0	$u_2>0$	$u_2<0$	0	0
u_T	u_2	0	0	u_2	u_2

为了使 u_2 过零变负时能及时关断晶闸管，使 u_d 波形不出现负值，又能给电感 L 提供一条新的续流通路，可以在负载两端并联二极管 VD，如图 1-8a 所示。由于该二极管是为电感负载在晶闸管关断时提供续流回路，故此二极管称为续流二极管，简称续流管。

在电源电压正半波，电压 $u_2>0$，晶闸管承受正向电压，在 $\omega t=\alpha$ 处触发晶闸管，晶闸管导通，输出电压 u_d 等于电源电压 u_2，形成负载电流 i_d，此时续流二极管 VD 承受反向电压不导通。

当电源电压变负时，由于电流减少，负载上电感 L 产生的自感电动势使续流二极管 VD

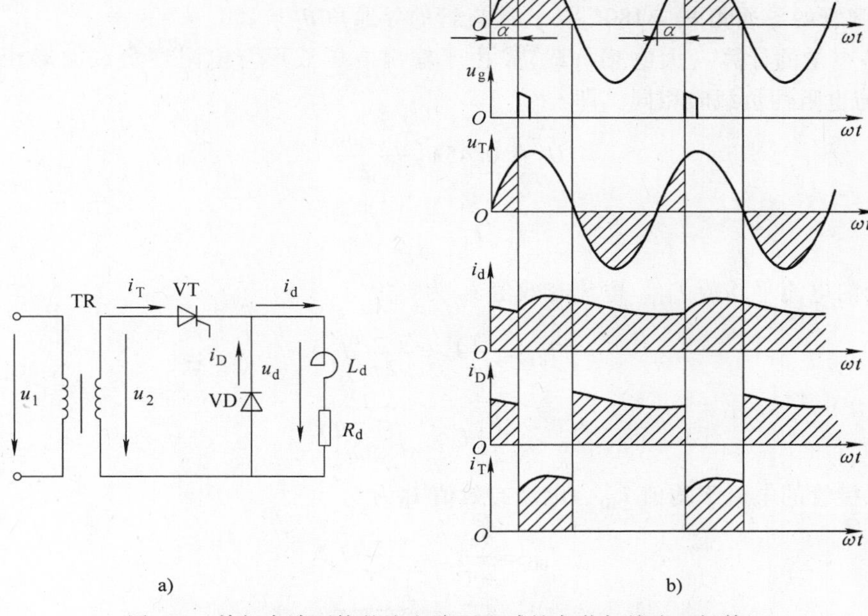

图 1-8 单相半波可控整流电路（电感性负载加续流二极管）

a）电路图 b）波形图

承受正向电压而导通，形成续流回路。此时，电源电压 u_2 通过续流二极管 VD 使晶闸管承受反向电压而关断，负载两端的输出电压为续流二极管的管压降，接近于零，因此不出现负电压。如果电感足够大，续流二极管一直导通到下一周期晶闸管导通，使 i_d 连续，且 i_d 波形近似为一条直线。工作波形如图 1-8b 所示。表 1-6 列出了一个周期内晶闸管和续流管的导通、负载电压及晶闸管端电压等情况。

表 1-6 一个周期内晶闸管和续流管的导通、负载电压及晶闸管端电压等情况

ωt	$0\sim\alpha$	$\alpha\sim180°$	$180°\sim360°$	$360°\sim360°+\alpha$
晶闸管导通情况	截止	导通	截止	截止
续流管导通情况	导通	截止	导通	导通
u_d	0	u_2	0	0
i_d	近似一条直线（值为 I_d）			
u_T	u_2	0	u_2	u_2
i_T	0	I_d（矩形波）	0	0
i_D	I_d（矩形波）	0	I_d（矩形波）	I_d（矩形波）

综上所述，电感性负载加续流二极管后：

1）移相范围和输出电压波形与电阻性负载相同。

2）在电源电压正半波时，负载电流的通路由晶闸管提供，交流电源向负载提供能量，电感 L 储存能量；在电源电压负半波时，负载电流的通路由续流二极管提供，电感 L 释放能量。由于电感的作用，负载电流波形比电阻性负载时平稳得多，在负载电感足够大的情况下，负载电流波形连续且近似为一条直线，其值为 I_d。流过晶闸管的电流波形和流过续流二极管的电流波形均是矩形波。

3）晶闸管的导通角 $\theta_T = 180° - \alpha$，续流管的导通角 $\theta_D = 180° + \alpha$。

（2）各电量的计算（大电感负载） 由于输出电压波形与电阻性负载波形相同，所以 U_d 计算式与电阻性负载时相同。即

$$U_d = 0.45U_2\frac{1+\cos\alpha}{2} \tag{1-13}$$

$$I_d = \frac{U_d}{R_d} \tag{1-14}$$

晶闸管的电流平均值 I_{dT}、电流有效值 I_T 为

$$I_{dT} = \frac{\theta_T}{2\pi}I_d = \frac{\pi-\alpha}{2\pi}I_d \tag{1-15}$$

$$I_T = \sqrt{\frac{\theta_T}{2\pi}}I_d = \sqrt{\frac{\pi-\alpha}{2\pi}}I_d \tag{1-16}$$

续流二极管的电流平均值 I_{dD}、电流有效值 I_D 为

$$I_{dD} = \frac{\theta_D}{2\pi}I_d = \frac{\pi+\alpha}{2\pi}I_d \tag{1-17}$$

$$I_D = \sqrt{\frac{\theta_D}{2\pi}}I_d = \sqrt{\frac{\pi+\alpha}{2\pi}}I_d \tag{1-18}$$

晶闸管和续流二极管承受的最大正、反向电压为

$$U_{TM} = U_{DM} = \sqrt{2}U_2 \tag{1-19}$$

例 1-4 图 1-9 是中小型同步发电机采用单相半波晶闸管自激恒压励磁的原理图。发电机电压为 220V，要求励磁电压为 45V。励磁线圈 L_d 的电阻为 4Ω，电感为 0.2H，试求：晶闸管的导通角、流过晶闸管与续流管电流的平均值与有效值。

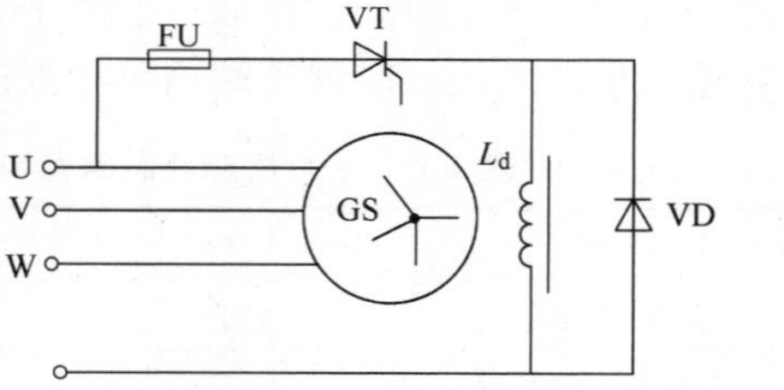

图 1-9 单相半波晶闸管自激恒压励磁的原理图

解： 因 $\omega L_d = 314 \times 0.2 = 62.8\Omega \gg R_d = 4\Omega$，所以为大电感负载，电流波形可看成一条水平直线。

$$U_d = 0.45U_2\frac{1+\cos\alpha}{2}$$

$$\cos\alpha = \frac{2U_d}{0.45U_2} - 1 = \frac{2\times 45\text{V}}{0.45\times 220\text{V}} - 1 = -0.09$$

查表得

$$\alpha = 95.1°,$$

$$\theta_T = \pi - \alpha = 180° - 95.1° = 84.9°$$

$$I_d = U_d/R_d = 45\text{V}/4\Omega = 11.25\text{A}$$

晶闸管及续流管中的电流平均值与有效值分别为

$$I_{dT} = \frac{84.9°}{360°} \times 11.25\text{A} = 2.66\text{A}$$

$$I_T = \sqrt{\frac{84.9°}{360°}} \times 11.25\text{A} = 5.45\text{A}$$

$$I_{\mathrm{dD}}=\frac{360°-84.9°}{360°}\times 11.25\mathrm{A}=8.6\mathrm{A}$$

$$I_{\mathrm{D}}=\sqrt{\frac{360°-84.9°}{360°}}\times 11.25\mathrm{A}=9.83\mathrm{A}$$

1.2.2 单相全控桥式整流电路

单相半波可控整流器，虽具有电路简单、调试方便、投资小等优点，但输出电压及负载电流脉动大（电阻性负载），每周期脉动一次，且变压器二次侧流过单方向的电流，存在直流磁化、利用率低的问题。为使变压器不饱和，必须增大铁心截面积，这样就导致设备容量增大。若不用变压器，则交流回路有直流电流，使电网畸变引起额外损耗。因此单相半波可控整流电路只适用于小容量、波形质量要求不高的场合。在实际应用中对于中小功率的设备更多采用的是单相全控桥式整流电路。

1. 电阻性负载

（1）电路组成及电路工作原理　单相全控桥式整流电路带电阻性负载的电路及各点电压、电流波形如图 1-10 所示。四个晶闸管接成桥式电路，其中 VT_1、VT_4 组成一对桥臂，VT_2、VT_3 组成另一对桥臂，VT_1 和 VT_3 两只晶闸管接成共阴极，VT_2 和 VT_4 两只晶闸管接成共阳极，变压器二次电压 u_2 接在 a、b 两点。

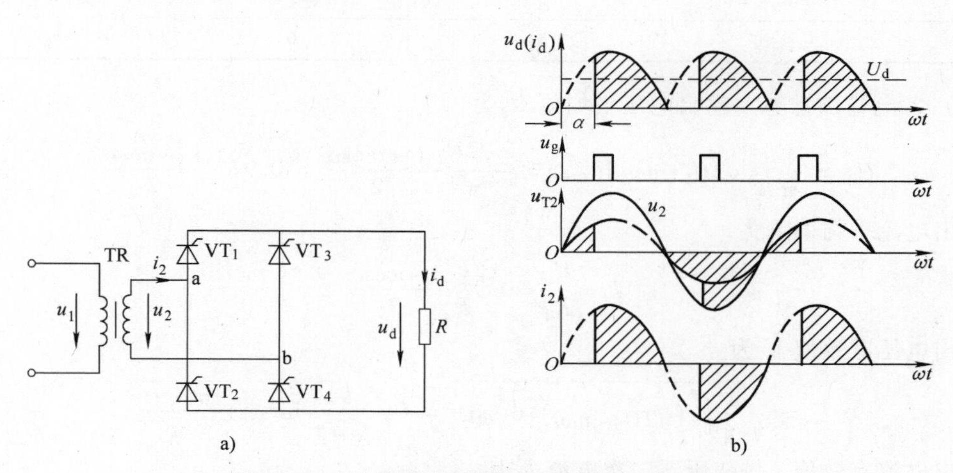

图 1-10　单相全控桥式整流电路（电阻性负载）

a）电路图　b）波形图

电源电压的正半周，晶闸管 VT_1、VT_4 同时承受正向电压，在 $\omega t=0\sim\alpha$ 期间由于未加触发脉冲，两晶闸管均处于正向阻断状态，若两管特性相同，则每个管子承受一半的电源电压，如图 1-10b 所示。在 $\omega t=\alpha$ 时刻，VT_1、VT_4 两管同时被触发，两管立刻导通，电流从电源 a 端经过 VT_1、R、VT_4 流回 b 端，负载上得到的整流输出电压与电源电压相同。这期间 VT_2、VT_3 承受反向电压而关断。当电源电压过零时，电流也下降为零，VT_1、VT_4 关断。

电源电压的负半周，晶闸管 VT_2、VT_3 同时承受正向电压，在 $\omega t=\pi\sim\pi+\alpha$ 期间同样由于没有触发脉冲，VT_2、VT_3 均处于正向阻断状态。在 $\omega t=\pi+\alpha$ 时刻，VT_2、VT_3 被触发，两管导通，电流从电源 b 端经过 VT_3、R、VT_2 流回 a 端。当电源负半周结束时，电源电压变为零，电流也下降为零，VT_2、VT_3 关断。在此期间 VT_1、VT_4 承受反向电压而关断。

下个周期开始，重复上述过程。显然，两对晶闸管触发脉冲在相位上相差 180°，每对晶闸管的导通角为 $180° - \alpha$。

从上述工作原理和工作波形来看，单相全控桥式整流电路带电阻性负载时，α 的移相范围是 0 ~ 180°，晶闸管的导通角 $\theta_T = 180° - \alpha$，两组触发脉冲在相位上相差 180°。由于正、负半周均有输出，输出电压在一个周期脉动两次，而且变压器二次绕组中，两次电流方向相反且波形对称，因而不存在半波整流电路的直流磁化问题，变压器的利用率也得以提高。

表 1-7 列出了一个周期内各区间晶闸管的工作状态、负载电压和晶闸管端电压等情况。

表 1-7　一个周期内各区间晶闸管的工作状态、负载电压和晶闸管端电压等情况

ωt	$0 \sim \alpha$	$\alpha \sim 180°$	$180° \sim 180° + \alpha$	$180° + \alpha \sim 360°$
晶闸管导通情况	$VT_{1,4}$截止 $VT_{2,3}$截止	$VT_{1,4}$导通 $VT_{2,3}$截止	$VT_{1,4}$截止 $VT_{2,3}$截止	$VT_{1,4}$截止 $VT_{2,3}$导通
u_d	0	u_2	0	u_2
i_d	0	u_2/R	0	u_2/R
u_T	$u_{T1,4} = 1/2u_2$ $u_{T2,3} = -1/2u_2$	$u_{T1,4} = 0$ $u_{T2,3} = -u_2$	$u_{T1,4} = -1/2u_2$ $u_{T2,3} = 1/2u_2$	$u_{T1,4} = -u_2$ $u_{T2,3} = 0$
i_T	$i_{T1,4} = 0$ $i_{T2,3} = 0$	$i_{T1,4} = u_2/R$ $i_{T2,3} = 0$	$i_{T1,4} = 0$ $i_{T2,3} = 0$	$i_{T1,4} = 0$ $i_{T2,3} = u_2/R$
i_2	0	u_2/R	0	$-u_2/R$

（2）各电量的计算　输出电压平均值 U_d 为

$$U_d = \frac{1}{\pi}\int_\alpha^\pi \sqrt{2}U_2 \sin\omega t \mathrm{d}(\omega t) = \frac{2\sqrt{2}U_2}{\pi}\frac{1+\cos\alpha}{2} = 0.9U_2\frac{1+\cos\alpha}{2} \tag{1-20}$$

输出电流平均值 I_d 为

$$I_d = \frac{U_d}{R_d} = 0.9\frac{U_2}{R_d}\frac{1+\cos\alpha}{2} \tag{1-21}$$

输出电压有效值 U 为

$$U = \sqrt{\frac{1}{\pi}\int_\alpha^\pi (\sqrt{2}U_2\sin\omega t)^2 \mathrm{d}(\omega t)} = U_2\sqrt{\frac{1}{2\pi}\sin2\alpha + \frac{\pi-\alpha}{\pi}} \tag{1-22}$$

输出电流有效值 I 与变压器二次电流 I_2 为

$$I = I_2 = \frac{U}{R_d} = \frac{U_2}{R_d}\sqrt{\frac{1}{2\pi}\sin2\alpha + \frac{\pi-\alpha}{\pi}} \tag{1-23}$$

晶闸管的电流平均值 I_{dT} 为

$$I_{dT} = \frac{1}{2}I_d \tag{1-24}$$

晶闸管的电流有效值 I_T 为

$$I_T = \frac{U_2}{R_d}\sqrt{\frac{1}{4\pi}\sin2\alpha + \frac{\pi-\alpha}{2\pi}} = \frac{1}{\sqrt{2}}I_2 \tag{1-25}$$

晶闸管承受的最大正、反向电压为

$$U_{TM} = U_{DM} = \sqrt{2}U_2 \tag{1-26}$$

功率因数 λ 为

$$\lambda = \frac{P}{S} = \frac{UI}{U_2 I} = \sqrt{\frac{1}{2\pi}\sin 2\alpha + \frac{\pi - \alpha}{\pi}} \tag{1-27}$$

显然功率因数与 α 相关，$\alpha = 0$ 时，$\lambda = 1$。

2. 大电感负载（$\omega L_d \gg R_d$）

（1）电路组成及电路工作原理　单相全控桥式带电感性负载的电路及其电压、电流波形如图 1-11 所示。由于电感的作用使输出电流 i_d 波形近似一条直线，晶闸管和变压器二次侧的电流为矩形波。

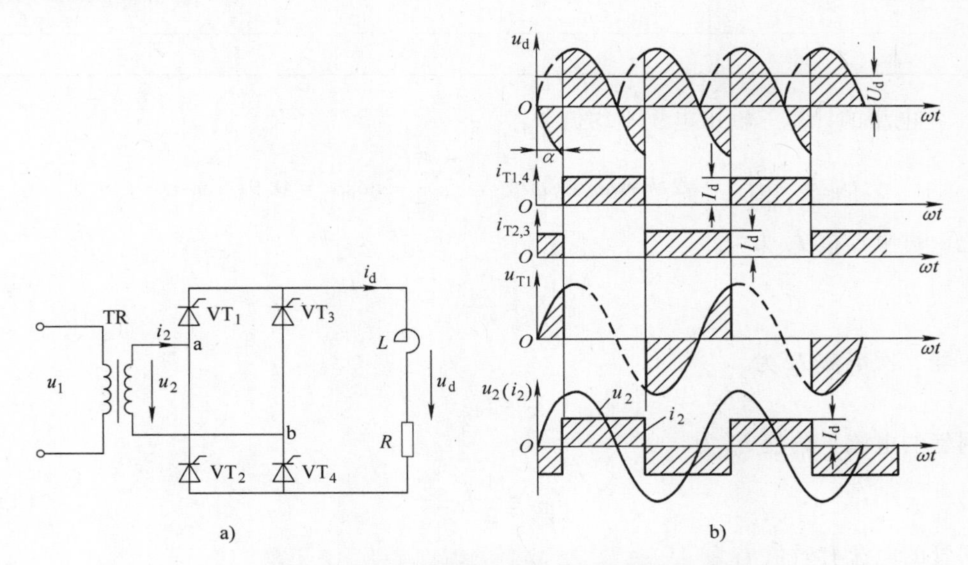

图 1-11　单相全控桥式整流电路（电感性负载）

a）电路图　b）电压、电流波形

在电源电压 u_2 的正半波，当 $\omega t = \alpha$ 时，晶闸管 VT_1、VT_4 被触发导通，电流沿 a→VT_1→L→R→VT_4→b→TR 的二次绕组→a 路径流通，此时负载上电压 $u_d = u_2$。晶闸管 VT_2、VT_3 承受反向电压而处于关断状态。

当 $\omega t = \pi$ 时，电源电压自然过零，电源电压 u_2 进入负半波，但是，电路在电感感应电动势作用下晶闸管 VT_1、VT_4 仍然继续导通，电流路径不变，此时输出电压波形出现负值，晶闸管 VT_2、VT_3 虽然承受正向电压，因无触发脉冲，继续处于关断状态。

当 $\omega t = \pi + \alpha$ 时，晶闸管 VT_2、VT_3 被触发导通，电流沿 b→VT_3→L→R→VT_2→a→TR 的二次绕组→b 路径流通，负载上电压 $u_d = -u_2$。由于 VT_2、VT_3 导通使 VT_1、VT_4 承受反向电压而关断，晶闸管 VT_2、VT_3 一直要导通到下一周期晶闸管 VT_1、VT_4 被再次触发导通时为止（$2\pi + \alpha$ 时刻）。如此周而复始，两对晶闸管轮流工作，在一个周期内，每对晶闸管各导通 180°。

从波形可以看出：$\alpha = 90°$输出电压波形正负面积相同，平均值为零，所以移相范围是 0～90°。触发延迟角 α 在 0～90°之间变化时，晶闸管导通角 $\theta_T = 180°$，导通角 θ_T 与触发延迟角 α 无关。晶闸管承受的最大正、反向电压 $U_{TM} = U_{DM} = \sqrt{2}U_2$。

表 1-8 列出了一个周期内晶闸管、输出电压和电流等情况。

表 1-8　一个周期内晶闸管、输出电压和电流等情况

ωt	$0\sim\alpha$	$\alpha\sim180°$	$180°\sim180°+\alpha$	$180°+\alpha\sim360°$	$360°\sim360°+\alpha$
晶闸管导通情况	$VT_{1,4}$截止 $VT_{2,3}$导通	$VT_{1,4}$导通 $VT_{2,3}$截止	$VT_{1,4}$导通 $VT_{2,3}$截止	$VT_{1,4}$截止 $VT_{2,3}$导通	$VT_{1,4}$截止 $VT_{2,3}$导通
u_d	$-u_2$	u_2	$-u_2$	u_2	$-u_2$
i_d	波形近似为一条高度为 I_d 的直线				
u_T	$u_{T1,4}=u_2$ $u_{T2,3}=0$	$u_{T1,4}=0$ $u_{T2,3}=-u_2$	$u_{T1,4}=0$ $u_{T2,3}=u_2$	$u_{T1,4}=-u_2$ $u_{T2,3}=0$	$u_{T1,4}=u_2$ $u_{T2,3}=0$
i_T	$i_{T1,4}=0$ $i_{T2,3}=I_d$	$i_{T1,4}=I_d$ $i_{T2,3}=0$	$i_{T1,4}=I_d$ $i_{T2,3}=0$	$i_{T1,4}=0$ $i_{T2,3}=I_d$	$i_{T1,4}=0$ $i_{T2,3}=I_d$
i_2	$-I_d$	I_d	I_d	$-I_d$	$-I_d$

（2）各电量的计算　输出电压平均值 U_d 为

$$U_d = \frac{1}{\pi}\int_{\alpha}^{\pi+\alpha}\sqrt{2}U_2\sin\omega t\,d(\omega t) = \frac{2\sqrt{2}U_2}{\pi}\cos\alpha = 0.9U_2\cos\alpha \tag{1-28}$$

输出电流平均值 I_d 为

$$I_d = \frac{U_d}{R_d} \tag{1-29}$$

变压器二次电流 I_2 为

$$I_2 = I_d \tag{1-30}$$

晶闸管的电流平均值 I_{dT} 为

$$I_{dT} = \frac{1}{2}I_d \tag{1-31}$$

晶闸管的电流有效值 I_T 为

$$I_T = \frac{1}{\sqrt{2}}I_d \tag{1-32}$$

晶闸管承受的最大正、反向电压为

$$U_{TM} = U_{DM} = \sqrt{2}U_2 \tag{1-33}$$

3. 大电感负载加续流二极管

（1）电路组成及电路工作原理　为扩大移相范围，增大输出电压，可以在负载两端并联一个续流二极管。电路及工作波形如图 1-12 所示。接上续流二极管 VD 后，当电源电压降到零时，负载电流经续流二极管 VD 流通，使原导通的晶闸管电流等于零而关断，此时电路直流输出电压 $u_d=0$（忽略续流二极管管压降）。一个周期内晶闸管、续流管、输出电压和电流等情况见表 1-9。

从工作波形可看出：在一个周期中，晶闸管的导通角为 $180°-\alpha$，即 $\theta_T=180°-\alpha$，续流管的导通角为 2α。

（2）各电量的计算　由于输出电压波形与电阻性负载时相同，所以 U_d、I_d 的计算公式与电阻性负载时相同。

晶闸管电流的平均值 I_{dT} 与有效值 I_T 为

$$I_{dT} = \frac{\theta_T}{2\pi}I_d = \frac{\pi-\alpha}{2\pi}I_d \tag{1-34}$$

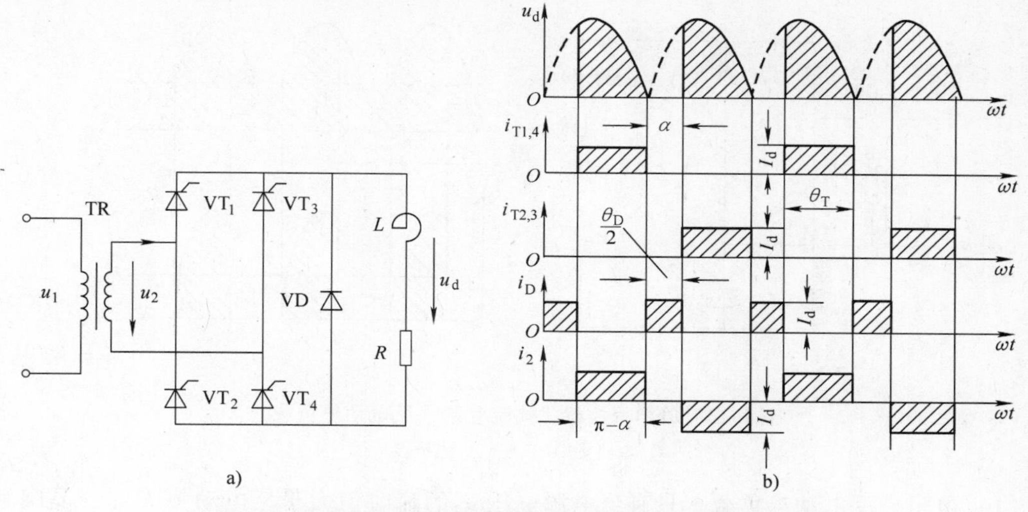

图 1-12　单相全控桥式电感性负载带续流二极管电路及波形

a）电路　b）电压、电流波形

表 1-9　一个周期内晶闸管、续流管、输出电压和电流等情况

ωt	$0\sim\alpha$	$\alpha\sim180°$	$180°\sim180°+\alpha$	$180°+\alpha\sim360°$
晶闸管导通情况	$VT_{1,4}$截止 $VT_{2,3}$截止	$VT_{1,4}$导通 $VT_{2,3}$截止	$VT_{1,4}$截止 $VT_{2,3}$截止	$VT_{1,4}$截止 $VT_{2,3}$导通
续流管导通情况	VD 导通	VD 截止	VD 导通	VD 截止
u_d	0	u_2	0	u_2
i_d	近似为一条直线（值为 I_d）			
i_T	$i_{T1,4}=0$ $i_{T2,3}=0$	$i_{T1,4}=I_d$ $i_{T2,3}=0$	$i_{T1,4}=0$ $i_{T2,3}=0$	$i_{T1,4}=0$ $i_{T2,3}=I_d$
i_D	I_d	0	I_d	0

$$I_T=\sqrt{\frac{\theta_T}{2\pi}}I_d=\sqrt{\frac{\pi-\alpha}{2\pi}}I_d \tag{1-35}$$

续流管电流的平均值 I_{dD} 与有效值 I_D 为

$$I_{dD}=\frac{\theta_D}{2\pi}I_d=\frac{2\alpha}{2\pi}I_d=\frac{\alpha}{\pi}I_d \tag{1-36}$$

$$I_D=\sqrt{\frac{\theta_D}{2\pi}}I_d=\sqrt{\frac{\alpha}{\pi}}I_d \tag{1-37}$$

晶闸管与续流管承受的最大正、反向电压为

$$U_{TM}=U_{DM}=\sqrt{2}U_2 \tag{1-38}$$

4. 反电动势负载

蓄电池、直流电动机的电枢等均属于反电动势负载。这类负载的特点是含有直流电动势 E，且电动势 E 的方向与负载电流方向相反，故称为反电动势负载。图 1-13 表示带反电动势负载的单相全控桥式整流电路及其电压、电流波形。

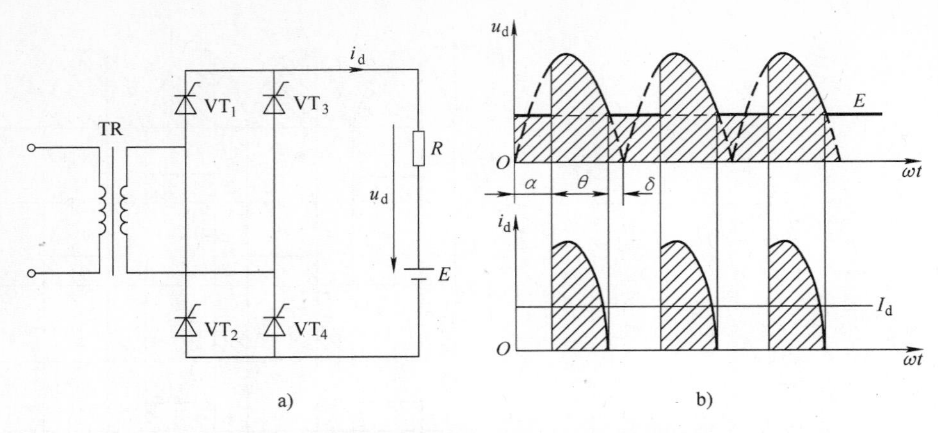

图 1-13 单相全控桥式整流电路（反电动势负载）

a）电路图 b）电压、电流波形

（1）电阻性反电动势负载 只有当电源电压 u_2 的瞬时值大于反电动势 E 时，晶闸管才能够承受正向电压被触发导通，当晶闸管导通时，$u_d=u_2$，$i_d=\dfrac{u_d-E}{R_d}$。

当电源电压 u_2 的瞬时值小于反电动势 E 时，晶闸管承受反压而关断，这使得晶闸管导通角减小。晶闸管关断时，$u_d=E$。与电阻性负载相比晶闸管提前了电角度 δ 停止导电，δ 称为停止导电角。可由下式计算

$$\delta=\arcsin\frac{E}{\sqrt{2}U_2} \tag{1-39}$$

对于带反电动势负载的整流电路，当 $\alpha<\delta$，触发脉冲到来时，晶闸管承受反向电压，不可能导通。为了使晶闸管可靠导通，要求触发脉冲有足够的宽度，保证当晶闸管开始承受正电压时，触发脉冲仍然存在。这样，相当于触发延迟角被推迟，即 $\alpha\geqslant\delta$。在触发延迟角 α 相同的情况下，带反电动势负载的整流电路的输出电压比带电阻性负载时大。

（2）电感性反电动势负载 若负载为直流电动机，此时负载性质为反电动势电感性负载，电感不足够大，输出电流波形仍然断续。在负载回路串接平波电抗器可以减小电流脉动，如果电感足够大，电流就能连续，在这种条件下其工作情况与电感性负载时相同。

1.2.3 单相半控桥式整流电路

在单相全控桥式整流电路中，每个导电回路都由两个晶闸管同时控制。如果在每个导电回路中，一个仍用晶闸管，另一个则改为整流二极管，就构成了单相半控桥式整流电路。它与单相全控桥相比，更为经济，对触发电路的要求也更简单。

单相半控桥式整流电路在接电阻性负载时其工作情况和单相全控桥式电路相同，输出电压、电流的波形和电量计算也一样。下面只着重分析电感性负载时的工作情况。

1. 大电感负载

单相半控桥式整流电路带大电感负载时，必须接续流二极管，否则将会出现失控，使电路无法正常工作。单相半控桥式整流接续流二极管带大电感负载时的电路如图 1-14 a 所示。负载电感 L 足够大（$\omega L\gg R$），则可以认为负载电流连续，电流波形近似为一条直线。电路

的电压、电流波形如图 1-14b 所示。

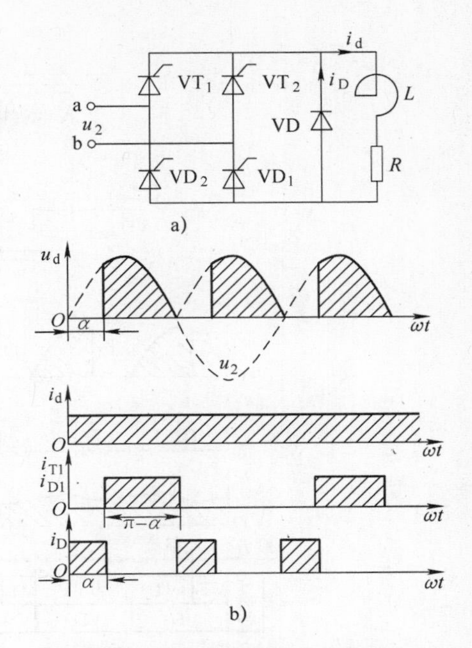

图 1-14　单相半控桥式整流电路（带大电感负载）

a）电路原理图　b）电压、电流波形

在 u_2 的正半波，$\omega t=\alpha$ 处触发晶闸管 VT_1 使其导通，晶闸管 VT_2 承受反向电压而关断，电流沿 a→VT_1→L→R→VD_1→b→TR 的二次绕组→a 的路径流通，此时负载上电压 $u_d=u_2$。

当 u_2 过零变负时，因电感 L 上的感应电动势作用使续流二极管导通，晶闸管 VT_1 承受反向电压而关断，电感 L 释放能量使电流沿 L→R→VD→L 路径流通，形成续流通路。此阶段，忽略续流二极管管压降，则 $u_d=0$。

在 $\omega t=180°+\alpha$ 时刻晶闸管 VT_2 被触发导通，VT_1 承受反向电压而关断，电流沿 b→VT_2→L→R→VD_2→a→TR 的二次绕组→b 的路径流通，此时负载上电压 $u_d=-u_2$。

同样，当 u_2 过零变正时，续流二极管 VD 导通形成续流通路，输出电压 $u_d=0$。此后重复上述过程。

该电路触发延迟角 α 的移相范围为 $0\sim\pi$，晶闸管导通角 $\theta_T=180°-\alpha$。

由于电路波形与全控桥大电感负载接续流管电路相似，所以各电量计算也相同，这里不再赘述。

2. 大电感负载不带续流二极管时的失控现象

单相半控桥式整流电路不接续流二极管带大电感负载时的电路和失控时的电压、电流波形如图 1-15 所示。

电路在实际运行中，当突然把触发延迟角 α 增大到 180°或突然切断触发电路时，会发生导通的晶闸管一直导通而两个二极管轮流导通的失控现象。例如在 u_2 的正半波，当 VT_1 触发导通后，如欲停止工作而停发触发脉冲，此后 VT_2 无触发脉冲而处于关断状态，当 u_2 过零变负时，因电感 L 的作用，使电流通过 VT_1、VD_2 形成续流。L 中的能量如在整个负半周都没有释放完，就使 VT_1 在整个负半周都保持导通。

当 u_2 过零变正时，VT_1 承受正压继续导通，同时 VD_2 关断、VD_1 导通。因此即使不加触发脉冲，负载上仍保留了正弦半波的输出电压，此时触发脉冲对输出电压失去了控制作用，称为失控。这在实际中是不允许的。失控时，输出电压波形相当于单相半波不可控整流电路时的波形，不导通的晶闸管两端的电压波形为 u_2 的交流波形。

由于上述原因，实用中还需要加续流二极管 VD，以避免可能发生的失控现象。

3. 单相半控桥式电路的另一种接法

电路如图 1-16a 所示，二极管 VD_3 和 VD_4 可取代续流二极管，续流由 VD_3 和 VD_4 实现。因此即使不外接续流二极管，电路也不会出现失控现象。但两个晶闸管阴极电位不同，VT_1 和 VT_2 触发电路要隔离。这种电路的电压和电流波形如图 1-16b 所示。

例 1-5　带续流二极管的单相半控桥式整流电路，由 220V 电源经变压器供电，负载为

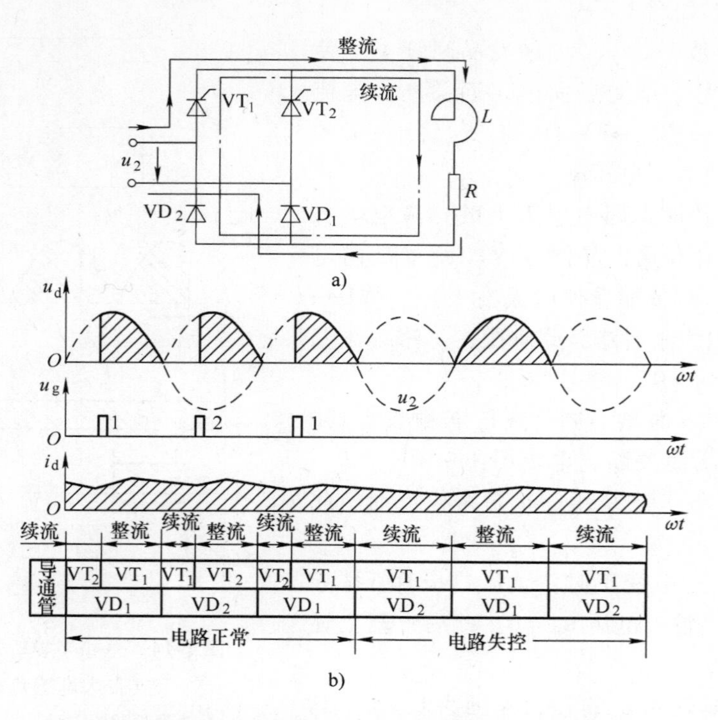

图 1-15　单相半控桥电感性负载不接续流二级管的情况分析

a）失控时 i_d 的通路　b）失控时的 u_d 波形

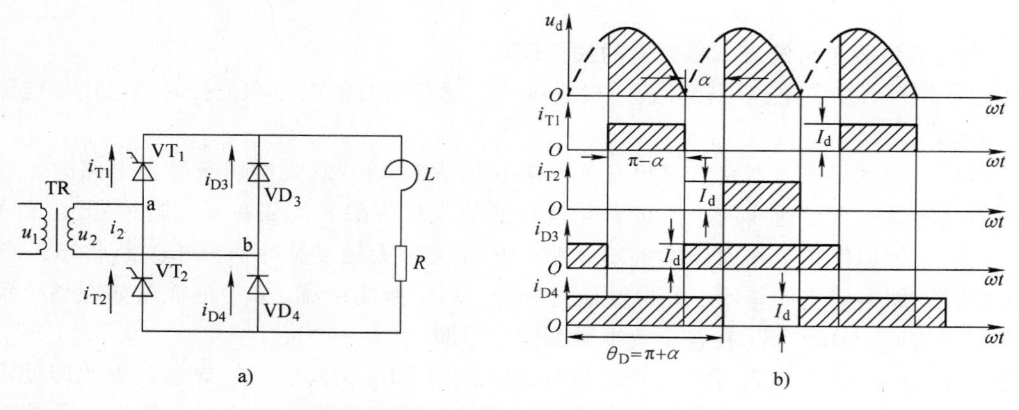

图 1-16　单相半控桥式电路的另一种接法

a）电路图　b）电压、电流波形

大电感性。要求直流电压范围是 15～60V，最大负载电流是 10A，晶闸管最小触发延迟角 $\alpha_{\min}=\frac{\pi}{6}$。计算晶闸管、整流二极管和续流管的电流有效值及变压器容量。

解：（1）当输出电压 $U_d=60V$ 时，对应的 $\alpha_{\min}=30°$，则由 $U_d=0.9U_2\frac{1+\cos\alpha}{2}$

可得

$$U_2=\frac{2U_d}{0.9(1+\cos30°)}=71.4V$$

当输出电压 $U_d=15V$ 时，对应的 α 为最大，其值为

$$\cos\alpha_{max}=\frac{2U_d}{0.9U_2}-1=\frac{2\times15V}{0.9\times71.4V}-1=-0.53$$

$$\alpha_{max}=122.3°$$

（2）计算晶闸管和整流管的电流定额时，需考虑最严重的工作状态。在 $\alpha_{min}=30°$ 时，有

$$I_T=\sqrt{\frac{180°-30°}{360°}}\times10A=6.45A$$

整流二极管的电流波形与晶闸管相同，因此整流管的电流有效值与晶闸管相同。

（3）续流二极管最严峻的工作状态对应的情况是 $\alpha_{max}=122.3°$，有

$$I_D=\sqrt{\frac{\alpha}{\pi}}I_d=\sqrt{\frac{122.3°}{180°}}\times10A=8.24A$$

（4）$\alpha_{min}=30°$时，变压器二次电流有效值为最大值，即

$$I_2=\sqrt{\frac{\pi-\alpha}{\pi}}I_d=\sqrt{\frac{180°-30°}{180°}}\times10A=9.13A$$

变压器容量为

$$S=U_2I_2=71.4V\times9.13A=652V\cdot A$$

1.3 单结晶体管触发电路

晶闸管触发电路的作用是产生触发信号来控制晶闸管的导通。由晶闸管的导通性能可知，触发信号可以是交流、直流和脉冲形式，常见触发电路的信号波形如图 1-17 所示。因晶闸管在触发导通后，门极就失去了控制作用，为减少门极损耗，一般触发信号是用脉冲形式。

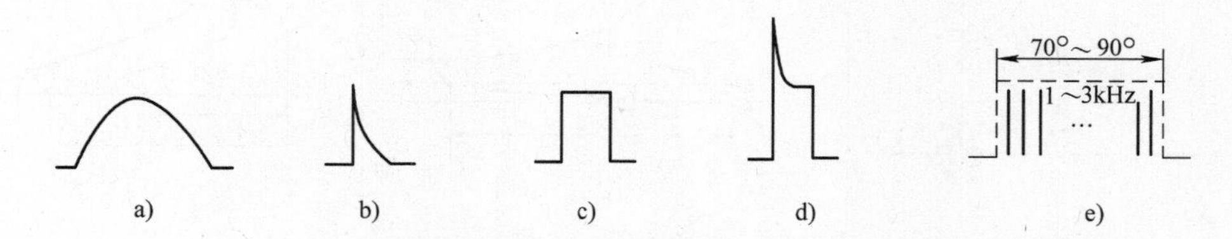

图 1-17 常见触发电路的信号波形

a）正弦波 b）尖脉冲 c）方脉冲 d）强触发脉冲 e）脉冲列

由单结晶体管组成的触发电路，具有电路结构简单、输出脉冲前沿陡、抗干扰能力强、运行可靠、调试方便等优点，电路输出脉冲波形为尖脉冲，如图 1-17b 所示。此触发电路在 50A 以下中小容量晶闸管的单相可控整流电路中得到了广泛应用。

1.3.1 单结晶体管

1. 单结晶体管的结构

单结晶体管的结构及其图形符号如图 1-18 所示。在一块高电阻率的 N 型硅片两端，用欧姆接触方式引出第一基极 b_1 和第二基极 b_2，b_1 与 b_2 之间的电阻为 N 型硅片的体电阻，

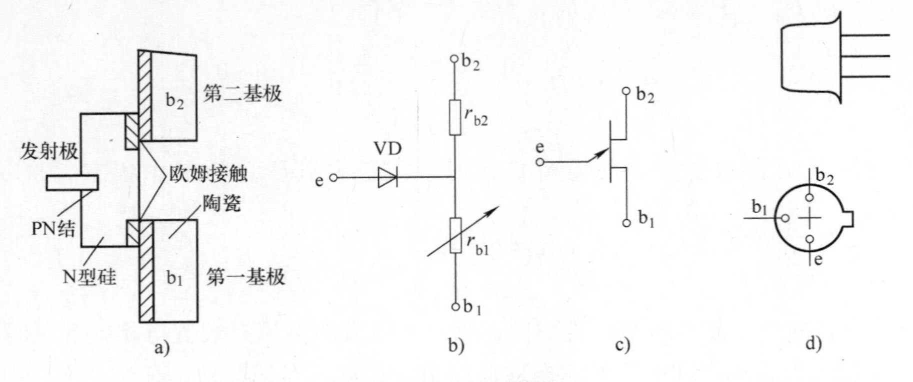

图 1-18　单结晶体管

a）结构示意图　b）电路模型　c）图形符号　d）外形及管脚

为 3～12kΩ。在硅片靠近 b_2 极掺入 P 型杂质，形成 PN 结，由 P 区引出发射极 e。由以上结构可知，该器件只有一个 PN 结，但有两个基极，所以其名称为“单结晶体管”，或称为“双基极二极管”。

2. 单结晶体管的伏安特性

在单结晶体管两基极 b_2 和 b_1 间加某一固定直流电压 U_{bb}，发射极电流 I_e 与发射极正向电压 U_e 之间的关系曲线称为单结晶体管的伏安特性 $I_e=f(U_e)$，实验电路及特性如图 1-19 所示。

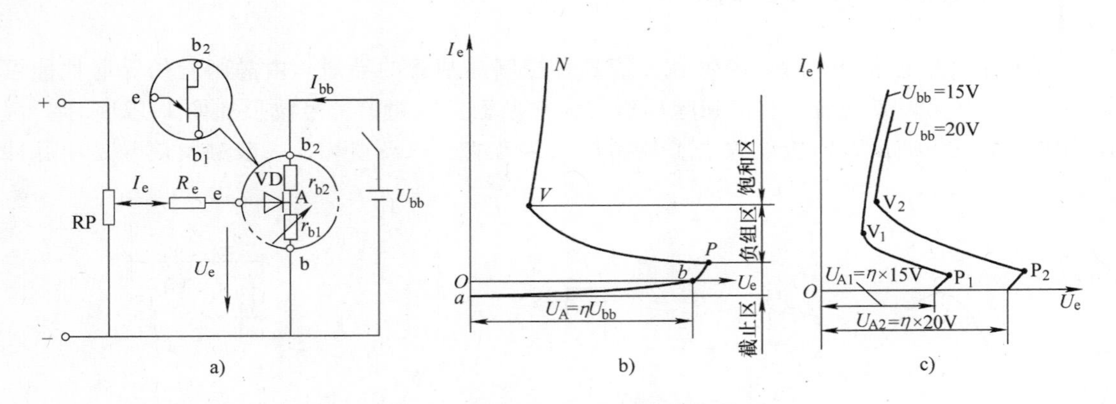

图 1-19　单结晶体管的实验电路及伏安特性

a）单结晶体管实验电路　b）单结晶体管的伏安特性　c）特性曲线族

（1）截止区——aP 段　当开关 S 闭合时，电压 U_{bb} 通过单结晶体管等效电路中的 r_{b1} 和 r_{b2} 分压，得 A 点电压 U_A，即

$$U_A=\frac{r_{b1}}{r_{b1}+r_{b2}}U_{bb}=\eta U_{bb} \tag{1-40}$$

式中　η——分压比，$\eta=\dfrac{r_{b1}}{r_{b1}+r_{b2}}$是单结晶体管的主要参数，$\eta$ 一般为 0.3～0.9。

当 U_e 从零逐渐增加，但 $U_e<U_A$ 时，单结晶体管的 PN 结反向偏置，只有很小的反向漏电流。当 U_e 增加到与 U_A 相等时，$I_e=0$，即如图 1-19 中所示特性曲线与横坐标交点 b 处。

进一步增加 U_{e}，PN 结开始正偏，出现正向漏电流，直到当 U_{e} 增加到高出 ηU_{bb} 一个 PN 结正向压降 U_{D} 时，即 $U_{e}=\eta U_{bb}+U_{D}$ 时，等效二极管 VD 才导通，此时单结晶体管由截止状态进入到导通状态，该转折点称为峰点 P。P 点所对应的电压称为峰点电压 U_{P}，所对应的电流称为峰点电流 I_{P}。

（2）负阻区——*PV* 段　当 $U_{e}>U_{P}$ 时，等效二极管 VD 导通，I_{e} 增大，这时大量的空穴载流子从发射极注入 A 点到 b_{1} 的硅片，使 r_{b1} 迅速减小，导致 U_{A} 下降，因而 U_{e} 也下降。U_{A} 的下降，使 PN 结承受更大的正偏，引起更多的空穴载流子注入硅片中，使 r_{b1} 进一步减小，形成更大的发射极电流 I_{e}，这是一个强烈的正反馈过程。当 I_{e} 增大到一定程度时，硅片中载流子的浓度趋于饱和，r_{b1} 已减小至最小值，A 点的分压 U_{A} 最小，因而 U_{e} 也最小，得曲线上的 V 点。V 点称为谷点，谷点所对应的电压和电流称为谷点电压 U_{V} 和谷点电流 I_{V}。这一区间称为特性曲线的负阻区。

（3）饱和区——*VN* 段　当硅片中载流子饱和后，欲使 I_{e} 继续增大，必须增大电压 U_{e}，单结晶体管处于饱和导通状态。

改变电压 U_{bb}，单结晶体管等效电路中的 U_{A} 和特性曲线中 U_{P} 也随之改变，从而可获得一族单结晶体管伏安特性曲线，如图 1-19c 所示。

常用的国产单结晶体管型号有 BT33 和 BT35 两种，其中 B 表示半导体，T 表示特种管，第一个数字 3 表示有 3 个电极，第二个数字 3（或 5）表示耗散功率为 300mW（或 500mW）。单结晶体管的主要参数见表 1-10。

表 1-10　单结晶体管的主要参数

<table>
<tr><th colspan="2">参数名称</th><th>分压比 η</th><th>基极电阻 r_{bb}/kΩ</th><th>峰点电流 I_{P}/μA</th><th>谷点电流 I_{v}/mA</th><th>谷点电压 U_{v}/V</th><th>饱和电压 U_{es}/V</th><th>最大反压 U_{b2e}/V</th><th>发射极反向漏电流 I_{eo}/μA</th><th>耗散功率 P_{max}/mW</th></tr>
<tr><td colspan="2">测试条件</td><td>$U_{bb}=20V$</td><td>$U_{bb}=3V$
$I_{e}=0$</td><td>$U_{bb}=0$</td><td>$U_{bb}=0$</td><td>$U_{bb}=0$</td><td>$U_{bb}=0$
I_{e} 为最大</td><td></td><td>U_{b2e} 为最大</td><td></td></tr>
<tr><td rowspan="4">BT33</td><td>A</td><td rowspan="2">0.45～0.9</td><td rowspan="2">2～4.5</td><td rowspan="8"><4</td><td rowspan="8">>1.5</td><td rowspan="2"><3.5</td><td rowspan="2"><4</td><td>≥30</td><td rowspan="8"><2</td><td rowspan="4">300</td></tr>
<tr><td>B</td><td>≥60</td></tr>
<tr><td>C</td><td rowspan="2">0.3～0.9</td><td rowspan="2">>4.5～12</td><td rowspan="2"><4</td><td rowspan="2"><4.5</td><td>≥30</td></tr>
<tr><td>D</td><td>≥60</td></tr>
<tr><td rowspan="4">BT35</td><td>A</td><td rowspan="2">0.45～0.9</td><td rowspan="2">2～4.5</td><td><3.5</td><td rowspan="2"><4</td><td>≥30</td><td rowspan="4">500</td></tr>
<tr><td>B</td><td>>3.5</td><td>≥60</td></tr>
<tr><td>C</td><td rowspan="2">0.3～0.9</td><td rowspan="2">>4.5～12</td><td rowspan="2"><4</td><td rowspan="2"><4.5</td><td>≥30</td></tr>
<tr><td>D</td><td>≥60</td></tr>
</table>

1.3.2　单结晶体管自激振荡电路

利用单结晶体管的负阻特性和 *RC* 电路的充放电特性，可以组成单结晶体管自激振荡电路，如图 1-20 所示。

设电源未接通时，电容 C 上的电压为零。电源接通时，E 通过电阻 R_{e} 对电容 C 充电，充电时间常数为 $R_{e}C$；当电容电压达到单结晶体管的峰点电压 U_{P} 时，单结晶体管进入负阻区，并很快饱和导通，电容 C 通过 eb_{1} 结向电阻 R_{1} 放电，在 R_{1} 上产生脉冲电压 u_{R1}。

在放电过程中，u_C 按指数曲线下降到谷点电压 U_V，单结晶体管由导通迅速转变为截止，R_1 上的脉冲电压终止。此后 C 又开始下一次充电，重复上述过程。由于放电时间常数 $(R_1+r_{b1})C$ 远远小于充电时间常数 R_eC，故在电容两端得到的是锯齿波电压，在电阻 R_1 上得到的是尖脉冲电压。

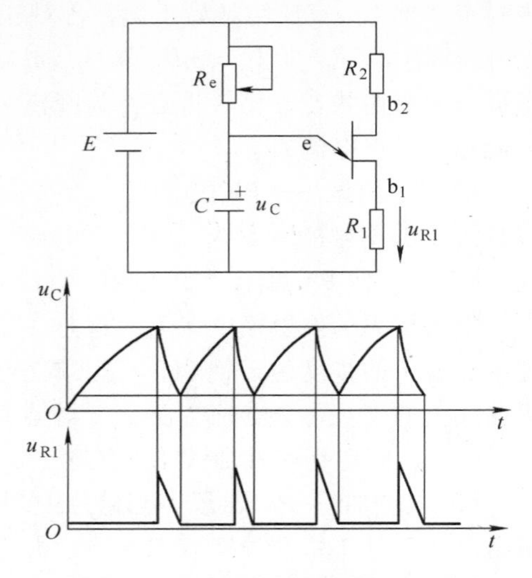

图 1-20　单结晶体管自激振荡电路

值得注意的是，R_e 的阻值太大或太小时，电路都不能产生振荡。R_e 太大时，充电电流在 R_e 上的压降太大，电容 C 上的充电电压始终达不到峰点电压 U_P，单结晶体管不能进入负阻区，一直处于截止状态，电路无法振荡；当 R_e 太小时，单结晶体管导通后的 I_e 将一直大于 I_V，单结晶体管关断不了。因此满足电路振荡的 R_e 的取值范围为

$$\frac{E-U_P}{I_P} \geqslant R_e \geqslant \frac{E-U_V}{I_V} \tag{1-41}$$

为了防止 R_e 取值过小电路不能振荡，一般取一固定电阻 r 与另一可调电阻 R_e 串联。

电路中 R_1 上的脉冲电压宽度取决于电容放电时间常数。R_2 是温度补偿电阻，作用是保持振荡频率的稳定。

1.3.3　单结晶体管同步触发电路

触发电路送出的触发脉冲必须与晶闸管阳极电压同步，保证管子在阳极电压的每个正半周内以相同的触发延迟角 α 触发，从而获得稳定的直流电压。图 1-21a 为单相半控桥式单结

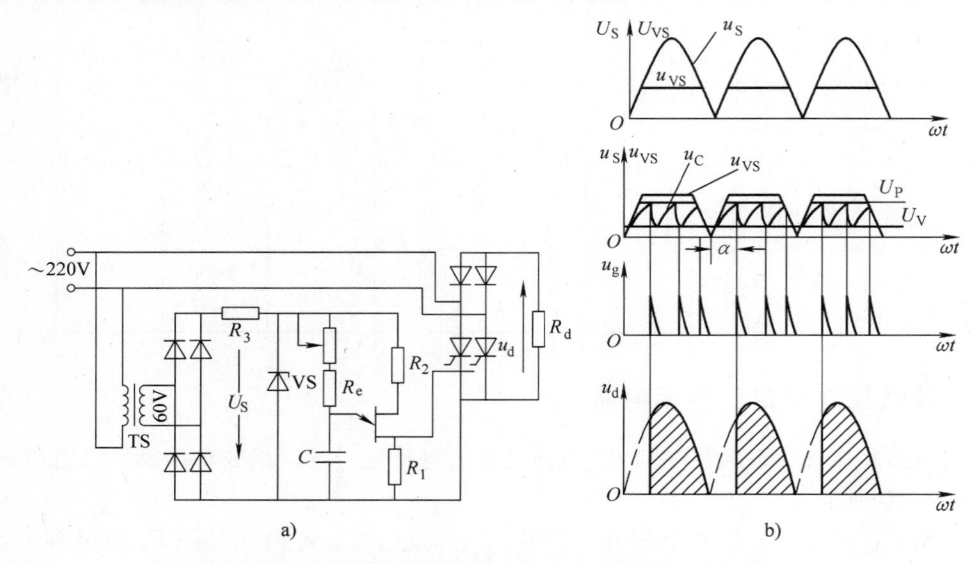

图 1-21　单相半控桥式单结晶体管同步触发电路及波形

a）电路图　b）波形图

晶体管同步触发电路。同步变压器一次侧与晶闸管整流桥路接在同一交流电源上，同步变压器二次侧正弦交流电压经桥式整流与稳压管削波，得到梯形波电压 u_{VS}，它与晶闸管阳极电压过零点一致，作为触发电路的电源，波形如图 1-21b 所示。每当电源波形半周过零时，$u_{VS}=u_{bb}=0$，单结晶体管内部的 A 点电压 $U_A=0$，因此可使电容上的电荷很快放掉。在下一半周开始时，电容电压基本上从零开始充电，这样才能保证每周期触发电路送出第一个脉冲距离过零点的时刻（α）一致，起到同步作用。

从图 1-21b 中可以看出，每周期中电容 C 的充放电不止一次，产生的触发脉冲也有数个，晶闸管由第一个脉冲触发导通，后来的脉冲不起作用。改变 R_e 的大小，可改变电容 C 的充电速度，即改变了第一个脉冲出现的时刻，从而使触发延迟角又得到了改变，达到了调节输出电压 U_d 的目的。

为了简化电路，单结晶体管输出脉冲同时触发晶闸管 VT_1、VT_2，因只有阳极电压为正的管子才能触发导通，所以能保证桥式半控整流两个晶闸管轮流导通。为了扩大移相范围，要求同步电压梯形波 u_{VS}的两腰边尽量接近垂直，这时可提高同步变压器二次电压，如稳压管 VS 的稳压值选用 20V，同步变压器二次电压通常取 60～70V。

实际应用中，常用晶体管 V_2 代替电位器 R_e，以便实现自动移相，同时脉冲的输出一般通过脉冲变压器 T，以实现输出的两个脉冲之间及触发电路与主电路之间的电气隔离，如图 1-22 所示。

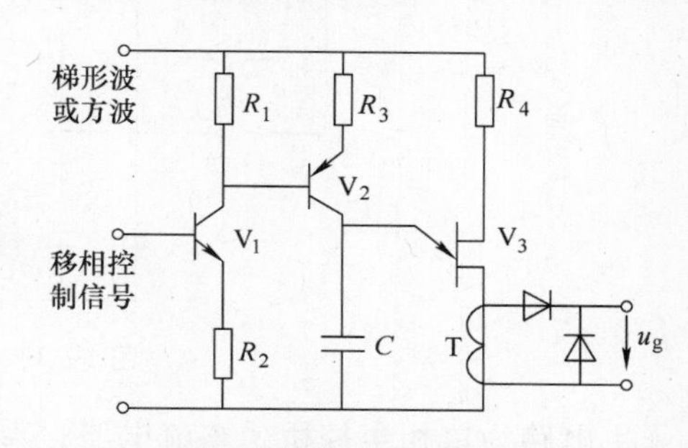

图 1-22　单结晶体管触发电路的其他形式

单结晶体管触发电路虽然简单，但由于它的参数差异较大，多相电路触发时不易一致。此外其输出功率较小，脉冲较窄，虽加有温度补偿，但对于大范围的温度变化仍会出现误差，控制线性度不好。因此单结晶体管触发电路只用于控制精度要求不高的单相晶闸管系统。

1.4　直流调光电路制作

1.4.1　任务的提出

1. 制作直流调光电路的目的

1）掌握直流调光电路组装的工艺流程。

2）掌握晶闸管、单结晶体管等元器件的检测方法。

3）掌握单相半控桥式整流电路与单结晶体管触发电路的调试、故障分析与故障排除技能。

4）了解单相可控整流电路的应用。

2. 内容要求

1）根据直流调光电路原理图和所给元器件，辨别元器件并列出元器件明细表。

2）检查与测试元器件。

3）直流调光电路装配。

4）直流调光电路关键点的波形测量与系统调试。

5）故障设置与排除。

1.4.2 直流调光电路分析

直流调光电路原理图如图 1-23 所示。

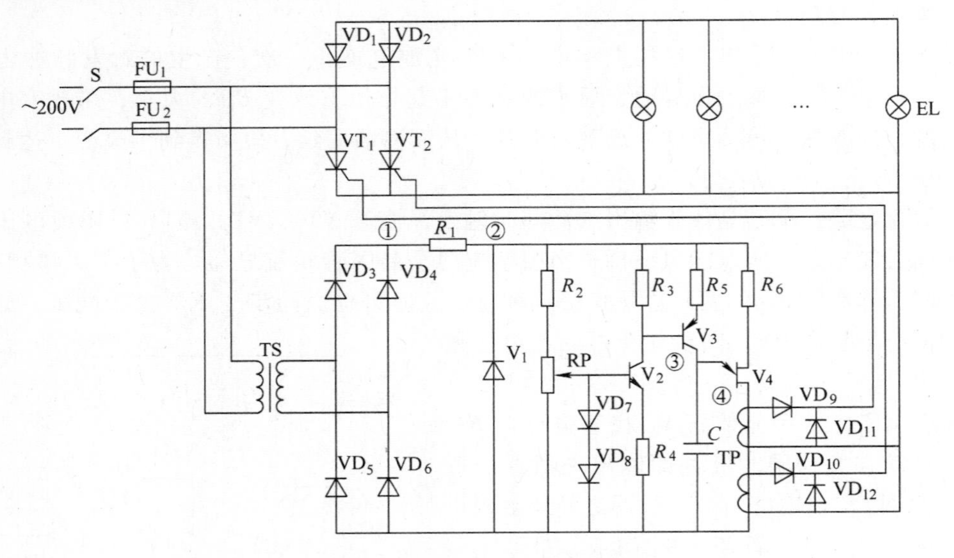

图 1-23　直流调光电路原理图

主电路为单相半控桥式整流电路，直接由交流 220V 市电供电，负载由多只白炽灯泡并联组成（灯泡电压 220V，功率 500W），触发电路为单结晶体管触发电路。闭合开关 S，接通电源，调节电位器 RP，即可改变触发延迟角 α，使负载灯泡两端电压得到改变，从而达到调光的目的。

直流调光电路元器件及其功能见表 1-11。

表 1-11　直流调光电路元器件及其功能

序号	元器件代号	名称	功　能
1	S	开关	控制电源通断
2	FU_1、FU_2	熔断器	短路保护
3	VD_1、VD_2	二极管	可控整流电路：输出可调的直流脉动电压
4	VT_1、VT_2	晶闸管	
5	EL	白炽灯	负载
6	TS	变压器	变压：将 220V 交流电变换为 54V 交流电
7	VD_3 ~ VD_6	二极管	整流：将 54V 交流电变换为脉动直流电
8	R_1	电阻	限制稳压管电流
9	V_1	稳压管	削波、稳压：形成梯形波同步电压
10	R_2	电阻	给定输入分压
11	RP	电位器	移相调节，调节灯光亮度
12	VD_7、VD_8	二极管	输入信号限幅，保护 V_2

（续）

序号	元器件代号	名称	功　能
13	V_2	晶体管	输入信号放大
14	R_3、R_4	电阻	V_2 的负载电阻和电流反馈电阻，与 V_2 共同组成放大电路
15	V_3、R_5	晶体管、电阻	组成可调电流源向电容 C 充电
16	C	电容	充放电，产生锯齿波
17	V_4	单结晶体管	构成张弛振荡电路，产生脉冲
18	R_6	电阻	温度补偿
19	TP	脉冲变压器	脉冲形成与输出

1.4.3　电路装配准备

1. 电气材料、工具与仪器仪表

1）电气材料与元器件一套。

2）电路焊接工具：电烙铁（20～35W）、烙铁架、焊锡丝、松香。

3）机加工工具：剪刀、剥线钳、尖嘴钳、平口钳、螺钉旋具、套筒扳手、镊子、电钻。

4）测量仪器仪表：万用表、示波器。

2. 元器件的清点与检测

1）在电路装配前首先根据电路原理图清点元器件，并列出电路元器件明细表，元器件明细表见表1-12。

表1-12　直流调光电路元器件明细表

序号	名称	元器件代号	型号规格	单位	数量	备注
1						
2						
·						
·						

2）检测元器件：检测情况填入元器件检测表中，检测表见表1-13，表中编号按明细表中序号填写。

表1-13　直流调光电路元器件检测表

1. 电阻、电位器检测

编号	代号	色环	标称值	误差	量程选择	实测值

（续）

2. 电容检测

编号	代号	电容量	耐压	有无极性	量程选择	漏电阻	是否合格

3. 晶闸管检测

编号	代号	额定电压/电流	量程选择	正向电阻/反向电阻			导通试验	是否合格
				A、K	A、G	G、K		

4. 二极管及稳压管检测

编号	代号	额定电压/电流	量程选择	正向电阻	反向电阻	是否合格

5. 单结晶体管检测

编号	代号	管脚图	量程选择	e、b_1 电阻		是否合格
				b_1b_2 间开路	$U_{b2\ b1}=4.5V$	

6. 晶体管检测

编号	代号	管脚图	量程选择	类型	β 值	是否合格

3）晶闸管的简易检测方法：用万用表可以对晶闸管进行简易测试，判断晶闸管是否损坏。

① 极间电阻测量。

晶闸管是一个四层三端器件，根据 PN 结单向导电原理，用万用表欧姆档测量晶闸管三个电极之间的阻值，就可以初步判断晶闸管是否损坏。好的晶闸管，用万用表的 $R\times10k$ 档测量阳极（A）与阴极（K）之间的正反向电阻和阳极与门极之间的正反向电阻都应很大，一般为无穷大，若阻值较小，表示管子 PN 结已击穿，该晶闸管已损坏。用 $R\times10$ 档测量门极（G）与阴极（K）之间的电阻，G、K 极间的反向阻值（K 极接黑表笔，G 极接红表笔）较大，而正向（G 极接黑表笔，K 极接红表笔）阻值较小（一般为几欧至几十欧）。由于晶闸管芯片一般采用短路发射极结构（相当于在门极与阴极间并联一个电阻），所以有些晶闸管正反向阻值差别不大。若测得正向电阻极大，甚至接近无穷大，表示被测管 G、K 极间已损坏。

② 晶闸管导通性能的检测。

将万用表置于 $R\times1$ 档，用黑表笔接阳极 A，红表笔接阴极 K，此时阻值应很大。然后用接 A 极的黑表笔再同时碰触一下门极 G，这相当于给门极施加一正向触发电压，这时应见到表针明显向小阻值方向偏转，当松开门极后，指针仍应保持不动，这就表明管子的导通性能基本正常，否则就是导通性能不良。这种方法仅适宜检查小功率晶闸管。对于大功率晶闸管，因其通态压降较大，$R\times1$ 档能提供的阳极电流小于维持电流 I_H，故晶闸管不能维持导通，在断开门极时晶闸管也随之关断。为此可改用双表法，即把两块万用表的 $R\times1$ 档串联起来使用，获得 3V 的电源电压。也可在万用表 $R\times1$ 档的外部串联电池。

4）单结晶体管检测方法：用万用表可以对单结晶体管进行管脚的判别和性能的简易检测。下面以 BT33 型单结晶体管为例来介绍检测方法。

① 管脚判别。

万用表旋钮置于 $R\times1k$ 档进行测试，首先判别发射极 e，用万用表的黑表笔接任一假定 e 极，红表笔分别接触另外两个电极，如果两个测量的阻值较小，再交换表笔，同样测量一次，若两个阻值为无穷大，则该电极为 e 极。如果不是这样，换一个电极重新测试，若三个电极均不满足要求，则该管损坏。

b_1 和 b_2 极的判定：用万用表黑表笔接 e 极，而红表笔分别接另外两个极，比较两次的阻值，阻值大的那次红表笔所接的电极为 b_1 极，另外一个电极为 b_2 极。

② 单结晶体管性能的简易检测。

将万用表置于 $R\times1$ 档或 $R\times10$ 档，用黑表笔接发射极 e，红表笔接第一基极 b_1，这相当于在 e 和 b_1 之间加上了一个固定的 1.5V 的电压 U_e，此时万用表应有一定读数。然后再在 b_2 和 b_1 之间外加 4.5V 电源（U_{bb}），这时万用表的读数应为无穷大，表示管子在 $U_e < U_P$ 时处于截止状态；如果万用表的指针有偏转则表示管子特性变差或分压比 η 太低，管子已不能使用。

1.4.4 整机装配

该电路所有元器件均安装在印制电路板上。安装过程如下：

1）印制电路板如图 1-24 所示。首先检查印制电路板有无破损和缺失，核对印制电路与原理图电路是否一致。

2）按印制电路板图正确安装元器件，一般先安装体积小的元器件（如电阻、电容、晶体管等），后安装体积大的元器件（如晶闸管、变压器等）。

3）安装元器件时，要注意：

① 元器件不能装错。

② 元器件位置要正。

③ 元器件引脚长度适当。

④ 焊接要牢固，不能存在虚焊和假焊。

4）完成装配后进行整体检查和修整。

1.4.5 电路调试

经检查，在确定电路无误后，进行电路调试。调试过程中电路带电，一定要注意安全。调试顺序是先调控制电路，再调主电路。调试步骤如下：

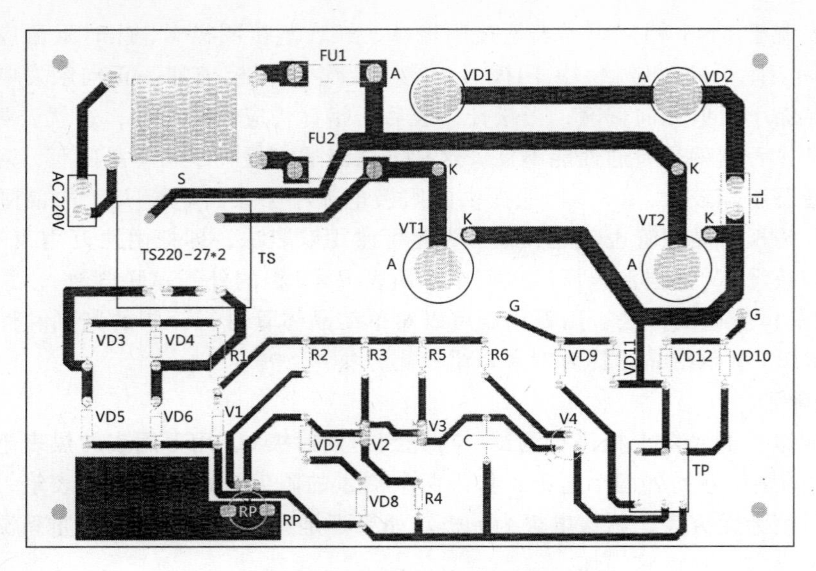

图 1-24　直流调光电路印制电路板

(1) 控制电路的调试

1) 连接 220V 交流电源，合上电源开关 S，此时电路电源接通。

2) 用万用表的 50V 直流电压档测整流桥的直流输出电压，正常值为 48V 左右。

3) 测稳压管 V_1 两端的直流电压，正常值为 18V 左右。

4) 测电容 C 两端直流电压，调节电位器 RP 电压应在 4V 以下变化。

5) 分别测量二极管 VD_{11} 与 VD_{12} 两端直流电压，调节电位器 RP 电压均应在 0.3V 以下。

如果以上各项均正常，控制电路调试完毕。

(2) 主电路的调试　用万用表的 250V 直流电压档测主电路输出电压，调节电位器 RP 电压应在 0～190V 范围内变化。

(3) 波形测试　调节电位器 RP，用示波器观察 VD_3～VD_6 桥式整流输出电压 $u_{①}$；稳压管 V_1 两端电压 $u_{②}$；电容 C 两端电压 $u_{③}$；脉冲变压器 TP 两端电压 $u_{④}$ 和负载 EL 电压 u_d 等波形。并将 $\alpha=90°$ 时的各点波形记录在表 1-14 中。

表 1-14　直流调光电路电压波形

波形测试点	$\alpha=90°$ 时的波形
桥式整流输出电压 $u_{①}$	$u_{①}$　0　π　2π　3π　ωt
稳压管 V_1 两端电压 $u_{②}$	$u_{②}$　0　π　2π　3π　ωt

（续）

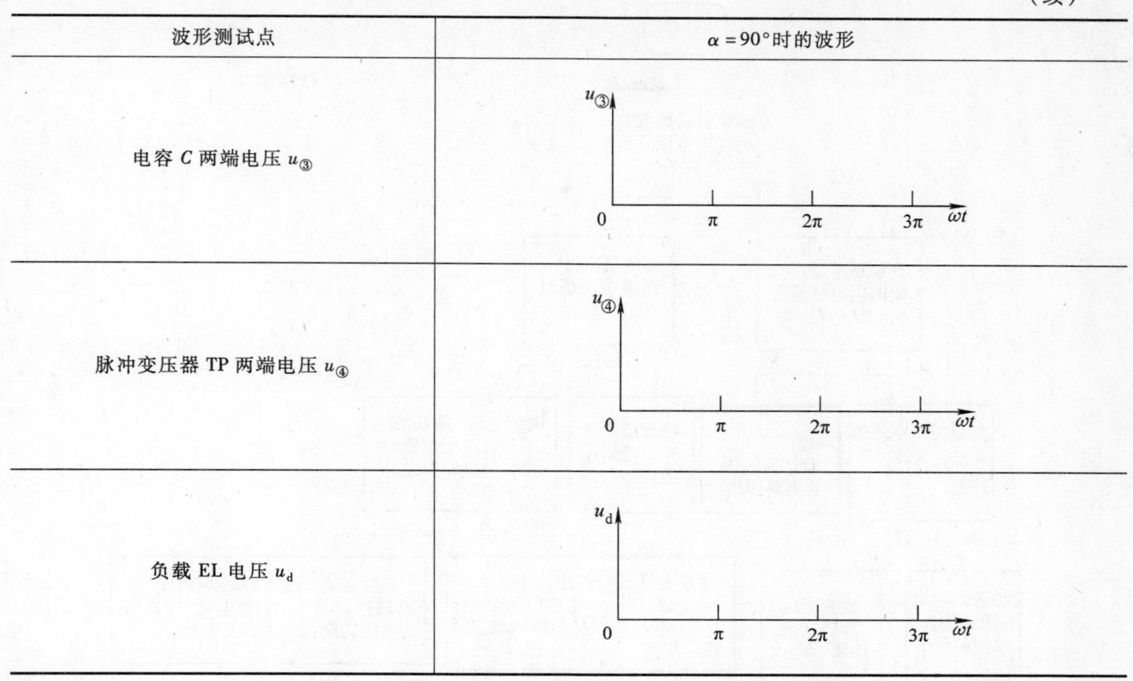

波形测试点	$\alpha=90°$时的波形
电容 C 两端电压 $u_{③}$	$u_{③}$ 0 π 2π 3π ωt
脉冲变压器 TP 两端电压 $u_{④}$	$u_{④}$ 0 π 2π 3π ωt
负载 EL 电压 u_d	u_d 0 π 2π 3π ωt

1.4.6 故障设置与排除

电路装配、调试完成后，同学们进行互评。互评后同学之间相互设置故障，然后进行故障检查、分析和排除。

电路故障检查与分析可以采用万用表法，也可以采用示波器法。下面以常用的万用表检查法为例进行介绍，在用万用表检查时，应注意万用表的档位选择和表笔的极性。故障分析与检修流程如下：

1）调节电位器 RP，灯始终常亮故障现象。故障分析与检修流程图如图 1-25 所示。

2）调节电位器 RP，灯始终不亮故障现象。故障分析与检修流程图如图 1-26 所示。

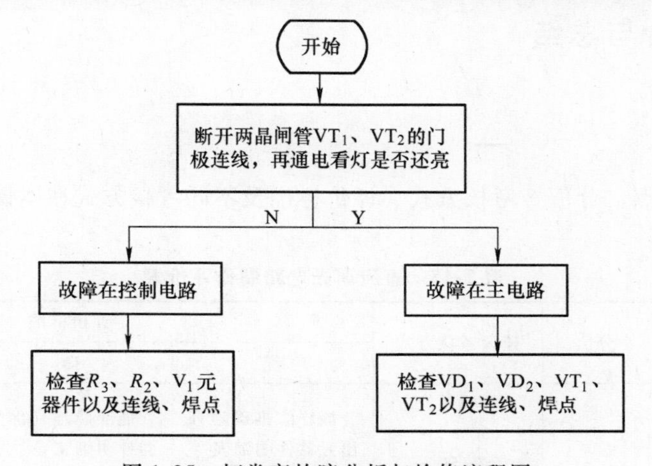

图 1-25　灯常亮故障分析与检修流程图

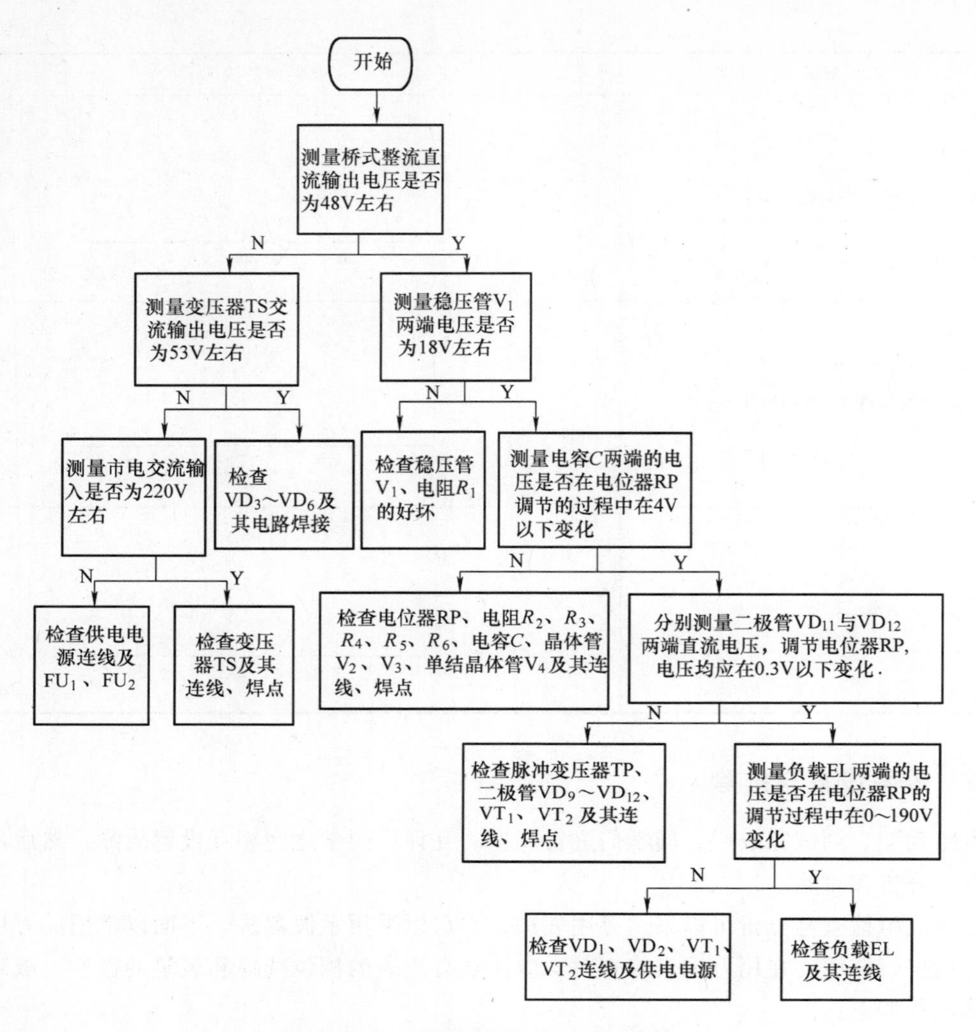

图 1-26　灯不亮故障分析与检修流程图

1.5　任务评价与总结

1.5.1　任务评价

本任务的考评点、分值、考核方式、评价标准及不同考核方式在本课程考核成绩中所占的比例见表 1-15。

表 1-15　直流调光电路制作评价表

序号	考评点	分值	建议考核方式	评价标准		
				优	良	及格
一	制作电路元器件明细表	5	教师评价（50%）+互评（50%）	能详细准确地列出元器件明细表	能准确地列出元器件明细表	能比较准确地列出元器件明细表

（续）

序号	考评点	分值	建议考核方式	评价标准		
				优	良	及格
二	识别与检测元器件、分析电路、了解主要元器件的功能及主要参数	10	教师评价（50%）+互评（50%）	能正确识别、检测晶闸管、单结晶体管等元器件，能正确分析电路工作原理，准确说出电路主要元器件的功能及主要参数	能正确识别、检测晶闸管、单结晶体管等元器件，能分析电路工作原理，较准确说出电路主要元器件的功能及主要参数	能比较正确地识别、检测晶闸管、单结晶体管等元器件，能较准确说出电路主要元器件的功能
三	装配	20	教师评价（30%）+自评（20%）+互评（50%）	元器件安装正确、牢固、美观，焊接质量可靠，焊点规范、一致性好	元器件安装正确、牢固，焊接质量可靠，焊点规范	元器件安装正确，焊接质量可靠
四	调试	15	教师评价（20%）+自评（30%）+互评（50%）	能正确使用仪器、仪表，熟练掌握电路的测量、调试方法，各点波形测量准确	能正确使用仪器、仪表，基本掌握电路的测量、调试方法，各点波形测量正确	能使用仪器、仪表，能完成电路的测量与调试，波形测量基本正确
五	排除故障	20	自评（50%）+互评（50%）	能正确进行故障分析，检查步骤简捷、准确，排除故障迅速，检修过程无扩大故障现象和损坏其他元器件	能进行故障分析，检查步骤正确，能够排除故障，检修过程无损坏其他元器件	能在他人的帮助下进行故障分析，排除故障
六	任务总结报告	10	教师评价（100%）	格式标准，有完整、详细的直流调光电路的任务分析、实施、总结过程记录，并能提出一些新的建议	格式标准，有完整的直流调光电路的任务分析、实施、总结过程记录，并能提出一些建议	格式标准，有完整的直流调光电路的任务分析、实施、总结过程记录
七	职业素养	20	教师评价（30%）+自评（20%）+互评（50%）	工作积极主动、精益求精，不怕苦、不怕累、不怕难、遵守工作纪律，服从工作安排。能虚心请教与热心帮助同学，能主动、大方、准确表达自己的观点与意愿。遵守安全操作规程、爱惜器材与测量仪器，节约焊接材料，不乱扔垃圾，积极主动打扫卫生	工作积极主动，不怕苦、不怕累、怕难、遵守工作纪律，服从工作安排。能虚心请教与帮助同学，能主动、大方、准确表达自己的观点与意愿。遵守安全操作规程、爱惜器材与测量仪器，节约焊接材料，不乱扔垃圾，积极主动打扫卫生	工作积极主动精益求精，不怕苦、不怕累、不怕难、遵守工作纪律，服从工作安排。能准确表达自己的观点与意愿。遵守安全操作规程、爱惜器材与测量仪器，节约焊接材料，不乱扔垃圾，积极主动打扫卫生

1.5.2 任务总结

1）晶闸管具有单向可控导电性，电流只能从阳极流向阴极，导通后的晶闸管压降为1V左右，流过晶闸管的电流取决于电源电压与负载的大小，与门极控制信号的大小无关。晶闸管由断态到通态的条件为：①晶闸管阳极必须承受正向电压；②门极也有一个适当的正向电压。晶闸管由通态到断态的关断条件为：阳极电流小于维持电流。晶闸管导通后门极就失去了控制作用，所以晶闸管门极的触发信号通常是采用脉冲信号。

2）单相可控整流电路的形式一般有单相半波可控整流电路、单相半控桥式整流电路和单相全控桥式整流电路等几种形式。可控整流电路所带的负载一般有电阻性、电感性和反电动势负载，或这几种的组合。电路形式不同和所带负载性质不一样，电路的工作情况也不一样。

3）单结晶体管组成的触发电路具有电路简单、使用元器件少、体积小、脉冲前沿陡、工作稳定等优点。存在的缺点就是脉冲窄、脉冲平均功率小，在较大电感负载时不易触发晶闸管；移相范围达不到180°（一般为140°～150°）。所以说单结晶体管组成的触发电路一般应用在50A以下的晶闸管系统中。

4）通过直流调光电路的组装，能较好地把理论与实际结合起来，不仅加深了对理论知识的理解，而且掌握了单相可控整流电路的调压本质。通过调光电路的应用得知，如果将灯泡负载改为电炉或直流电动机的电枢绕组或励磁绕组，就可将其应用到调温、调速等电路中，达到学以致用的目的。

1.6 相关知识

1.6.1 其他派生晶闸管

除了普通晶闸管外，根据应用的特殊要求而发展起来的还有其他派生晶闸管，如双向晶闸管、门极关断晶闸管、快速晶闸管、逆导晶闸管和光控晶闸管等。双向晶闸管将在后续内容中作详细介绍，下面仅对快速、逆导和光控三种晶闸管作一简要介绍。

1. 快速晶闸管

快速晶闸管通常是指那些响应速度快的晶闸管。它的基本结构、伏安特性和符号与普通晶闸管完全一样。它的特点：开关速度快，一般开通时间为1～2μs、关断时间≤50μs，比普通晶闸管快一个数量级；通态压降低；开关损耗小；有较高的通态电流临界上升率及断态电压临界上升率；使用频率范围广，可从几十到几千赫兹。这种快速晶闸管主要应用于直流电源供电的逆变器的斩波器中。快速晶闸管的型号用KK表示。

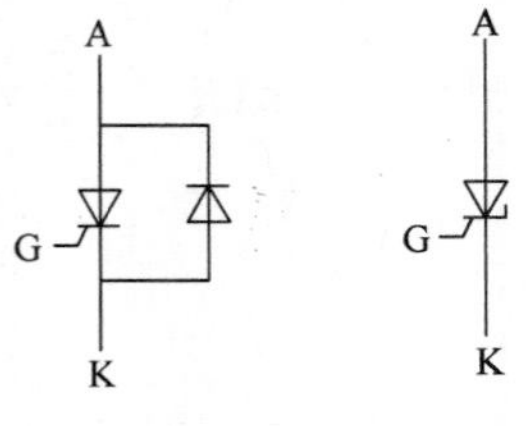

2. 逆导晶闸管

逆导晶闸管是一个反向导通的晶闸管，是将一个普通晶闸管与一个二极管反并联集成在同一硅片上构成的新器件，如图1-27所示。逆导晶闸管正向表现为晶闸管正向伏安特性，反向表现为

A G K A G K

图1-27 逆导晶闸管

二极管特性。与普通晶闸管相比，逆导晶闸管有如下特点：正向转折电压比普通晶闸管高，电流容量大，易于提高开关速度，高温特性好（允许结温可达150℃以上），减小了接线电感，缩小了装置体积。逆导晶闸管的型号用KN表示。

3. 光控晶闸管

光控晶闸管又称光触发晶闸管，是利用一定波长的光照信号触发导通的晶闸管，其电气图形符号如图1-28所示。小功率光控晶闸管只有阳极和阴极两个端子，大功率光控晶闸管则还带有光缆，光缆上装有作为触发光源的发光二极管或半导体激光器。由于采用光触发保证了主电路与控制电路之间的绝缘，而且可以避免电磁干扰的影响，因此光控晶闸管目前在高压大功率的场合，如高压直流输电和高压核电聚变装置中，占据重要的地位。

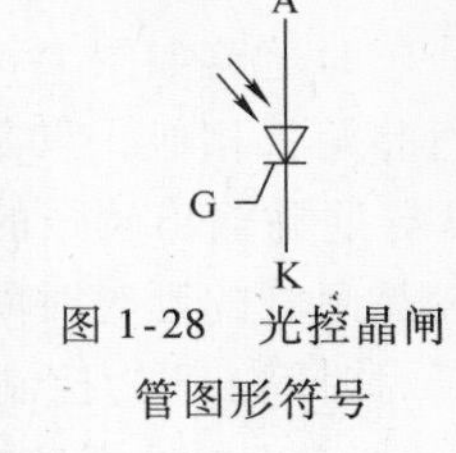

图1-28　光控晶闸管图形符号

1.6.2　简易移相触发电路

下面介绍5种实用的简易移相触发电路。

1. 调光或调温电路

调光或调温电路如图1-29所示，当S闭合时晶闸管门极被短路，VT不导通，电路无输出。当S打开时，交流电源 u_2 经电位器与负载（负载电阻远小于510kΩ）加到门极，触发电流 $I_g \approx U_2/510\mathrm{k}\Omega$，波形为正弦半波如图中所示。当 i_g 上升到等于晶闸管触发电流 I_{GT} 时，管子VT被触发导通。改变电位器的阻值即可改变 i_g 上升到 I_{GT} 值的时间，达到改变触发延迟角 α 的目的，本电路最大触发延迟角为 $\alpha_{max}=90°$，输出电压 U_d 可调节范围为 $U_d=(0.225\sim0.45)U_2$。

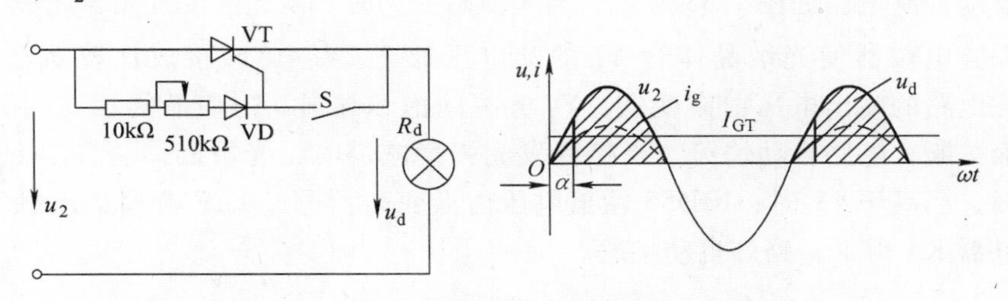

图1-29　调光或调温电路

2. 调压电路

调压电路如图1-30所示，当电源电压 u_2 处于负半周时，通过 VD_2 对电容充电，由于时间常数很小，这时电容电压 u_C 近似等于 u_2 波形。当 u_2 过了负的最大值，电容经 u_2、

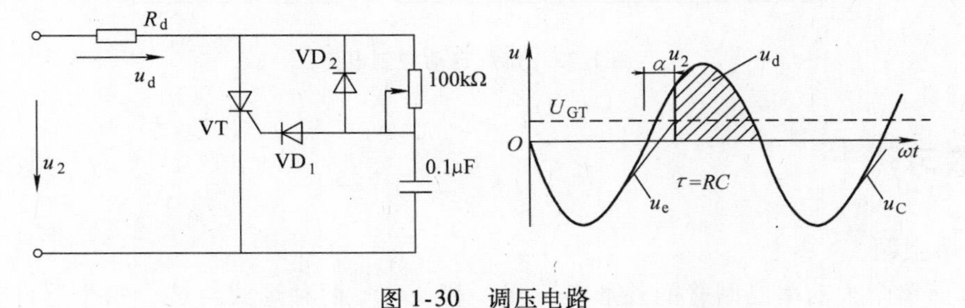

图1-30　调压电路

100kΩ 电位器及 R_d 放电，然后反充电，当 U_C 上升到 U_{GT} 值时，晶闸管触发导通。改变 100kΩ 电位器的阻值，可实现 20°～180°范围内的移相控制。

3. 延时电路

延时电路如图 1-31 所示，该电路采用了新型器件硅单相开关（SUS）。SUS 的外特性与普通晶闸管相似，只是它的正反向转折电压仅为 10V 左右。当外加电压超过转折电压时，SUS 导通并输出较强的脉冲去触发晶闸管 VT 使其导通。利用 *RC* 电路充电的原理，来调节触发晶闸管的延时时间，接通负载电阻 R_L。选择 S_1、S_2 对应不同的 *RC* 值，可获得 1～10^4s 的延时时间。S 为控制开关，S 合上时开始计时。

4. 枪式电钻调速电路

枪式电钻调速电路如图 1-32 所示。当 10kΩ 电位器滑动点左移时，充电时间常数减小，所以移相角 α 小，输出直流电压高，电钻转速升高。反之，当 10kΩ 电位器滑动点右移时，充电时间常数增大，所以移相角 α 也增大，输出直流电压降低，电钻转速减小。

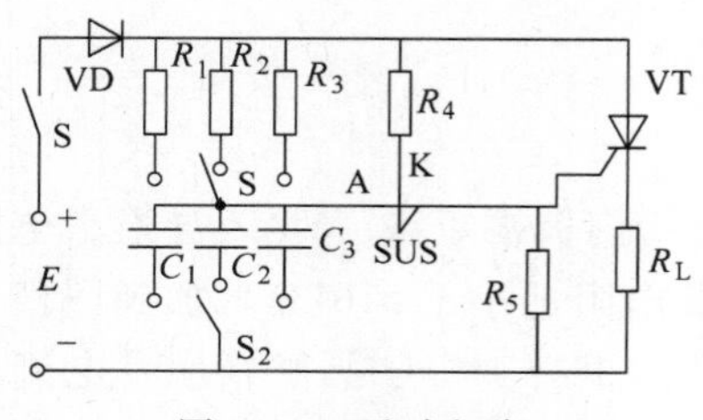

图 1-31　延时电路

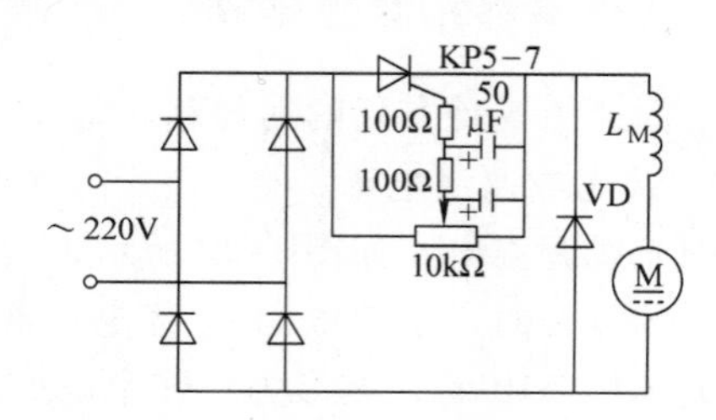

图 1-32　枪式电钻调速电路

5. 路灯自动控制电路

路灯自动控制电路如图 1-33 所示，当天由暗变亮时，发光强度变大，光敏晶体管 V_1 阻值变小，调整电位器使光敏晶体管 V_1 的端电压低于 2V，此时接成比较器形式的集成块 NE555 定时电路的输出电压由高变低，V_2 管瞬间饱和导通，迫使晶闸管 VT 阳极电流小于维持电流而关断，电路自动熄灭。当傍晚发光强度减弱时，光敏晶体管 V_1 阻值逐渐变大，端电压升高，当高于 4V 时，NE555 输出电压由低变高，通过 1μF 电容送出触发脉冲使 VT 导通，继电器 KA 得电，路灯自动接通。

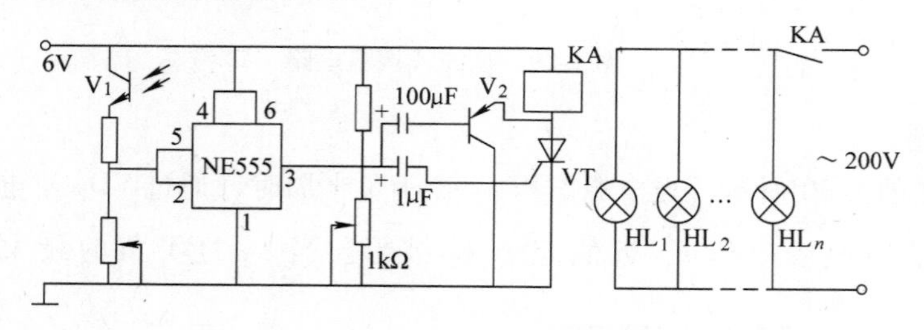

图 1-33　路灯自动控制电路

1.7　练习

一、填空题

1. 目前单个大功率晶闸管的外形有______和______两种形式封装，每个器件有______、

______和门极 G 三个电极。

2. 晶闸管内部是一个由半导体材料构成的__层__端结构，共形成____个 PN 结。

3. 晶闸管从阻断转化为导通的条件是：（1）阳极必须加________电压；（2）门极加________电压并有足够的触发功率。

4. 晶闸管是一个可控的单向导电开关，它与二极管的差别在于晶闸管的正向导电受______极电流的控制；与晶体管的差别在于晶闸管的____电流与门极电流之间没有放大关系。

5. 晶闸管的关断条件是：阳极电流小于______电流。

6. 某半导体器件的型号为 KP50—7，其中 KP 表示该器件为__________，50 表示______________，7 表示______________。

7. 按负载的性质不同，晶闸管可控整流电路的负载分为____________性负载、__________性负载和____________负载三大类。

8. 按整流电路的结构形式分有______、______和______整流电路。

9. 电阻性负载的特点是____________________，在单相半波可控整流电阻性负载电路中，晶闸管触发延迟角 α 的最大移相范围是__________。

10. 电感性负载的特点是____________________，在单相半波，电感性负载并联续流二极管的可控整流电路中，晶闸管触发延迟角 α 的最大移相范围是__________，其承受的最大正反向电压均为__________，续流二极管承受的最大反向电压为________（设 U_2 为相电压有效值）。

11. 当增大晶闸管可控整流的触发延迟角 α，负载上得到的直流电压平均值会______。

12. 带反电动势负载的整流电路中，为了使晶闸管可靠______，要求触发脉冲要有足够的______，保证当晶闸管开始承受______时，触发脉冲仍然存在。

13. 工作于反电动势负载的晶闸管在每一个周期中的导通角________、电流波形不连续、呈______状、电流的平均值______。要求管子的额定电流值要__________些。

14. 单相半控桥式整流电路在大电感负载时必须加接__________，否则会出现________现象。

15. 单结晶体管在结构上只有____ PN 结，三个电极分别是________、________和发射极。

16. 当单结晶体管的发射极电压高于______电压时就导通；低于______电压时就截止。

17. 触发电路送出的触发脉冲信号必须与晶闸管阳极电压______，保证在管子阳极电压每个正半周内以相同的______被触发，才能得到稳定的直流电压。

二、是非题

1.（　　）晶闸管在使用中必须要加散热器。

2.（　　）晶闸管是一种能够承受高电压、允许通过大电流的电力电子器件。

3.（　　）晶闸管有三个电极，分别称为正极、负极和门极。

4.（　　）晶闸管由截止状态进入到导通状态必须同时具备两个条件。

5.（　　）普通晶闸管为全控型器件。

6.（　　）晶闸管导通后，如在其门极上加上触发脉冲，可使晶闸管关断。

7.（　　）晶闸管的过载能力小，因此在实际应用中必须采取过电流或过电压保护。

8. （　　）单相半波可控整流电路、电阻性负载必须要加续流二极管。

9. （　　）单相半波可控整流电路、大电感负载必须要加续流二极管。

10. （　　）具有电感性负载的单相全控整流电路，由于负载电压有负值，使电压平均值降低。

11. （　　）单相全控桥式整流电路由两个二极管和两个晶闸管组成。

12. （　　）单相全控桥式整流电路大电感负载时，必须要接一个续流二极管。

13. （　　）单相全控桥式整流电路可以工作在整流状态，也可以工作在有源逆变状态，但单相半控桥式整流电路只能工作在整流状态，不能工作在有源逆变状态。

14. （　　）整流器的功率因数是指变压器二次侧有功功率与视在功率的比值。

15. （　　）单结晶体管的负阻特性，是由于单结晶体管内部的反馈而形成的。

16. （　　）单结晶体管触发电路的触发功率比较大，一般用于触发大容量的晶闸管。

三、选择题

1. 晶闸管内部有（　　）PN 结。

A　一个　　B　两个　　C　三个　　D　四个

2. 单结晶体管内部有（　　）PN 结。

A　一个　　B　两个　　C　三个　　D　四个

3. 普通晶闸管的通态电流（额定电流）是用电流的（　）来表示的。

A　有效值　　B　最大值　　C　平均值　　D　瞬时值

4. 带电阻性负载的单相半波可控整流电路中，触发延迟角 α 的最大移相范围是（　　）。

A　90°　　B　120°　　C　150°　　D　180°

5. 单相半控桥式整流电路的两只晶闸管的触发脉冲依次应相差（　　）。

A　180°　　B　60°　　C　360°　　D　120°

6. 单相全控桥式电阻性负载电路中，晶闸管可能承受的最大电压为（　　）。

A　$\sqrt{2}U_2$　　B　$2\sqrt{2}U_2$　　C　$\frac{1}{2}\sqrt{2}U_2$　　D　$\sqrt{6}U_2$

7. 单相全控桥式大电感负载电路中，晶闸管可能承受的最大正向电压为（　　）。

A　$\frac{\sqrt{2}}{2}U_2$　　B　$\sqrt{2}U_2$　　C　$2\sqrt{2}U_2$　　D　$\sqrt{6}U_2$

8. 晶闸管可控整流电路中负载是蓄电池或直流电动机的应该属于（　　）负载。

A　电阻性　　B　电感性　　C　反电动势　　D　电容性

四、简答题

1. 怎样才能使晶闸管由导通变为关断？

2. 在晶闸管的门极通入几十毫安的小电流可以控制阳极几十、几百安培的大电流的导通，它与晶体管用较小的基极电流控制较大的集电极电流有什么不同？晶闸管能不能像晶体管一样构成放大器？

3. 晶闸管的导通条件和关断条件是什么？

4. 晶闸管导通时，流过晶闸管的电流大小取决于什么？晶闸管阻断时，承受的电压大小取决于什么？

5. 型号为 KP100—3、维持电流 $I_H = 4mA$ 的晶闸管使用在图 1-34 中的电路是否合理？

为什么？（不考虑电压、电流裕量）

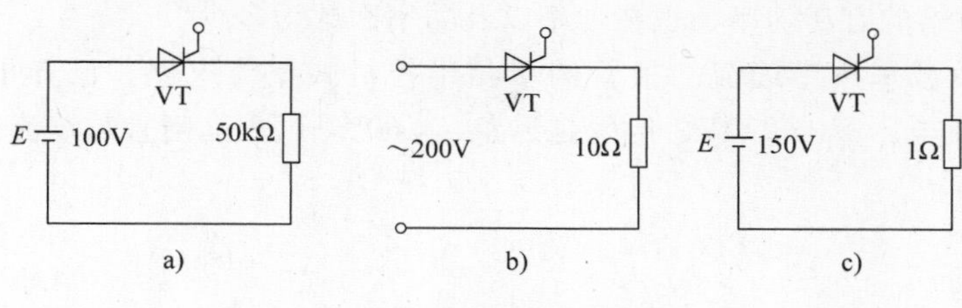

图 1-34　习题图 1

6. 在环境温度较低时，或是加强通风冷却时，晶闸管与整流二极管是否可以超过额定电流运行？

7. 什么叫失控现象？如何避免？

8. 如何根据单结晶体管的基本结构，利用一个万用表的电阻档来判断一个三端半导体器件是单结晶体管而不是普通的晶体管？

9. 单相桥式全控整流电路中，若有一个晶闸管因过电流烧成短路，结果会怎样？若这个晶闸管因过电流烧成断路，结果又会怎样？

10. 由单结晶体管组成的单相晶闸管触发电路有什么方法可使触发延迟角 $\alpha=0$？

11. 同步变压器二次电压的大小对于触发电路的移相范围有何影响？

12. 单结晶体管触发电路的稳压管两端并接滤波电容能否工作？为什么？

五、作图计算题

1. 试画出图 1-35 电路中 u_d 的波形。

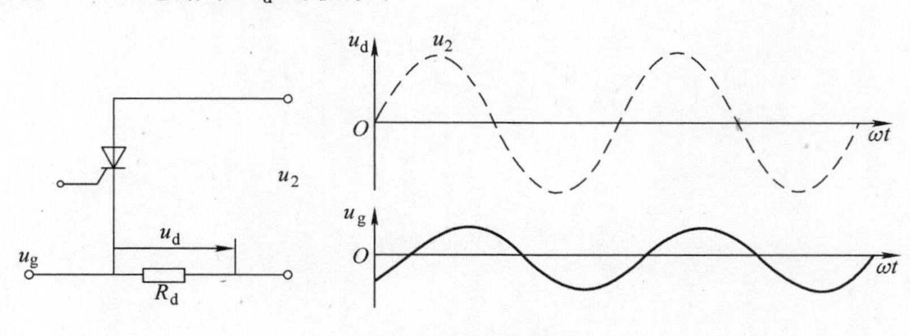

图 1-35　习题图 2

2. 有一单相半波可控整流电路，已知变压器二次电压 $U_2=220\text{V}$，负载电阻 R 为 10Ω，要求触发延迟角从 180°到 0 连续可调。试：

（1）求触发延迟角为 60°时，负载的平均整流电压 U_d 和负载电流 I_d。

（2）选择晶闸管型号。

3. 一台由 220V 供电的自动恒温功率为 1kW 的电炉，采用单相半控桥式整流电路。通过计算选择晶闸管的型号。

4. 单相全控桥式整流电路，大电感负载，要求移相范围 0～90°。已知：$U_2=220\text{V}$；$R_d=4\Omega$。试：

（1）求 $\alpha=60°$时，U_d、I_{dT}及 I_T值。

（2）画出当 $\alpha=60°$时 u_d、i_d 和 i_2 的波形。

（3）选择晶闸管。

5. 单相全控桥式整流电路带大电感负载时，若已知 $U_2=220\text{V}$，负载电阻 $R_d=10\Omega$，求 $\alpha=60°$时，电源供给的有功功率、视在功率以及功率因数为多少？

6. 某大电感负载采用带续流二极管的单相半控桥式整流电路，已知电感线圈的电阻 $R_d=5\Omega$，输入交流电压 $U_2=220\text{V}$，触发延迟角 $\alpha=60°$。试求晶闸管与续流二极管的电流平均值和有效值。

项目2　三相可控整流电路及其应用

对于负载容量较大的（4kW以上）设备，应采用三相可控整流电路。本任务就是制作一套由三相可控整流电路向直流电动机供电的直流调速电路。通过直流电动机调速电路的制作，掌握三相可控整流电路的原理分析、电路设计、安装、调试和维修等技能。

三相可控整流电路的形式很多，有三相半波、三相桥式、三相双反星形等，其中三相半波可控整流电路是最基本的电路，其他可控整流电路可看做是三相半波整流电路以不同方式的串、并联所组成。在直流调速系统中采用三相桥式可控整流电路较多。下面首先介绍三相半波可控整流电路，再介绍三相桥式可控整流电路和触发电路。

2.1　三相可控整流电路的分析

2.1.1　三相半波可控整流电路

三相半波（又称三相零式）可控整流电路，需要交流电源提供中性线，因此整流变压器二次绕组必须采用星形联结，而一次绕组通常接成三角形（避免三次谐波流入电网）。电路如图2-1a所示。

1. 电阻性负载

（1）电路组成及电路工作原理　电路组成如图2-1a所示，三只晶闸管VT_1、VT_3和VT_5的阴极连接在一起，然后接到负载电阻R_d上，阳极分别接到整流变压器TR的二次绕组上。这种接法称为共阴极可控整流电路。如果把三只晶闸管的连接方向改变，阳极连接在一起，然后接到负载电阻R_d上，阴极分别接到整流变压器的二次绕组上，则称为共阳极可控整流电路。

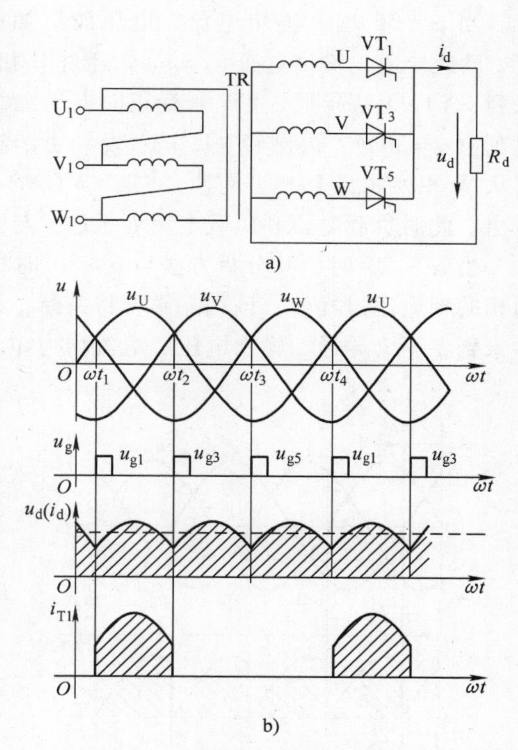

图2-1　三相半波可控整流电路及$\alpha=0$时的工作波形

a）电路　b）$\alpha=0$时的工作波形

三相半波可控整流电路一般由三相整流变压器TR供电，也可直接由三相四线制交流电网供电。向晶闸管供电的交流电压称为u_2，其有效值为U_2，三相相电压波形如图2-1b所示，其表达式为

U相：$u_U=\sqrt{2}U_2\sin\omega t$

V相：$u_V=\sqrt{2}U_2\sin(\omega t-120°)$

W 相：$u_W = \sqrt{2}U_2\sin(\omega t + 120°)$

如果将图 2-1 中的晶闸管换为整流二极管，则此电路为三相半波不可控整流电路。对于共阴极接法三相半波不可控整流电路，任何时刻都是阳极电位高的二极管导通，即相电压最高相所在的二极管导通，其余两相二极管将承受反向电压而关断，整流输出电压为该相的相电压。从图 2-1b 电压波形可知，在 $\omega t_1 \sim \omega t_2$ 期间，U 相电压最高，U 相所在的二极管导通，负载电压 u_d 等于 U 相电压 u_U。同理，在 $\omega t_2 \sim \omega t_3$ 期间，V 相电压最高，V 相所在的二极管导通，负载电压 u_d 等于 V 相电压 u_V；$\omega t_3 \sim \omega t_4$ 期间 W 相电压最高，W 相所在的二极管导通，负载电压 u_d 等于 W 相电压 u_W。下个周期重复上述过程。

由以上分析可知，一个周期中三个二极管按电源相序轮流导通，每个导通 120°，整流输出电压波形为三相电源电压的三个完整的波头。二极管换相发生在三相电压的交点 ωt_1、ωt_2、ωt_3 处，这些点称为自然换相点。对三相半波可控整流电路来说，自然换相点是各相晶闸管触发导通的最早时刻，因此将这些点作为晶闸管触发延迟角 α 的起始点，即 $\alpha = 0$ 点。由此可见三相半波可控整流电路触发延迟角 α 的起始点距相电压原点为 30°，这与单相可控整流电路触发延迟角 α 的起始点有区别。

三相半波可控整流电路中，晶闸管触发延迟角 $\alpha = 0$ 时（触发脉冲在自然换相点处发出）的工作过程和波形与不可控整流电路完全一样，如图 2-1 所示。变压器二次绕组中电流与各相晶闸管电流相同，每周期只有单方向的电流通过，因此存在直流磁化问题。

当 $\alpha = 30°$ 时，输出电流、电压波形如图 2-2 所示。假设电路已在工作，W 相晶闸管 VT_5 已经导通，输出电压 $u_d = u_W$，经过 U 相的自然换相点时，由于 U 相晶闸管的触发脉冲未到，VT_1 无法导通，VT_5 承受正向电压继续导通，直到过 U 相自然换相点 30°，即在 ωt_1 时刻（$\alpha = 30°$），晶闸管 VT_1 被触发导通，输出电压由 u_W 变换为 u_U，即 $u_d = u_U$，负载电流 i_d 从 W 相换相至 U 相。同理，VT_3、VT_5 均在各自自然换相点后 30°处导通。从波形上可以看出，此时负载电压和负载电流处于连续与断续的临界状态，各相仍导通 120°。

当 $\alpha > 30°$时，其分析方法与 $\alpha = 30°$时相同，$\alpha = 60°$时的工作波形如图 2-3 所示。在导通相的相电压过零处，该相晶闸管将关断，此时下一相晶闸管虽然承受正向电压，但触发脉冲未到，不会导通，输出电压、电流均为零，从而使 u_d、i_d 波形断续，晶闸管导通角显然

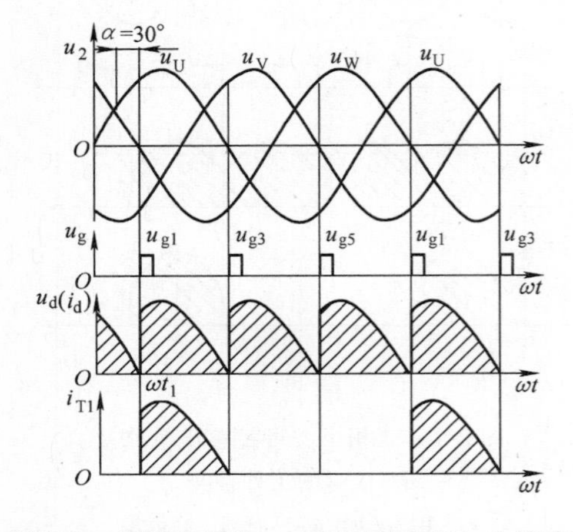

图 2-2　电阻性负载 $\alpha = 30°$时的电压、电流波形

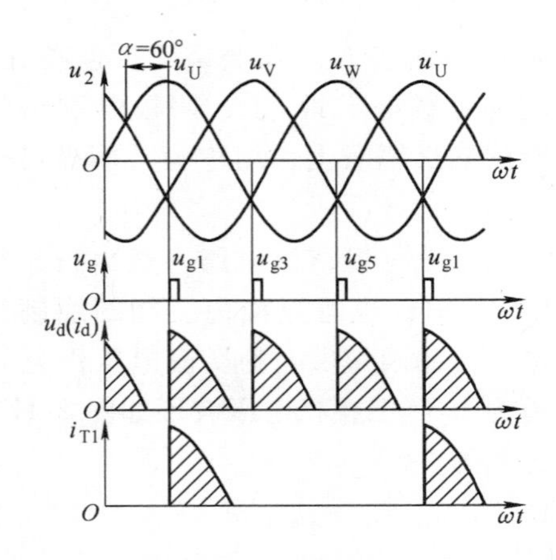

图 2-3　电阻性负载 $\alpha = 60°$时的电压、电流波形

小于 120°，仅为 90°。

显然，当触发脉冲后移到 150°时，由于晶闸管已不再承受正向电压，而无法导通，所以三相半波可控整流电路带电阻性负载时的移相范围为 0 ~ 150°。

三相半波可控整流电路在三个晶闸管均不导通时，各晶闸管承受的电压为各相的相电压，当其中一只晶闸管导通时，另两只晶闸管所承受的电压为线电压，线电压的峰值为$\sqrt{6}U_2$，所以晶闸管在电路中承受的最大电压为$\sqrt{6}U_2$。

综上所述，三相半波可控整流电路（电阻性负载）具有如下特点：

1）当 $\alpha=0$ 时，整流输出电压最大；当 $\alpha=150°$时，整流输出电压为零。触发延迟角 α 的移相范围为 0 ~ 150°。

2）当 $\alpha\leqslant30°$时，负载电流连续，每个晶闸管在一个周期中导通 120°，即 $\theta_T=120°$；当 $\alpha>30°$时，负载电流断续，晶闸管的导通角为 $\theta_T=150°-\alpha$，小于 120°。

3）流过变压器的二次电流等于晶闸管的电流，是单方向电流，有直流分量，会造成变压器直流磁化。

4）晶闸管承受的最大电压是变压器二次线电压的峰值，$U_{TM}=\sqrt{6}U_2$。

5）输出整流电压 u_d 的脉动频率为 3 倍的电源频率。

6）触发脉冲的间隔为 120°。

（2）各电量计算　$\alpha=30°$是 u_d 波形连续和断续的分界点，计算输出电压平均值 U_d 时应分两种情况进行。

$\alpha\leqslant30°$时，有

$$U_d=\frac{1}{2\pi/3}\int_{\frac{\pi}{6}+\alpha}^{\frac{5\pi}{6}+\alpha}\sqrt{2}U_2\sin\omega t\,d(\omega t)=1.17U_2\cos\alpha \tag{2-1}$$

$\alpha>30°$时，有

$$U_d=\frac{1}{2\pi/3}\int_{\frac{\pi}{6}+\alpha}^{\pi}\sqrt{2}U_2\sin\omega t\,d(\omega t)=0.675U_2[1+\cos(\pi/6+\alpha)] \tag{2-2}$$

输出电流平均值 I_d 为

$$I_d=\frac{U_d}{R_d} \tag{2-3}$$

因每个周期晶闸管轮流导通各一次，所以晶闸管电流平均值 I_{dT}为

$$I_{dT}=\frac{1}{3}I_d \tag{2-4}$$

晶闸管电流有效值 I_T 和承受的最大电压 U_{TM}为

$\alpha\leqslant30°$时，有

$$I_T=\sqrt{\frac{1}{2\pi}\int_{\frac{\pi}{6}+\alpha}^{\frac{5\pi}{6}+\alpha}\left(\frac{\sqrt{2}U_2\sin\omega t}{R_d}\right)^2d(\omega t)}=\frac{U_2}{R}\sqrt{\frac{1}{2\pi}\left(\frac{2\pi}{3}+\frac{\sqrt{3}}{2}\cos2\alpha\right)} \tag{2-5}$$

$\alpha>30°$时，有

$$I_T=\sqrt{\frac{1}{2\pi}\int_{\frac{\pi}{6}+\alpha}^{\pi}\left(\frac{\sqrt{2}U_2\sin\omega t}{R_d}\right)^2d(\omega t)}=\frac{U_2}{R}\sqrt{\frac{1}{2\pi}\left(\frac{5\pi}{6}-\alpha+\frac{\sqrt{3}}{4}\cos2\alpha+\frac{1}{4}\sin2\alpha\right)} \tag{2-6}$$

$$U_{TM}=\sqrt{6}U_2 \tag{2-7}$$

2. 电感性负载

（1）电路的组成与工作原理　电路和工作波形如图 2-4 所示，设电感 L_d 的值足够大，满足 $\omega L_d \gg R_d$，此时电路称大电感负载电路，整流电路的输出电流 i_d 连续且基本平直。

当触发延迟角 $\alpha \leqslant 30°$ 时，u_d 的波形与电阻性负载时一样，只不过电流 i_d 的波形为一平直的直线。

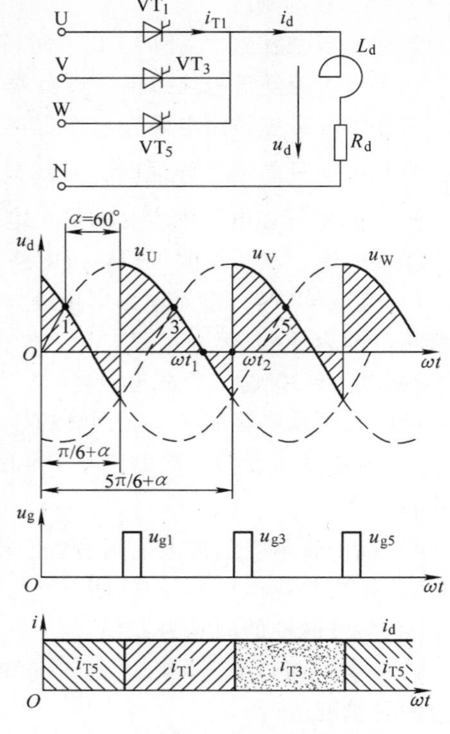

图 2-4　三相半波大电感负载电路及 $\alpha = 60°$ 时的波形

当 $\alpha > 30°$（以 $\alpha = 60°$ 为例）时，VT_1 管导通到 ωt_1 时，其阳极电源电压 u_U 已过零开始变负，于是流过大电感的负载电流 i_d 在减小，产生感应电动势，使 VT_1 管阳极仍承受到正向电压维持着导通，直到 ωt_2 时刻 u_{g3} 触发 VT_3 导通，VT_1 才承受反向电压被关断。所以，尽管 $\alpha > 30°$，u_d 波形出现部分负压，但只要 u_d 波形的平均值 U_d 不等于零，电路均能正常工作，i_d 波形仍可连续平稳，工程计算时，均视为一条直线。显然，当 $\alpha = 90°$ 时，u_d 波形正电压部分与负电压部分近似相等，输出电压平均值 U_d 为零。所以，有效移相范围为 0°～90°。

（2）电路各电量计算

$$U_d = \frac{3}{2\pi}\int_{\pi/6+\alpha}^{5\pi/6+\alpha} \sqrt{2}U_2 \sin\omega t \mathrm{d}(\omega t) = 1.17U_2\cos\alpha$$

$$I_d = U_d / R_d$$

$$I_{dT} = \frac{1}{3}I_d$$

$$I_T = \sqrt{\frac{1}{3}}I_d$$

$$U_{TM} = \sqrt{6}U_2$$

例 2-1　三相半波可控整流电路，大电感负载，电阻 $R = 2\Omega$，整流变压器二次电压 $U_2 = 220V$，试求当 $\alpha = 60°$ 时，U_d、I_d 和 I_{dT} 的值，并按此状态选择晶闸管型号。

解： $U_d = 1.17U_2\cos\alpha = 1.17 \times 220\ V \times \cos 60° = 128.7V$

$I_d = U_d / R_d = (128.7/2)A \approx 64.4A$

$$I_{dT} = \frac{1}{3}I_d = \frac{1}{3} \times 64.4A \approx 21.5A$$

$$I_T = \sqrt{\frac{1}{3}} \times I_d = \sqrt{\frac{1}{3}} \times 64.4A = 37.2A$$

$$I_{T(AV)} = (1.5 \sim 2) \times \frac{37.2A}{1.57} = 35.6 \sim 47.4A \quad 取50A$$

$$U_{TN} = (2 \sim 3)U_{TM} = (2 \sim 3)\sqrt{6}U_2 = 1078 \sim 1617\text{V} \quad 取1200\text{V}$$

选择晶闸管型号为 KP50—12。

3. 含反电动势的大电感负载

在直流电力拖动系统中，多数为电动机负载。为了使电枢电流 i_d 波形连续平直，在电枢回路中串入电感量足够大的平波电抗器 L_d，这就是含反电动势的大电感负载，如图 2-5a 所示。电路的分析方法与波形及平均电压 U_d 的计算同大电感负载时一样，只是输出平均电流 I_d 的计算应该为

$$I_d = \frac{U_d - E}{R_a}$$

式中 E——电枢反电动势；

R_a——电枢电阻。

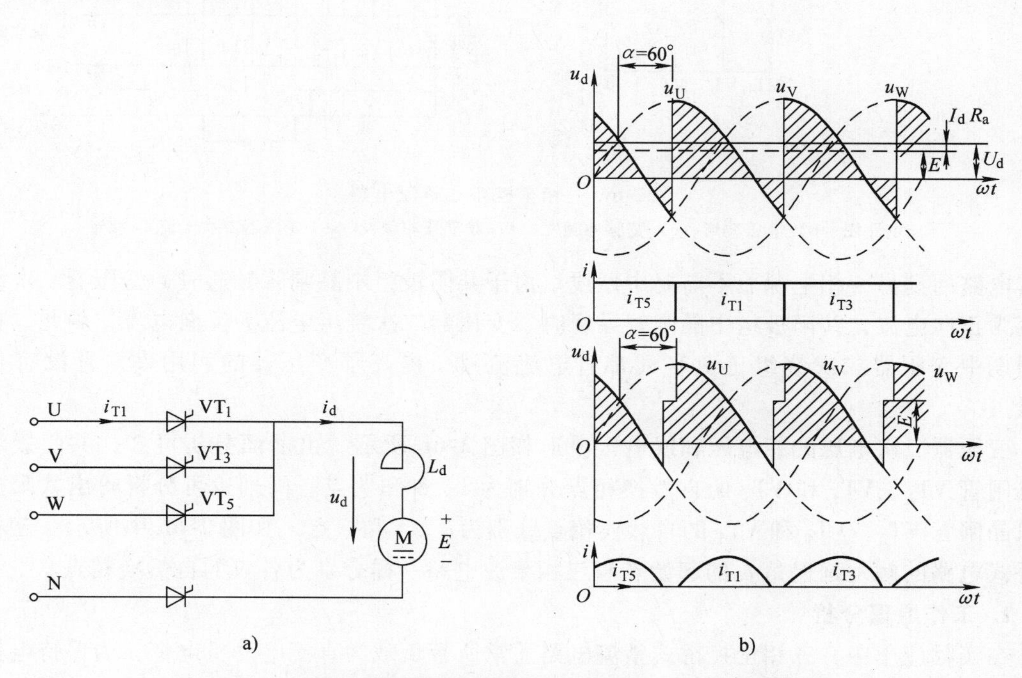

图 2-5 三相半波反电动势负载时的电路及 $\alpha = 60°$时的波形

a）电路图 b）波形图

当串入的平波电抗器 L_d 电感量不足时，电感中储存的磁场能量不足以维持电流连续，此时，输出电压 u_d 波形出现由反电动势 E 形成的台阶，平均电压 U_d 值的计算不能再利用大电感时的公式。图 2-5b 为电流连续和断续、$\alpha = 60°$时的波形，其工作原理参照单相电路反电动势负载自行分析。

2.1.2 三相全控桥式整流电路

工业上广泛应用的是三相桥式整流电路，它是由两组三相半波电路串联，并取消中性线而成的，电路如图 2-6a 所示。晶闸管 VT_1、VT_3 和 VT_5 组成共阴极电路，VT_2、VT_4、VT_6 组成共阳极电路。电流通过共阴极组的三相半波电路向负载供电，电流经过共阳极组的三相

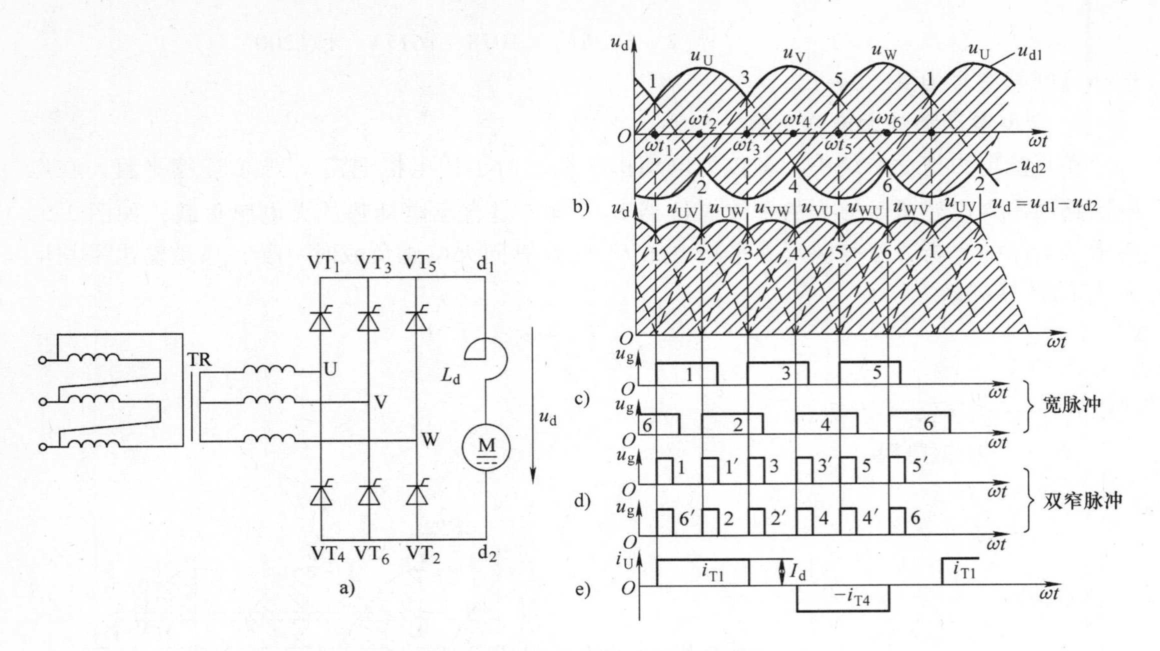

图 2-6　三相全控桥式整流电路

a）电路图　b）电压波形　c）宽脉冲触发　d）双窄脉冲触发　e）变压器二次电流 i_U 波形

半波电路回到另一相电源而不需要中性线。由于共阴极组中晶闸管导通时，变压器二次绕组电流为正向电流，共阳极组中晶闸管导通时，变压器二次绕组电流为反向电流，因此，在一个周期中变压器二次绕组正负半周都有电流流过，提高了变压器的利用率，且没有直流分量。

变压器二次电压的相电压和线电压波形如图 2-6b 所示。由前面分析可知，共阴极组三只晶闸管 VT_1、VT_3 和 VT_5 的自然换相点分别为 1、3 和 5 点。同理也可分析得出共阳极组三只晶闸管 VT_2、VT_4 和 VT_6 的自然换相点分别为 2、4 和 6 点，如图 2-6b 中所示。三相全控桥式电路的触发延迟角 α 的起始点与三相半波电路一样分别为各自的自然换相点。

1. 工作原理分析

在实际应用中，三相全控桥式整流电路通常所带负载为直流电动机电枢，为保持电枢回路的电流连续和平直，一般都串有大电感量的平波电抗器。负载性质为含反电动势的大电感负载，下面仅以此进行分析。

首先分析 $\alpha=0$ 时的工作情况，自然换相点为触发延迟角 α 的起始点，即 $\alpha=0$ 处，因此在自然换相点 1、2、3、4、5、6 的位置分别送上 VT_1 ~ VT_6 六只晶闸管的触发脉冲 u_{g1} ~ u_{g6}，如图 2-6b 所示。下面从 VT_1 的自然换相点 1（ωt_1）处开始分析。

在 $\omega t_1 \sim \omega t_2$ 区间，U 相电位最高，V 相电位最低，此时共阴极组的 VT_1 和共阳极组的 VT_6 同时被触发导通。电流由 U 相经 VT_1 流向负载，又经 VT_6 流入 V 相。在这区间 VT_1 和 VT_6 工作，所以输出电压为

$$u_d = u_U - u_V = u_{UV}$$

经 60°后进入 $\omega t_2 \sim \omega t_3$ 区间，U 相电位仍然最高，所以 VT_1 继续导通，但 W 相晶闸管 VT_2 的阴极电位变为最低。在自然换相点 2 处，即 ωt_2 时刻，VT_2 被触发导通，VT_2 的导通

使 VT_6 承受 u_{WV} 反向电压而被迫关断。这一区间负载电流仍然从 U 相流出，经 VT_1、负载、VT_2 而回到电源 W 相，这一区间的整流输出电压为

$$u_d = u_U - u_W = u_{UW}$$

又经过 60°后，进入 $\omega t_3 \sim \omega t_4$ 区间，V 相电位变为最高，在 VT_3 的自然换相点 3 处，即 ωt_3 时刻，VT_3 被触发导通。W 相晶闸管 VT_2 的阴极电位仍为最低，负载电流从 U 相换到从 V 相流出，经 VT_3、负载、VT_2 回到电源 W 相。整流变压器 V、W 两相工作，输出电压为

$$u_d = u_V - u_W = u_{VW}$$

其他区间以此类推，并遵循以下规律：

1）三相全控桥式整流电路任一时刻必须有两只晶闸管同时导通，才能形成负载电流，其中一只在共阴极组，另一只在共阳极组。

2）整流输出电压 u_d 波形是由电源线电压 u_{UV}、u_{UW}、u_{VW}、u_{VU}、u_{WU} 和 u_{WV} 的轮流输出所组成的，各线电压正半波交点 1 ~ 6 分别是 $VT_1 \sim VT_6$ 的自然换相点。晶闸管的导通区间及输出电压关系见表 2-1。

表 2-1　三相全控桥当 $\alpha=0$ 时晶闸管的导通及输出电压情况

ωt	30° ~ 90°	90° ~ 150°	150° ~ 210°	210° ~ 270°	270° ~ 330°	330° ~ 390°
导通晶闸管	VT_1、VT_6	VT_1、VT_2	VT_3、VT_2	VT_3、VT_4	VT_5、VT_4	VT_5、VT_6
u_d	u_{UV}	u_{UW}	u_{VW}	u_{VU}	u_{WU}	u_{WV}

3）六只晶闸管中每管导通角为 120°，每间隔 60°有一只晶闸管换相。

2. 对触发脉冲的要求

三相全控桥式整流电路中的电流 i_d 流通时，必须共阴极组和共阳极组各有一只晶闸管同时导通，为了保证整流电路能启动工作，或在电流断续后能再次流通，必须对应该导通的一对晶闸管同时施加触发脉冲。为此可采取以下两种方法：

（1）宽脉冲触发　使每个触发脉冲的宽度大于 60°（小于 120°），一般取 80° ~ 100°。

（2）双窄脉冲触发　触发某一序号晶闸管时，同时给前面序号的晶闸管补发一个脉冲，使共阴极组和共阳极组的两个应导通的晶闸管都有触发脉冲，相当于用两个窄脉冲等效地代替大于 60°的宽脉冲。例如，当要求 VT_1 导通时，除了给 VT_1 发出触发脉冲外，还要同时给 VT_6 发一个触发脉冲。欲触发 VT_2 时，必须同时给 VT_1 发出一个脉冲等。因此，用双脉冲触发时，在一个周期中每只晶闸管有两个触发脉冲，彼此间隔为 60°。

这两种触发脉冲方式均示于图 2-6c、d 中。

产生宽脉冲的触发电路较产生双窄脉冲的触发电路简单，但为了不使脉冲变压器铁心饱和，故脉冲变压器铁心截面积大，线圈匝数多，因此漏感增大，影响了触发脉冲前沿；双窄脉冲的触发电路虽较复杂，但它可以减小触发功率，减小了脉冲变压器的铁心体积。所以通常多采用双窄脉冲的触发方式。

图 2-6e 表示了电感性负载时变压器二次电流 i_U 的波形。

3. 不同触发延迟角时电路的电压、电流波形

对于大电感负载，只要输出电压平均值 U_d 不为零，负载电流 i_d 的波形均认为是一条水平的直线，每只晶闸管的导通角都是 120°，流过晶闸管与变压器绕组的电流均为矩形波。

（1）$\alpha=60°$时的波形　当$\alpha=60°$时输出电压波形如图2-7a所示电源线电压u_{WV}与u_{UV}相交点1为VT_1的自然换相点，也是VT_1管的α起始点，过该点60°触发电路同时向VT_1与VT_6送出窄脉冲，于是VT_1与VT_6同时被触发导通，输出整流电压u_d为u_{UV}。当VT_1与VT_6导通60°电角度时，u_{UV}波形已降到零。此时触发电路又立即同时触发VT_2与VT_1导通。VT_2的导通，使VT_6承受反向电压而被关断，于是输出整流电压u_d变为u_{UW}波形，负载电流从VT_6换到VT_2，其余依此类推。

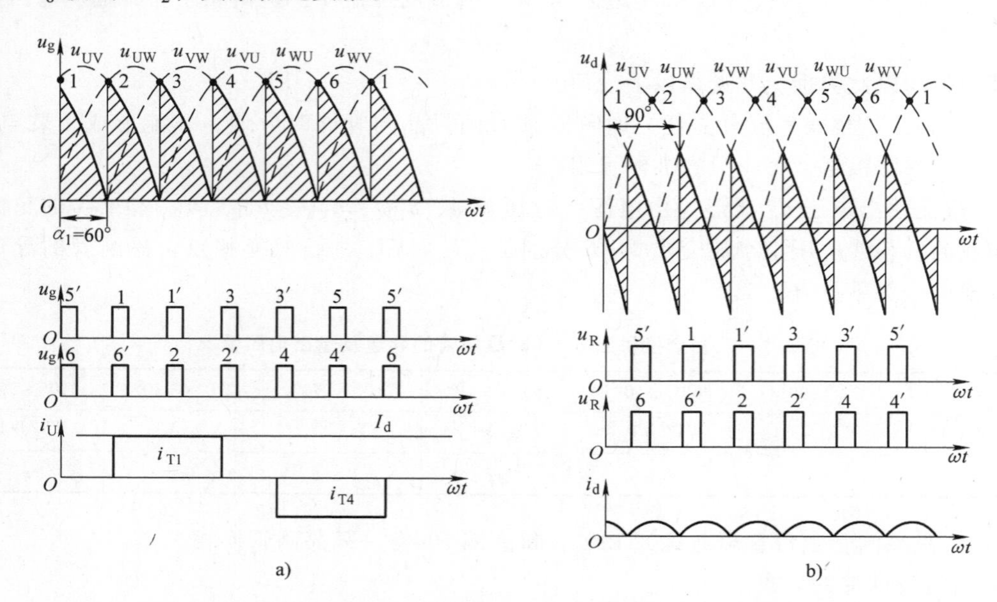

图2-7　三相全控桥大电感负载不同α时的电压与电流波形

a）$\alpha=60°$波形　b）$\alpha=90°$波形

（2）$\alpha>60°$时的波形　当$\alpha>60°$时波形出现了负面积，但由于大电感负载，只要输出电压波形u_d的平均值不为零，晶闸管的导通角总是能维持120°，由此可见，当$\alpha=90°$时，输出整流电压u_d波形正负面积相等，平均值为零，如图2-7b所示。因此，在三相桥式全控整流电路大电感负载时，移相范围只能为0～90°。

需要指出的是当$\alpha=90°$时，图2-7b的波形是认为在电流连续的情况下画出的，这是为了分析问题的方便，实际上在$\alpha=90°$时，电流很小且已断续，此时输出电压U_d略大于零。图2-7b的波形实际上是不成立的，因为$U_d=0$时i_d就为0，电流连续就无从说起，而电流不连续，正负面积相等的电压波形也就得不到。对于$\alpha \geqslant 90°$的实际波形请同学们自行分析。

4. 电压、电流的计算

对于大电感负载，在$0 \leqslant \alpha \leqslant 90°$范围，负载电流连续，晶闸管导通角均为120°，输出整流电压u_d波形连续，整流输出电压平均值U_d为

$$U_d = \frac{6}{2\pi}\int_{\frac{\pi}{3}+\alpha}^{\frac{2\pi}{3}+\alpha} \sqrt{6}U_2 \sin\omega t \mathrm{d}(\omega t) = 2.34U_2\cos\alpha \tag{2-8}$$

式中　U_2——变压器二次相电压有效值。

负载电流平均值I_d为

$$I_d = \frac{U_d - E}{R_\Sigma}$$

式中　E——直流电动机电枢反电动势；

R_{Σ}——回路总电阻，它包括电枢绕组电阻、平波电抗器及整流变压器等效内阻等。

由于 i_2 波形是方波（见图 2-6 中 i_U 波形），而且一周内有三分之二时间在工作，所以，变压器二次侧电流（指星形联结）有效值 I_2 为

$$I_2 = \sqrt{\frac{2}{3}} I_d = 0.816 I_d \tag{2-9}$$

由于流过晶闸管的电流是方波，一周期内每管仅导通三分之一时间，所以，流过晶闸管的电流平均值 I_{dT} 和有效值 I_T 分别为

$$I_{dT} = \frac{1}{3} I_d \approx 0.33 I_d \tag{2-10}$$

$$I_T = \sqrt{\frac{1}{3}} I_d \approx 0.577 I_d \tag{2-11}$$

晶闸管两端承受的最高电压与三相半波一样，为线电压的最大值，即

$$U_{TM} = \sqrt{6} U_2 \approx 2.45 U_2$$

例 2-2　三相全控桥式整流电路含有反电动势的大电感负载，$E = 99V$、$R = 1\Omega$、$\omega L \gg R$，若整流变压器二次电压 $U_2 = 110V$、触发延迟角 $\alpha = 60°$。求：

（1）输出整流电压 U_d 与电流平均值 I_d。

（2）晶闸管电流平均值与有效值。

（3）变压器二次电流有效值。

（4）变压器输出的有功功率、视在功率及功率因数。

解：（1）输出整流电压与电流的平均值为

$$U_d = 2.34 U_2 \cos\alpha = 2.34 \times 110V \times \cos 60° = 129V$$

$$I_d = \frac{U_d - E}{R} = \frac{129V - 99V}{1\Omega} = 30A$$

（2）晶闸管电流平均值与有效值为

$$I_{dT} = \frac{1}{3} I_d = \frac{1}{3} \times 30A = 10A$$

$$I_T = \sqrt{\frac{1}{3}} I_d = \sqrt{\frac{1}{3}} \times 30A = 17.3A$$

（3）变压器二次电流有效值为

$$I_2 = \sqrt{\frac{2}{3}} I_d = \sqrt{\frac{2}{3}} \times 30A = 24.5A$$

（4）变压器输出的有功功率、视在功率及功率因数分别为

$$P = U_d I_d = 129V \times 30A = 3870W$$

$$S_2 = 3 U_2 I_2 = 3 \times 110V \times 24.5A = 8085V \cdot A$$

$$\lambda = \frac{P}{S_2} = \frac{3870W}{8085V \cdot A} = 0.48$$

综上所述，三相全控桥式整流电路输出电压脉动小，脉动频率高，基波频率为 300Hz，在负载要求相同的直流电压下，晶闸管承受的最大正反向电压，将比三相半波减少一半，变压器的容量也较小，同时三相电流平衡，无需中性线，适用于大功率高电压可变直流电源的

负载。但这种整流电路需用6只晶闸管，触发电路也较复杂，所以一般只用于要求能进行有源逆变的负载，或中大容量要求可逆调速的直流电动机负载。对于一般电阻性负载或不可逆直流调速系统等，可采用比三相全控桥式整流电路更简单经济的三相半控桥式整流电路。

2.1.3 晶闸管可控整流供电直流电动机的特性

由晶闸管可控整流供电的直流电动机调速系统，具有调速范围大、调速性能好、控制方便和效率高等优点，是近代大量发展的调速系统。由于晶闸管供电的调速系统存在电流连续和电流断续两种情况，系统的机械特性具有一定的特殊性，现分析如下。

1. 可控整流电源的负载特性

可控整流电源供电，除了要考虑变压器绕组电阻 R_T 引起的压降和晶闸管自身的管压降 ΔU_T 外，在电流连续时还需要考虑变压器漏抗 X_T 造成晶闸管在换相过程中的压降（具体分析见相关知识）。考虑到以上因素后，在电流连续时，可控整流装置输出到负载两端的直流平均电压的计算如下。

（1）三相半波可控整流电路

$$\begin{aligned} U_d &= 1.17U_2\cos\alpha - \frac{3}{2\pi}X_T I_d - I_d R_T - \Delta U_T \\ &= 1.17U_2\cos\alpha - \left(\frac{3}{2\pi}X_T + R_T\right)I_d - \Delta U_T \qquad (2\text{-}12) \\ &\approx 1.17U_2\cos\alpha - R_i I_d \end{aligned}$$

式中　R_i——整流电路等效内阻；

ΔU_T——晶闸管通态平均电压（管压降），一般取1V。

（2）三相全控桥式整流电路

$$\begin{aligned} U_d &= 2.34U_2\cos\alpha - \frac{6}{2\pi}X_T I_d - 2R_T I_d - 2\Delta U_T \\ &= 2.34U_2\cos\alpha - R_i I_d - 2\Delta U_T \\ &\approx 2.34U_2\cos\alpha - R_i I_d \qquad (2\text{-}13) \end{aligned}$$

式中　R_i——三相全控桥式整流电路的等效内阻，其值为三相半波时的两倍。

从式（2-12）、式（2-13）可知，由晶闸管组成的可控整流直流电源，是含有 R_i 为内阻的可调直流电源，它的输出电压不仅取决于电路形式、触发延迟角 α，而且还与负载电流有关。当电路形式与 α 角不变时，输出的直流电压平均值 U_d 随着负载电流增大而稍有减小，其变化曲线称为负载特性，如图2-8所示，图中 U_{d0} 为触发延迟角 $\alpha=0$ 时的 U_d 值，对于三相半波可控整流电路 U_{d0} 为 $1.17U_2$，对于三相全控桥式整流电路 U_{d0} 为 $2.34U_2$。

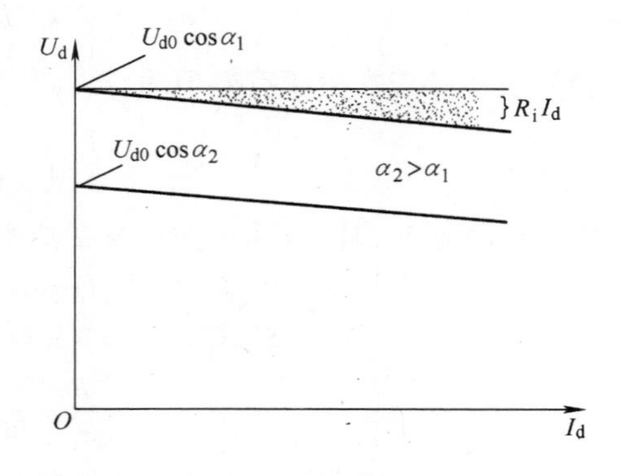

图2-8　可控整流电源的负载特性

2. 可控整流供电的直流电动机机械特性

（1）电流连续时的机械特性　以三相半

波可控整流电路为例，电动机电枢回路串接电感量足够大的平波电抗器 L_d，电枢电流 i_d 波形连续，可认为是一条水平线，如图 2-9b 所示，图中电压波形的缺口是由变压器漏抗所引起的。由电动机电枢电压方程 $U_d = E + R_a I_d$ 可求出机械特性方程为

$$\begin{aligned} n &= \frac{E}{C_e \Phi} = \frac{1}{C_e \Phi}(U_d - R_a I_d) \\ &= \frac{1}{C_e \Phi}(1.17U_2\cos\alpha - R_i I_d - \Delta U_T - R_a I_d) \\ &= \frac{1}{C_e \Phi}(1.17U_2\cos\alpha - R_\Sigma I_d - \Delta U_T) \\ &\approx \frac{1}{C_e \Phi}1.17U_2\cos\alpha - \frac{R_\Sigma}{C_e \Phi}I_d = n_0' - \Delta n \end{aligned} \tag{2-14}$$

式中　R_Σ——电枢回路总电阻，$R_\Sigma = R_i + R_a$，R_a 为电动机电枢电阻。

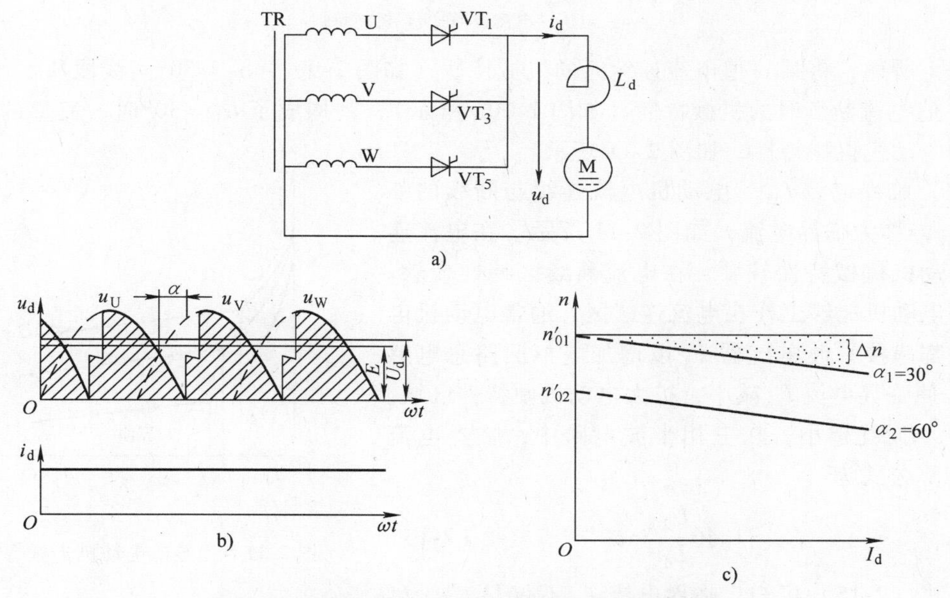

图 2-9　电流连续时的电压、电流波形与机械特性

a）电路图　b）电压、电流波形　c）机械特性曲线

由式（2-14）可画出电动机机械特性曲线如图 2-9c 所示，虚线部分是假定电流连续时画出的，实际上当负载电流很小时，电流会变得断续，这时应按电流断续时的情况去分析，所以 n_0'是假设电流连续时的理想空载转速，而实际的理想空载转速 n_0 要比 n_0'高得多。由式（2-14）和图 2-9c 可以看出，改变晶闸管的触发延迟角 α，就可以方便地调节电动机的转速。

（2）电流断续时的机械特性　当串接的平波电抗器电感量不够大或者电动机负载太轻时，就会出现电枢电流断续的现象，电压、电流波形如图 2-10a 所示。通过一定的数字计算（略）可以得到电流断续时的电动机机械特性，如图 2-10b 实线所示。从图中可以看出，电流断续后负载电流 I_d 有一个较小的下降，就会引起电动机转速一个很大的上升。与电流连续时相比，电流断续后机械特性具有两个显著特点：机械特性变软；理想空载转速升高（$n_0 > n_0'$）。

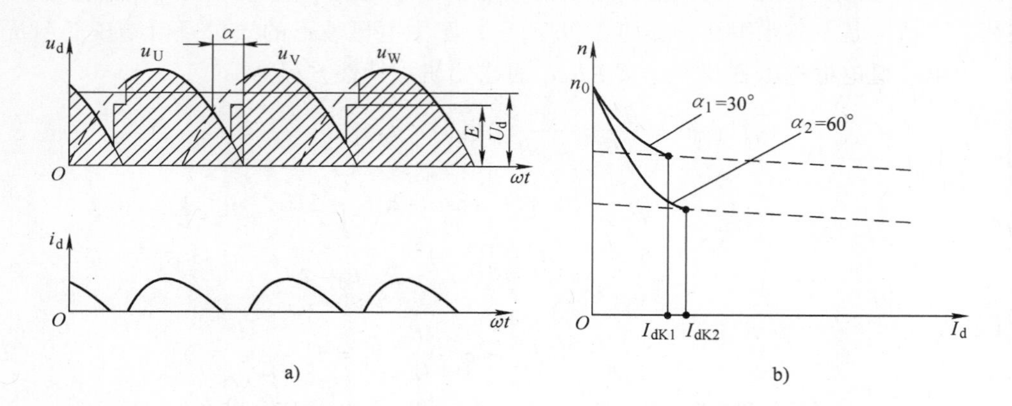

图 2-10 电流断续时的电压、电流波形与机械特性

a）电压、电流波形 b）机械特性

综上所述，将某 α 值电流连续时的机械特性（如图 2-9c 中 $\alpha_1=30°$实线段所示），加上相同 α 值电流断续时的机械特性（如图 2-10b 所示），就构成了 $\alpha_1=30°$时，完整的晶闸管供电的电动机机械特性，如图 2-11 所示。

（3）临界电流 I_{dk} 电动机电流连续与断续的临界值 I_{dk}，称为临界电流，如图 2-11 所示。在电流连续区电动机机械特性较硬，在电流断续区特性较软。为了使电动机能够工作在电流连续区，通常电动机电枢回路都串接平波电抗器 L_d 以增加电枢回路总电感量 L'_d，使临界电流 I_{dk}减小，扩大电动机硬特性区域。L'_d越大，I_{dk}就越小。在三相半波电路中，临界电流 I_{dk}的计算公式为

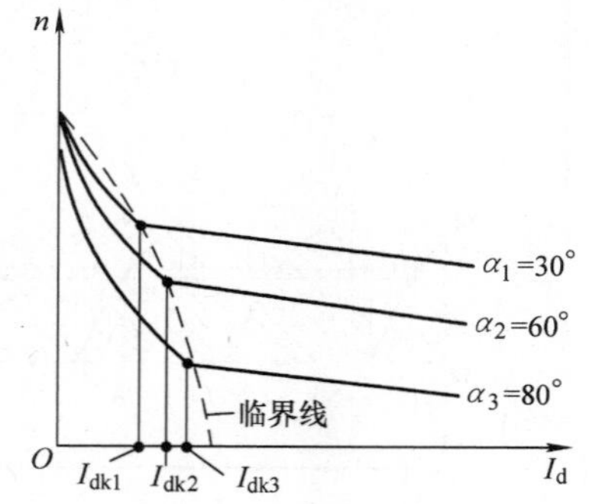

图 2-11 完整的电动机机械特性

$$I_{dk}=1.46\frac{U_2}{L'_d}\sin\alpha \tag{2-15}$$

由式（2-15）可知，临界电流 I_{dk}不仅与 U_2、L'_d有关，还与触发延迟角 α 的正弦值有关，不同的 α 值，I_{dk}是不同的。

一般情况下，直流电动机空载运行时的空载电流为电动机运行时的最小电流 I_{dmin}（通常为电动机额定电流的5%），若使临界电流 $I_{dk}\leqslant I_{dmin}$，就能保证电动机工作在电流连续区。据此，并通过式（2-15）可求出三相半波电路电枢回路总电感量的计算公式为

$$L'_d\geqslant 1.46\frac{U_2}{I_{dmin}}\sin\alpha$$

由于在可控整流电路中触发延迟角 α 是变化的，考虑到最恶劣的情况，取 $\alpha=90°$，这时

$$L'_d\geqslant 1.46\frac{U_2}{I_{dmin}} \tag{2-16}$$

式中 L'_d——电动机电枢回路总电感量，单位为毫亨（mH）；

U_2——整流变压器二次相电压有效值。

同理，可求出三相全控桥式整流电路在电动机空载电流 I_{dmin} 时能保证电流连续的电枢回路总电感量计算公式为

$$L_d' \geq 0.693 \frac{U_2}{I_{dmin}} \tag{2-17}$$

2.2 有源逆变电路

可控整流电路是把交流电变换成电压可调的直流电来满足不同负载要求的电路。在实际应用中，有些场合需要把直流电变换成交流电，这种过程称为逆变。能把直流电变换成交流电的电路称为逆变电路。在很多情况下，整流和逆变有着密切的联系，同一套晶闸管电路既可进行整流工作，也可进行逆变工作，这种电路称为变流电路或变流器，整流与逆变是变流电路的两种工作状态。

逆变电路分有源逆变电路和无源逆变电路。将直流电逆变为与交流电网同频率的交流电并将之送到交流电网去的称为有源逆变，而将直流电逆变为某一频率或频率可调的交流电直接供给负载的称为无源逆变。本节主要介绍有源逆变电路的工作原理与应用。

2.2.1 有源逆变电路的原理

实际应用中，有源逆变主要用于直流电动机的制动、绕线转子异步电动机的串接调速、高压直流输电等场合。

前面所介绍的全控整流电路如单相全控桥式电路、三相半波可控整流电路和三相全控桥式整流电路都是既可工作在整流状态也可工作在逆变状态的电路。因此，有源逆变电路的电路形式、工作原理、参数关系及波形分析等方面和整流电路是密切关联的，而且很多方面是一致的。区分变换器工作在什么状态（整流或逆变），关键是看其电能传送的方向：当变换器将交流电能变换成直流电能送给直流电动机时，变换器就工作在整流状态，反之变换器将直流电能变换成交流电能并送至电网时，变换器就工作在有源逆变状态。

下面以三相半波电路为例来讨论有源逆变电路的工作情况。

1. 整流工作状态

如图 2-12 所示，当触发延迟角 α 在 0～90°范围内，输出电压平均值 U_d 上正下负，电动机得电运转产生反电动势，方向如图所示上正下负，此时 $|U_d| > |E|$，在电感 L_d 足够大的情况下，电枢电流连续，图 2-12b 画出了在 $\alpha = 30°$ 时的电压、电流波形。

由图可见，电流从变换器输出电压 U_d 的正端流出，流向电位低的电动机电枢反电动势 E 的正极。由电工基础知识可知，电流从电源的正极流出，电源供给能量，电流从电源正极流入，则电源吸收能量。因而图 2-12a 中变换器把电网的交流能量变换成直流能量提供给电动机和电枢回路电阻消耗。变换器工作在整流状态，电动机运行在电动状态。三相半波电路工作在整流状态时的输出电压平均值 U_d 与电流平均值 I_d 的计算公式为

$$U_d = 1.17 U_2 \cos\alpha \tag{2-18}$$

$$I_d = \frac{|U_d| - |E|}{R_\Sigma} \tag{2-19}$$

式中　R_Σ——电枢回路总电阻。

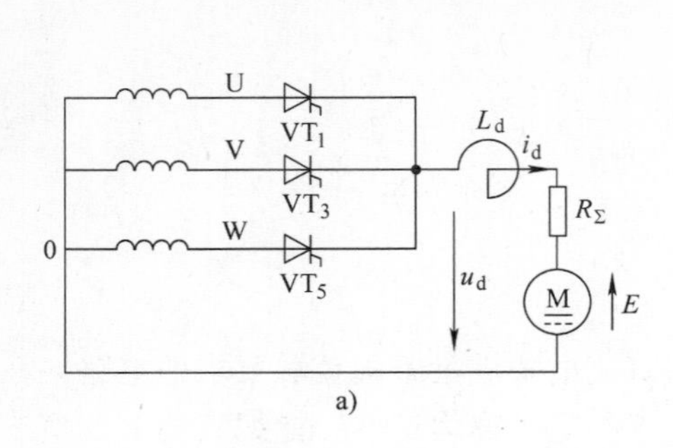

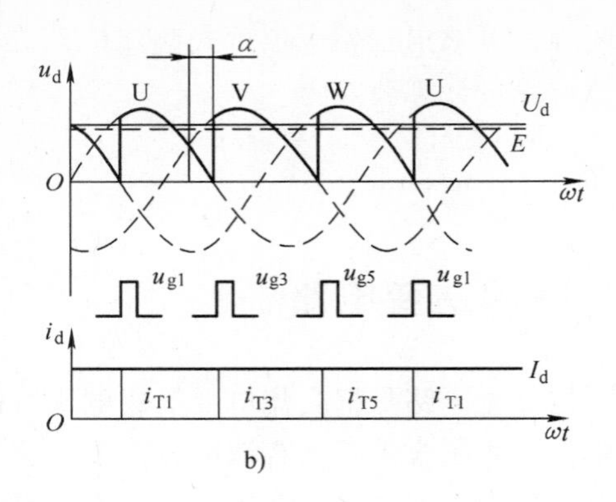

图 2-12　三相半波电路的整流状态

a）电路图　b）波形图

2. 有源逆变工作状态

如图 2-13 所示，设电动机反电动势 E 已反接，极性下正上负，同时使变换器触发延迟角在 90°～180°的范围内，此时变换器晶闸管在 E 的作用下导通，输出电压平均值 U_d 为负值，方向与整流状态时相反，下正上负。如果触发延迟角 α 适当，就能使输出电压的绝对值 $|U_d|$ 小于电动机反电动势的绝对值 $|E|$，此时将会形成与整流状态方向相同的电流 i_d，在电感 L_d 足够大的情况下电流 i_d 连续，电压、电流波形如图 2-13 所示。在 $|E|>|U_d|$ 的状况下，电流从电动机反电动势的正端流出输出电能，从变换器输出电压 U_d 的正端流入，所以电动机反电动势输出电能而变换器吸收电能。此时，电动机运行在发电制动状态，变换器工作在有源逆变状态。变换器将电动机反电动势输出的直流电能变换成交流电能并送至电网。

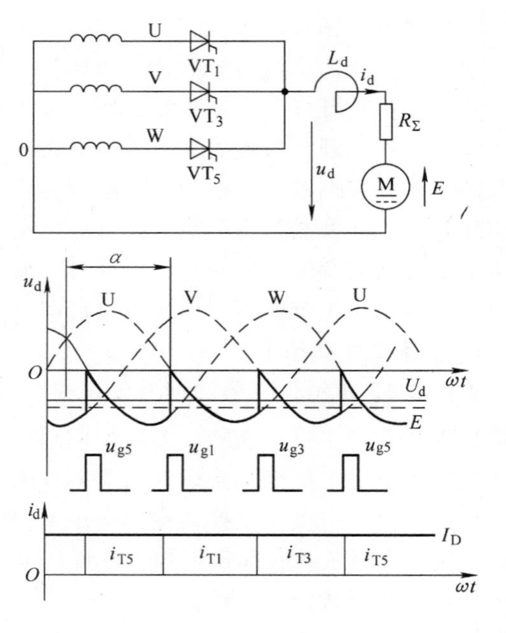

图 2-13　三相半波电路的逆变状态

在有源逆变工作状态，由电压波形可以看到，输出电压 u_d 大部分时间或全部时间处于交流电压的负半周，也即晶闸管导通的大部分时间或全部时间都处于交流电压的负半周，在电压负半周时晶闸管承受电源反向电压，这时晶闸管导通所需的正向电压主要是由电动机电动势提供的，再加之电枢回路大电感 L_d 的作用并保持电流连续。有源逆变时输出平均电压 U_d 的计算公式与整流状态时一样仍为式（2-18），电流平均值的计算公式为

$$I_d=\frac{|E|-|U_d|}{R_\Sigma} \tag{2-20}$$

从上述分析中可以总结出实现有源逆变的条件为：

1）触发延迟角 $\alpha>90°$，保证晶闸管大部分时间在电压负半周导通。

2）直流侧要有直流电源 E，其绝对值要大于由 α 决定的直流输出电压 U_d 的绝对值，即 $|E|>|U_d|$，其方向要使晶闸管承受正向电压。

3）为了保证在逆变过程中电流连续，使有源逆变连续进行，回路中要有足够大的电感 L_d。

由于半控桥式晶闸管电路或接有续流二极管的电路不可能输出负电压，而且也不允许在直流侧接上反极性的直流电源，因而这些电路不能实现有源逆变。

3. 逆变角 β

当变换器运行于逆变状态时，触发延迟角 $\alpha>90°$，输出平均电压 U_d 为负值，为了分析和计算方便，通常将有源逆变状态工作时的触发延迟角 α 改用逆变角 β 来表示。α 的起始点为自然换相点处并向右计算，而 β 的起始点定在 $\alpha=180°$的位置并向左进行计算，如图 2-14 所示。图中 A 点为触发延迟角 α 的起始点，B 点为逆变角 β 的起始点，图中画出了 4 种不同位置的 α 与 β。由图可以看出 $\alpha+\beta=180°$ 或 $\beta=180°-\alpha$。例如 $\alpha=120°$时，则 $\beta=60°$。

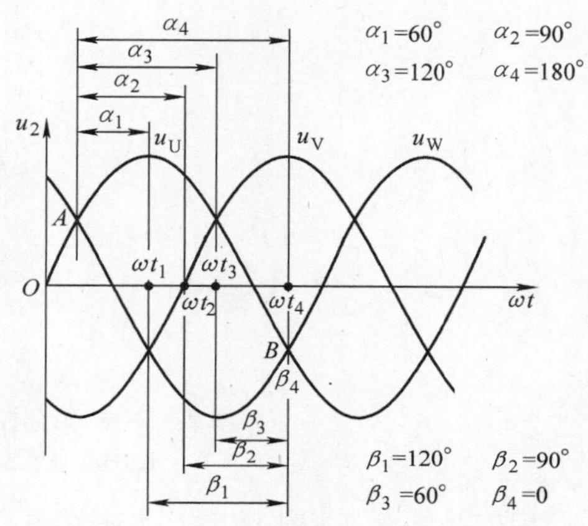

图 2-14　逆变角 β 表示法

有了逆变角的概念后，逆变器在有源逆变工作状态下输出电压平均值的计算公式可改为

$$
\begin{aligned}
U_d &= 1.17U_2\cos\alpha = 1.17U_2\cos(180°-\beta)\\
&= -1.17U_2\cos\beta
\end{aligned}
\tag{2-21}
$$

式中，负号表示 U_d 的实际极性与假定正方向相反。

4. 三相全控桥式逆变电路

三相全控桥式逆变电路与整流电路一样如图 2-15a 所示。电动机电枢电动势 E 上负下正，电枢回路串有大电感 L_d，若晶闸管逆变角 $\beta<90°$（$\alpha>90°$），则电路满足有源逆变条件。逆变角 $\beta=30°$和 $\beta=60°$时的输出电压波形如图 2-15b 所示。

三相全控桥式电路在逆变工作状态下的输出电压平均值与电流平均值的计算公式为

$$U_d = -2.34U_2\cos\beta$$

$$I_d = \frac{|E|-|U_d|}{R_\Sigma}$$

2.2.2　逆变失败及最小逆变角限制

变换电路工作在有源逆变状态时，输出电压 U_d、电动机反电动势 E 和回路电流 I_d 的实际方向如图 2-16 所示。电流的数值为

$$I_d = \frac{E-U_d}{R_\Sigma}$$

由于（$E-U_d$）数值较小，尽管 R_Σ 很小，电流 I_d 也不会很大，为一正常工作电流。当

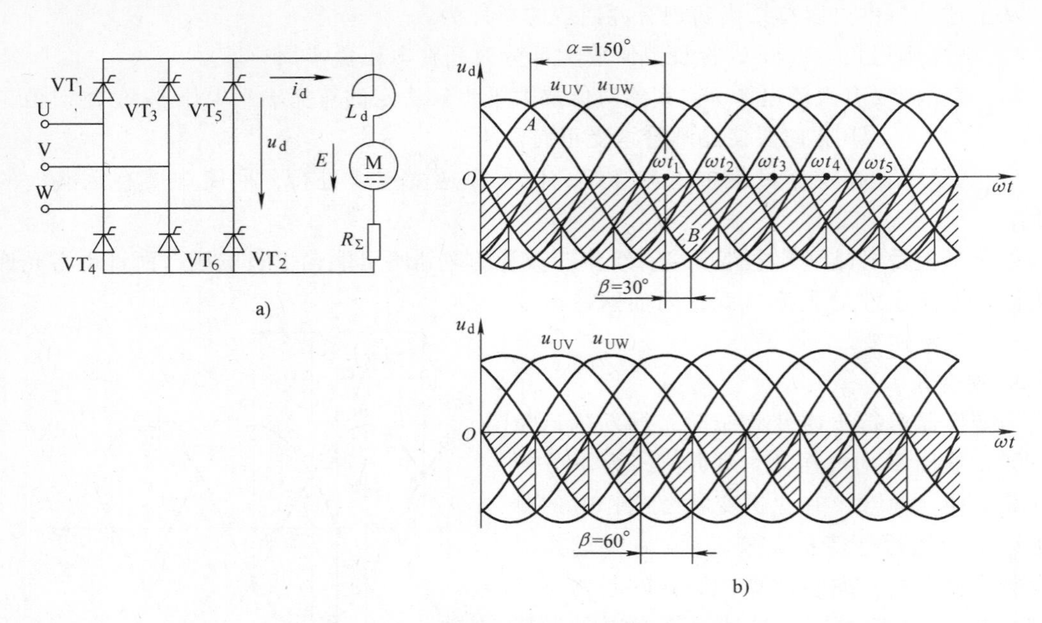

图 2-15 三相全控桥式逆变电路及电压波形

a）电路图 b）$\beta=30°$ 和 $\beta=60°$ 的电压波形

某种原因使晶闸管换相失败时，本来在电压负半周导通的晶闸管会一直导通到电压正半周，严重时能使输出电压 U_d 极性反过来，如图 2-16 虚线所示。此时，电流为

$$I_d=\frac{E+U_d}{R_\Sigma}$$

由于 R_Σ 很小，使 I_d 很大造成短路事故。这种现象称为逆变失败，也叫逆变颠覆。

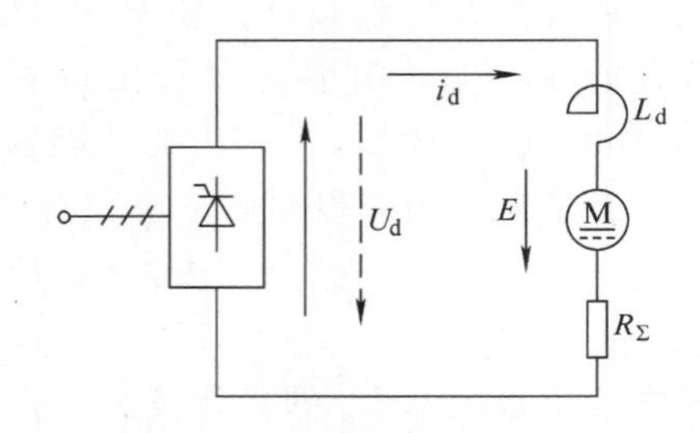

图 2-16 逆变失败电压极性图

1. 逆变失败的原因

逆变失败的根本原因是晶闸管不能如期换相，即换相时应该导通的晶闸管不能导通，而应该关断的晶闸管则继续导通，这就是换相失败。造成换相失败的原因很多，归纳起来大致有以下三点：

1）触发电路工作不可靠使触发脉冲丢失或延迟。

2）晶闸管质量有问题，不能可靠地关断和导通。

3）供电电源出现故障如断相或突然停电等。

2. 最小逆变角 β_{min} 的限制

变换器工作在有源逆变状态时，可以看到，若逆变角 $\beta=0°$，晶闸管将无法换相，因为在此处要被触发导通的晶闸管阳极电压已为 0，即使加上触发脉冲也无法导通，而此点一过，晶闸管阳极就承受反向电压更无法导通。所以在有源逆变状态下，晶闸管换相应在 $\beta=0°$处之前换相完成，即触发导通的晶闸管已导通而被关断的晶闸管确已关断并恢复阻断能力，否则过了 $\beta=0°$处后，应关断的晶闸管因承受正向电压而继续导通，造成逆变失败。因此需对最小逆变角进行限制。

由于变压器漏抗的存在，晶闸管的换相不是瞬时完成的，存在着一个换相过程，这个过程需要一定的时间，在这个过程中换相的两只晶闸管同时导通，此外晶闸管关断后，恢复阻断能力还需要一个关断时间。考虑到上述情况再加上一定的安全裕量后，一般取 $\beta_{min}=30°$。

2.3 TC787（788）集成移相触发电路

TC787（788）是一种单片集成触发电路，具有功耗小、功能强、输入阻抗高、抗干扰性能好、移相范围宽（0～177°）、外接元器件少等优点，除此之外还具有装调简便、工作可靠等多种优点。它对于电力电子产品的小型化和方便设计具有重要意义。

TC787（A、B）和 TC788（A、B）可单电源工作，也可双电源工作，其中 A 型应用于同步信号为 50Hz 的电路，B 型应用于同步信号为 100～400Hz 的电路。TC787 输出的是调制脉冲（脉冲列），主要用来触发晶闸管；TC788 输出的是方波，可以用来触发晶闸管，还可以用来驱动 GTR、P-MOSFET 、IGBT 等器件。

TC787（788）主要适用于三相移相触发和三相过零触发电路。

2.3.1 TC787（788）内部电路框图及各引脚功能

TC787（788）集成电路采用标准 18 脚塑封外壳双列直插封装，其内部电路的结构框图及引脚排列如图 2-17 所示。

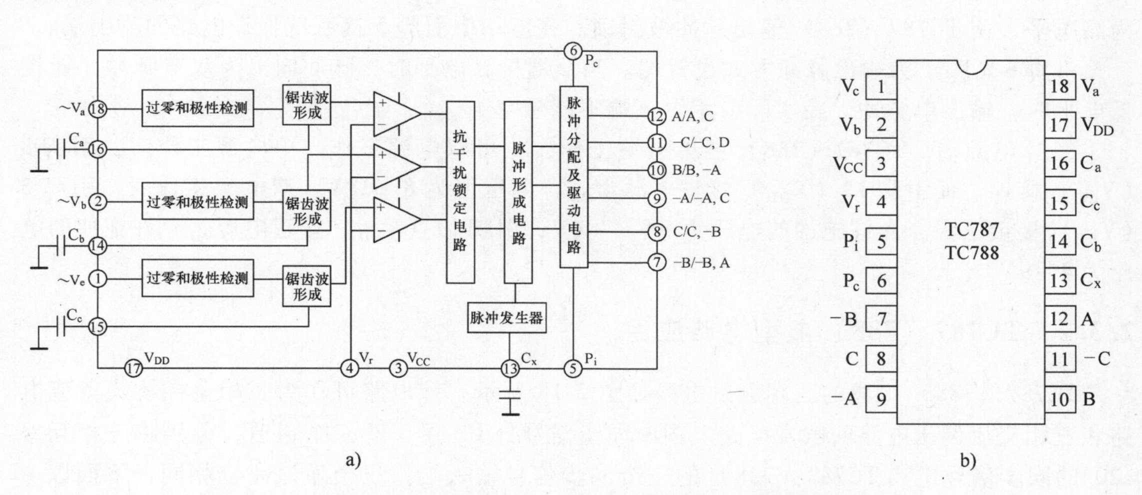

图 2-17 TC787（788）内部电路框图与引脚排列

a）内部框图 b）引脚排列

由框图可见，集成电路内部集成有三个同步过零和极性检测单元、三个锯齿波形成单元、三个比较器、一个脉冲发生器、一个抗干扰锁定电路、一个脉冲形成电路、一个脉冲分配及驱动电路。

TC787（788）各引脚的功能及用法如下：

（1）同步信号输入端　引脚 18（V_a）、引脚 2（V_b）和引脚 1（V_c）分别为 U、V、W 三相同步信号输入端，输入的是经过滤波的同步信号，同步信号电压的峰值对于双电源供电电路不能超过集成电路的工作电压 U_{DD}；对于单电源供电电路不能超过 $U_{DD}/2$。

（2）脉冲输出端　引脚 12（A）、11（−C）、10（B）、9（−A）、8（C）、7（−B）

分别输出U、-W、V、-U、W和-V相的触发脉冲，脉冲的相位依次相差60°。输出的脉冲方式可以是单脉冲，也可以是双窄脉冲（由6脚控制），输出脉冲电流最大值为20mA。在应用中，脉冲输出端一般接脉冲功率放大环节或脉冲变压器来驱动晶闸管或其他全控型器件的控制极。

（3）外接电容连接端　引脚16（C_a）、14（C_b）、15（C_c）分别为三相锯齿波形成电路的外接电容连接端，三端应分别接一个电容到地，工作时在此三端各产生相位互差120°的锯齿波。在应用中三个电容值相同，并要求电容的相对误差小于5%，以保证锯齿波的一致性。在同步信号为50Hz时，电容可取0.15μF左右，当频率较高时，电容应减小，以锯齿波幅度大、不平顶为主，幅度小可减小电容值，产生平顶则需增大电容值，一般电容取值范围为0.1~0.15μF。

引脚13（C_x）为脉冲宽度电容的连接端，输出脉冲（TC787为调制脉冲，TC788为方波脉冲）的宽度可通过改变此电容的容量来调节，容量越大，输出的脉冲越宽，该电容若取0.01μF，脉冲宽度约为1ms（18°）。

（4）控制端　引脚4（V_r）为移相控制电压U_C的输入端。U_C为正极性，由外电路提供，输出脉冲根据U_C的大小进行移相，当U_C增加时，输出脉冲前移即触发延迟角增大。在实际应用中U_C的电压值在0~U_{DD}之间可调。

引脚5（P_i）为输出脉冲封锁端。当系统出现过电流或过电压时，由保护电路将该端置为高电平，使TC787（788）输出脉冲被封锁。在应用中引脚5接系统保护电路的输出端。

引脚6（P_c）为输出脉冲方式设置端。当该端接高电平时，脉冲输出为双窄脉冲，而接低电平时，输出单脉冲。在实际应用中该端不能悬空。

（5）电源端　TC787（788）可单电源工作，也可双电源工作。单电源工作时，引脚3（V_{CC}）接地，而引脚17（V_{DD}）接正电源U_{DD}，电压值为8~18V。双电源工作时，引脚3（V_{CC}）接负电源，允许施加的电压为-9~-4V；引脚17（V_{DD}）接正电源，允许施加的电压为4~9V。

2.3.2　TC787（788）典型电路应用

TC787（788）组成的三相触发电路如图2-18所示。该电路可作为三相全控桥式整流电路和三相交流调压电路的触发电路。图中同步信号分U、V、W三个通道，分别将三相互差120°的同步信号送到TC787（788）的三个同步信号输入端，三个通道完全相同，下面以U相通道为例介绍各元器件作用。RP_1、R_3和C_1组成T形滤波环节，用于滤除同步电压中的毛刺，T型网络在滤波的同时也使同步电压产生了移相，调节RP_1可实现0~60°的移相，从而适应晶闸管主电路整流变压器不同接法的需要；滤波后纯净的同步电压送到集成块同步信号输入端（18脚）；电阻R_1与R_2为等值分压电阻，将工作电压U_{DD}（15V）进行1/2分压，建立中点偏压，使同步信号以$U_{DD}/2$为基准进行正弦变化，保证电路的正常工作。中点偏压要求精确，R_1与R_2应选用相对误差小于2%的电阻。

RP_4部分构成移相控制电压形成电路，产生控制移相电压送至集成块移相控制电压输入端（4脚）。调节RP_4即可改变控制电压的数值，使输出脉冲移相。移相控制电压的取得也可由系统其他电路提供。

TC787（788）6脚为输出脉冲方式设置端。该电路通过R_7接15V（高电平）时，脉冲

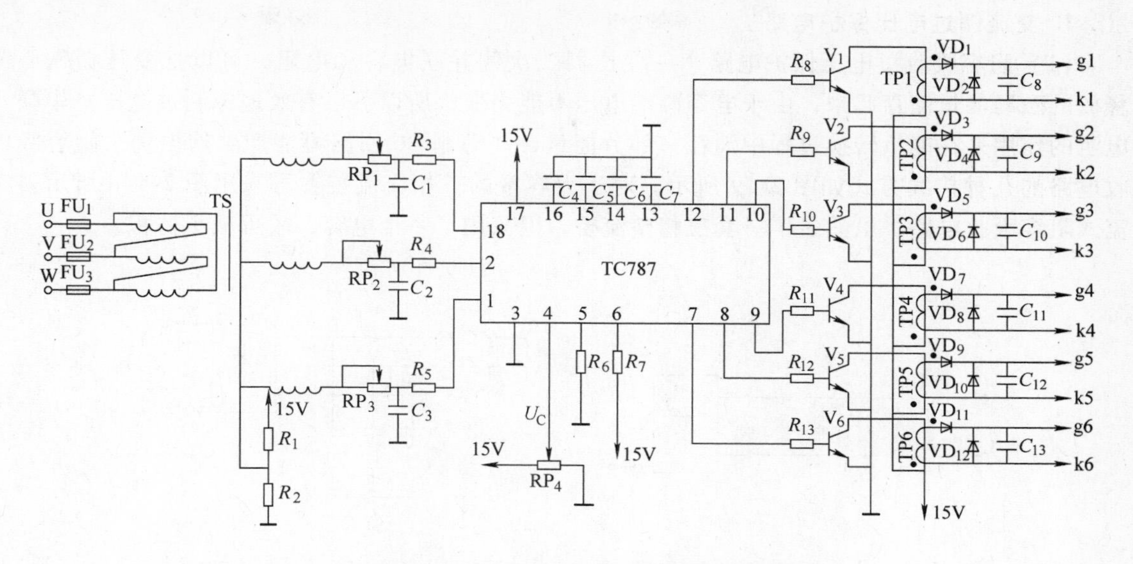

图 2-18　TC787（788）组成的三相触发电路

输出为双窄脉冲，若接低电平，则输出为单脉冲。

TC787（788）5 脚为输出脉冲封锁端，通常 5 脚接系统保护电路的输出端。在无故障信号（高电位）时，通过 R_6 接地（低电位），保证脉冲的正常输出。

C_4、C_5、C_6 为锯齿波形成电容，C_7 为脉冲宽度电容。

由 $V_1 \sim V_6$ 等元器件所组成的脉冲功放及脉冲输出电路，其工作原理不再赘述。

在实际应用中，输出电路输出 6 相相位依次相差 60°的脉冲至三相变换主电路中对应的 6 只晶闸管，每相脉冲的移相区间都必须与主电路中对应晶闸管所需要的移相区间一致（称为同步），这就是所谓的定相。为完成定相或者说达到同步，可通过改变触发电路中同步变压器一次电压的相位（改变接法）和调节 $RP_1 \sim RP_3$ 来实现。同步变压器一次电压任一相的相位都可改变，但三相之间的相序仍要保持一致，否则会产生输出脉冲相序的混乱。$RP_1 \sim RP_3$ 的调节要细致以保证三相输出的一致性。

2.4　晶闸管的保护

晶闸管（包括其他电力电子器件）的过电压、过电流能力比一般电器都低，晶闸管在使用过程中出现过电压和过电流现象也是难免的。为使晶闸管在正常工作中不被损坏，除了正确选择和安装晶闸管外，还必须采取必要的保护措施。

2.4.1　晶闸管过电压保护

电压超过晶闸管在正常工作时应承受的最大峰值电压时称为过电压。过电压的产生来自外部和内部两个方面。外部过电压主要是雷击、电网剧烈的波动以及电网系统中开关操作等引起的过电压。内部过电压主要是电力电子装置内部器件在换相的开关过程中，由于电流发生突变由电路电感产生的过电压。常用的过电压保护电路，根据所安装的位置分为交流侧保护、直流侧保护和元器件保护。

1. 交流侧过电压保护电路

（1）阻容吸收过电压保护电路　在变压器二次侧并联电容和电阻，可以把变压器铁心释放的磁场能量储存起来，由于电容两端电压不能突变，所以可以有效地拟制过电压。串联电阻的作用是在能量转换过程中消耗一部分能量，并抑制 LC 回路可能产生的振荡。阻容吸收电路的几种接线方式如图 2-19 所示。对于大容量的三相交流装置可采用图 2-19d 所示整流式阻容吸收电路。虽然多了一套三相整流桥，但只用了一个电容，故可减小体积。

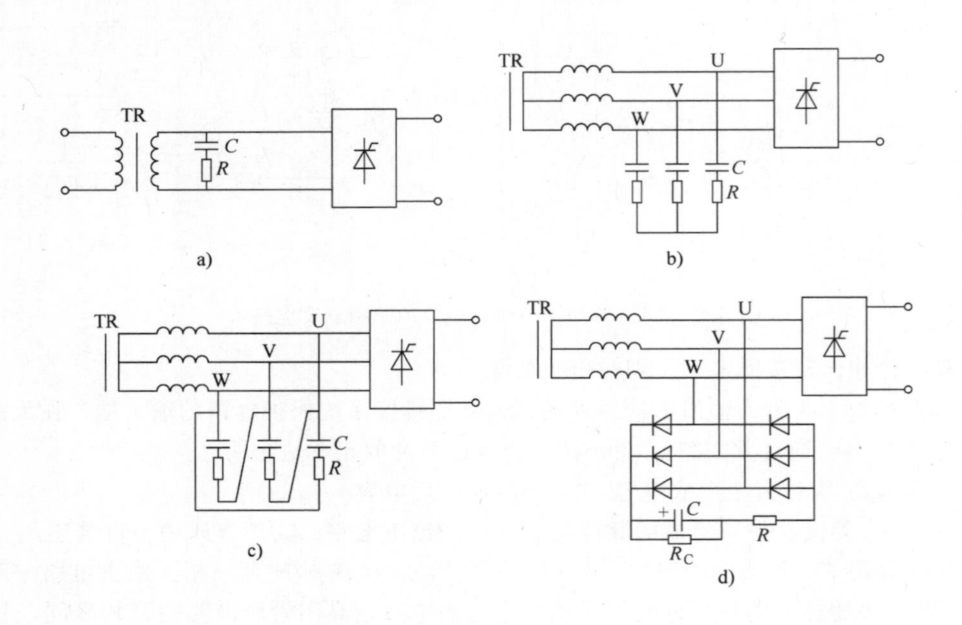

图 2-19　交流侧阻容吸收电路的几种接法

a）单相连接　b）三相 Y 联结　c）三相△联结　d）三相整流连接

（2）压敏电阻抑制过电压保护电路　金属氧化物电阻也称 VYJ 浪涌吸收器，是一种非线性电阻，它具有很陡的正、反向相同的伏安特性，如图 2-20 所示。正常工作时，漏电流仅是微安级，故损耗小；遇到尖峰过电压时（击穿后），则可通过数千安培的浪涌电流，因此拟制过电压的能力很强。压敏电阻还具有反应快、体积小、价格便宜等优点，是一种较理想的过电压保护元件。交流侧压敏电阻保护电路的几种接线方式如图 2-21 所示。

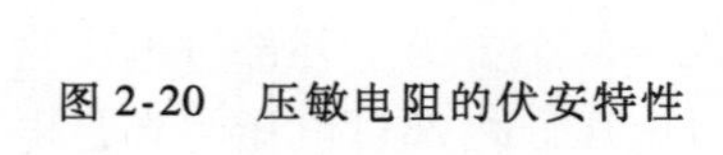

图 2-20　压敏电阻的伏安特性

压敏电阻的主要参数有：

U_{1mA}——漏电流为 1mA 时的额定电压值（V）；

U_y——放电电流达到规定值 I_y 时的电压（V），其数值由残压比 U_y/U_{1mA} 确定；

$I_{允}$——允许通流容量，在规定波形下允许通过的浪涌电流的峰值（A）。

压敏电阻的额定电压可按下式计算：

交流情况下　　$U_{1mA} \geqslant 1.3\sqrt{2}U$

直流情况下　　$U_{1mA} \geqslant (1.8 \sim 2.2)U_{d0}$

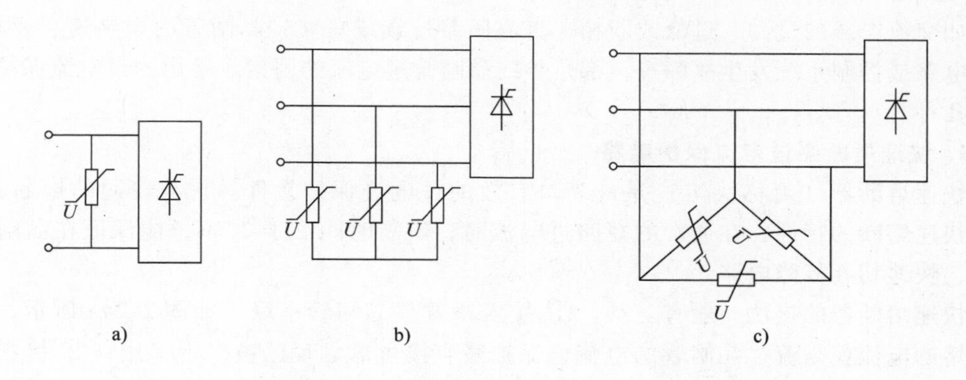

图 2-21　压敏电阻保护电路的接法

a）单相　b）三相 Y 联结　c）三相△联结

式中　U——压敏电阻两端正常工作电压的有效值；

U_{d0}——$\alpha=0$ 时的直流输出电压。

2. 直流侧过电压保护电路

由于直流侧的负载大多是电感性负载，故在某种情况下，会发生浪涌过电压（因 L_d 储存的能量很大），如图 2-22 所示。当整流桥中某桥臂突然阻断（如快速熔断器熔断或晶闸管管芯烧断）时，因大电感 L_d 中的电流突变，而感应出很高的电动势，并通过负载加在另外处于关断状态的晶闸管上，因此有可能造成晶闸管硬开通而损坏。对于这种过电压的有效抑制方法是在直流负载两端并接压敏电阻来保护，如图 2-22 电路中虚线所示。

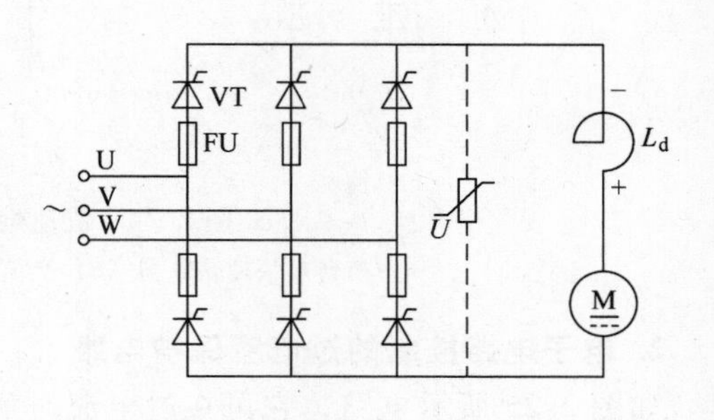

图 2-22　直流侧过电压及其保护

3. 晶闸管换相过电压保护电路

晶闸管在换相过程中产生的过电压可达工作电压峰值的 5 ~ 6 倍，最常用的保护方法是在晶闸管两端并联 RC 电路，如图 2-23 所示。利用电容两端电压瞬时不能突变的特性，吸收尖峰过电压，把电压限制在元器件允许的范围内。串联电阻的作用是：阻尼 L_TC 回路振荡；限制晶闸管开通损耗与电流上升率 di/dt。

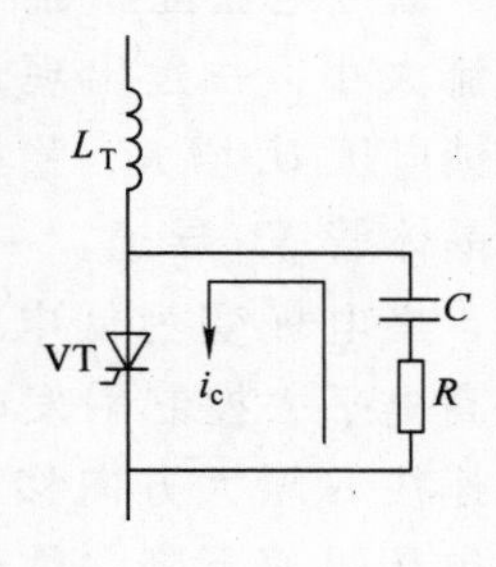

图 2-23　元器件过电压保护电路

晶闸管变换装置在实际应用中，根据具体情况可采用上述几种过电压保护电路中的一种或多种。

2.4.2 晶闸管过电流保护

当流过晶闸管中的电流超过正常工作的最大电流时称为过电流。产生过电流的原因很多，如交流电压的过高、过低或断相，直流回路过载或短路，晶闸管的误导通、换相失败，触发电路或控制系统发生故障等，都是导致晶闸管过电流的因素。常用的过电流保护电路有下面几种。

1. 快速熔断器过电流保护电路

快速熔断器（简称快熔）是最简单有效的过电流保护元件。它与普通的熔断器相比，具有快速熔断的特性，在通常的短路过电流时，熔断时间小于20ms，能保证在晶闸管损坏之前，快速切断故障电路。

快速熔断器的接法一般有三种：① 接入桥臂与晶闸管串联，如图2-24a所示，这时流过快熔的电流就是流过晶闸管的电流，保护最直接可靠，现已被广泛采用；② 接在交流侧输入端，如图2-24b所示；③ 接在直流侧，如图2-24c所示。图2-24b、c这两种接法虽然快熔数量用得较少，但保护效果不如图2-24a，所以这两种接法较少被采用。

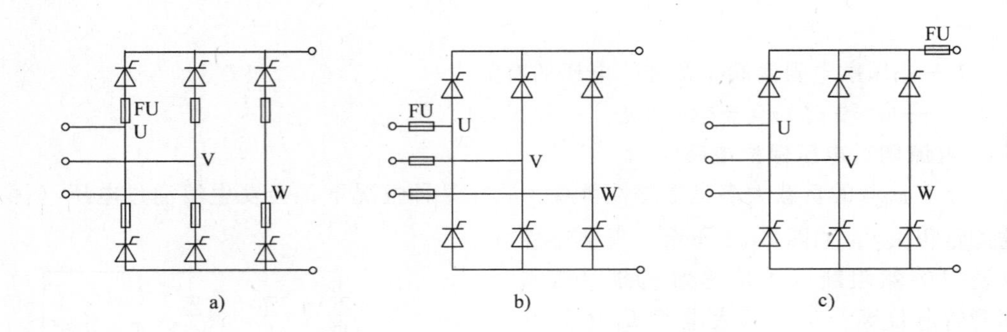

图2-24 快速熔断器过电流保护电路

a）桥臂串快速熔断器 b）交流侧快速熔断器 c）直流侧快速熔断器

2. 电子电路控制的过电流保护电路

如图2-25所示电路，它可在过电流时实现对触发脉冲的移相控制，也可在过电流时切断主电路电源，达到保护目的。其过程是：通过电流互感器T检测主电路的电流大小，一旦出现过电流时，电流反馈电压U_{fi}增大，稳压管VS_1被击穿，晶体管V_1导通。一方面由于V_1导通，集电极变为低电位，V_2截止，输出高电平去控制触发电路使触发脉冲迅速往α增大方向移动，使主电路输出电压迅速下降，负载电流也迅速减小，达到限制电流的目的。另一方

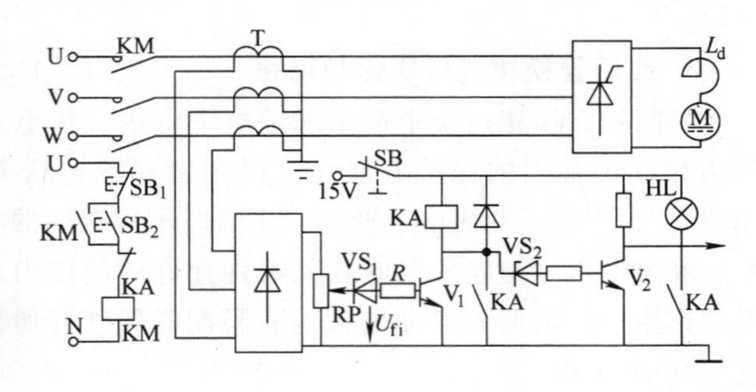

图2-25 电子电路控制的过电流保护电路

面，由于 V_1 导通使灵敏继电器 KA 得电并自锁，断开主电路接触器 KM，切断交流电源，实现过电流保护；调节电位器 RP，可调节被限制的电流大小；HL 为过电流指示灯，在过电流故障排除后，按下 SB 按钮，使保护电路恢复等待状态。

3. 直流快速断路器过电流保护电路

在大容量变流装置经常容易出现直流侧负载发生短路的场合，可以在直流侧装直流快速断路器，作为直流侧过载与短路保护用。这种快速断路器动作时间仅 2ms，加上断弧时间，也不超过 30ms，可见动作时间非常短。目前国内生产的直流快速断路器为 DS 系列，但是它造价高、体积大，因此一般变换装置不宜采用。

除上述三种过电流保护电路外，还有常规的利用交流断路器和过电流继电器等进行过电流保护的电路。在实际应用中，可根据需要选择其中的一种或几种进行配套使用。

在大容量的变换装置中，由于大电流快熔价格高，更换不方便，故快熔必须与其他过电流保护措施同时使用，快熔作为最后一道保护。一般情况下，总是先让其他过电流保护措施动作，尽量避免直接烧断快熔。

2.4.3 电压与电流上升率的限制

晶闸管对电压上升率和电流上升率有一定要求（详见晶闸管参数）。晶闸管在断态时，过大的正向电压上升率 du/dt 会使晶闸管产生误导通而出现过电流；晶闸管在刚触发导通时电流上升率 di/dt 过大会导致晶闸管的损坏。为此，对晶闸管的 du/dt 和 di/dt 应有一定限制。限制晶闸管的电压上升率和电流上升率的方法基本相同，有以下两种：

（1）串接进线电感　对没有整流变压器而直接由电网供电的装置，可在交流电源输入端串接小电感 L_0，如图 2-26 所示。对于由整流变压器供电的装置，因变压器本身有漏电感存在，故无需串接进线电感。

（2）串接桥臂电感　在整流桥的每个桥臂上即每个晶闸管的阳极中串接一个空心小电感或在桥臂上套入磁环均可起到限制 du/dt 和 di/dt 的作用。

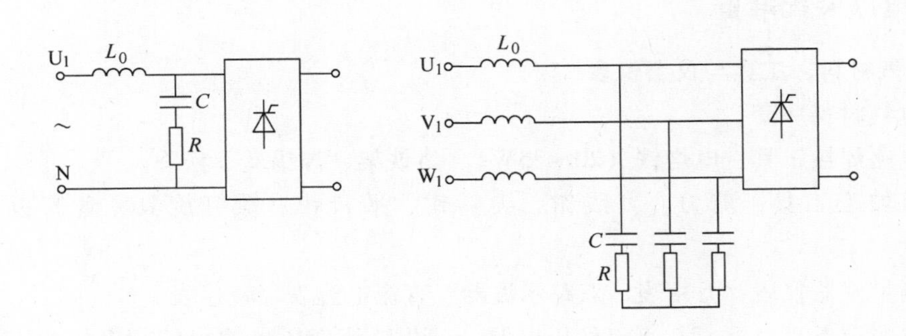

图 2-26　进线串 L_0 抑制电压电流上升率

2.5 直流电动机调速电路制作

2.5.1 任务的提出

1. 制作直流调速电路的目的

1）掌握直流电动机调速电路组装的工艺流程。

2）掌握集成触发器等元器件的简单测试。

3）掌握三相全控桥式电路与集成触发器电路的调试、故障分析与故障排除技能。

2. 内容要求

1）列出元器件明细表。

2）检查与测试元器件，了解各元器件在电路中的作用。

3）直流调速电路装配与调试。

4）故障设置与排除。

2.5.2 直流电动机调速电路分析

直流电动机调速电路原理图如图 2-27 所示。

主电路采用三相桥式全控整流电路，交流电源取自整流变压器 TR 二次绕组（外电路提供），相电压有效值 $U_2=110V$。负载为并励直流电动机，额定电压为 220V，额定电流为 1.2A，电动机额定转速为 1600r/min。

触发电路由集成触发器 TC787 及相关元器件组成。电路输出为双窄脉冲。为保证触发信号与主电路电源同步，同步变压器 TS 的一次绕组与整流变压器 TR 的一次绕组取自同一交流电源。晶体管 $V_1 \sim V_6$ 与脉冲变压器 $TP_1 \sim TP_6$ 等元器件组成脉冲功率放大与脉冲输出电路。触发电路的工作电压采用 15V 电压，由稳压电源单独提供。

直流电动机调速电路元器件及功能见表 2-2。

2.5.3 电路装配准备

1. 电气材料、工具与仪器仪表

1）电气材料一套。

2）电路焊接工具：电烙铁（20～35W）、烙铁架、焊锡丝、松香。

3）机加工工具：剪刀、剥线钳、尖嘴钳、平口钳、螺钉旋具、套筒扳手、镊子、电钻。

4）测量仪器仪表：万用表、双踪示波器、直流电流表、转速表。

5）电源设备：15V、2A 直流稳压电源，三相整流变压器输出的相电压为 110V 的交流电源，～380V 三相四线电源。

6）负载设备：直流电动机、平波电抗器。

2. 元器件的清点与检测

1）在电路装配前先根据电路原理图清点元器件，并列出元器件明细表，格式见表 2-3。

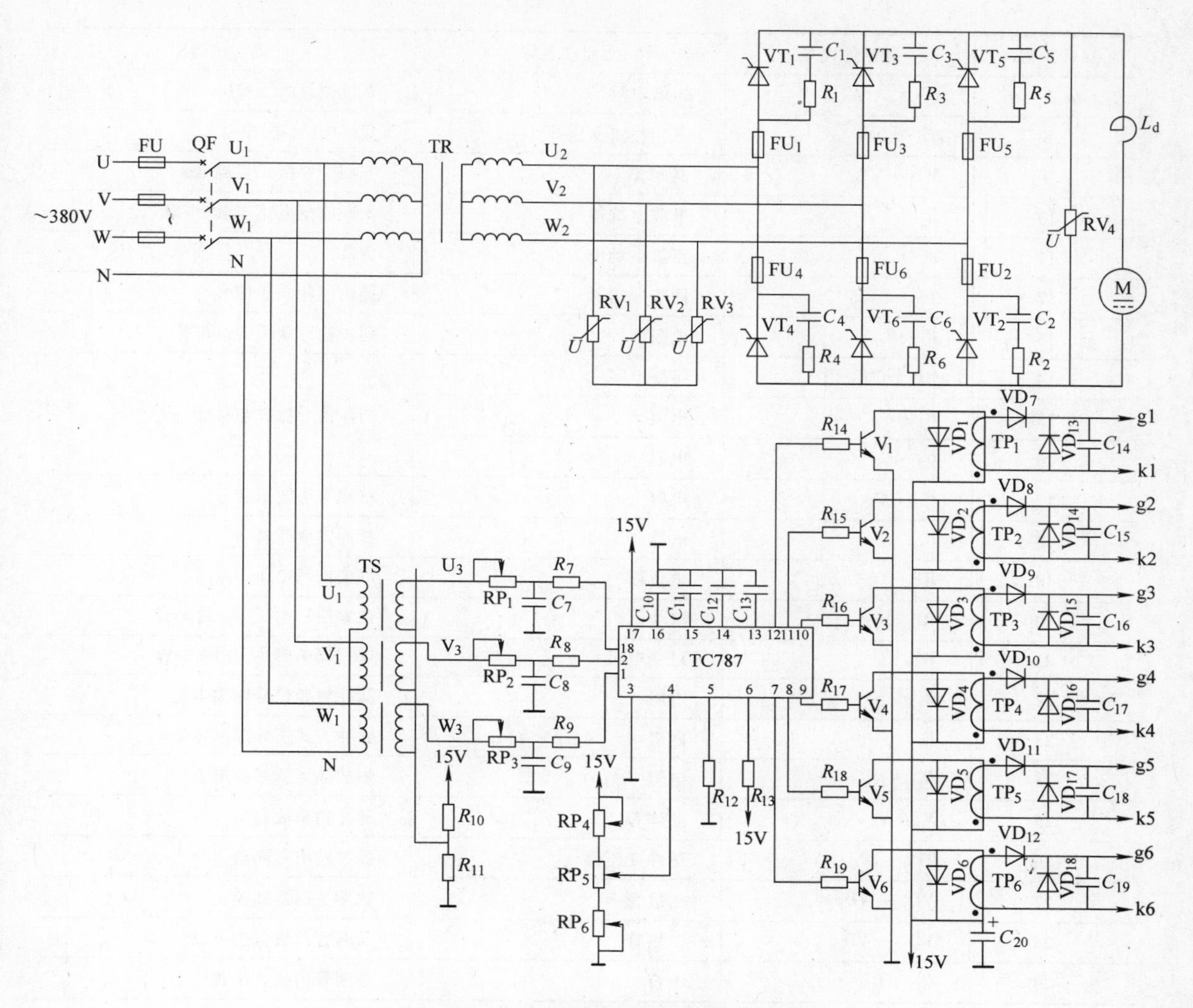

图 2-27　直流电动机调速电路原理图

2）检测元器件，检测情况填入元器件检测表中，检测表格式见表 2-4，表中编号按明细表序号填写。

3）集成触发器的检测方法：集成触发器的检测一般分为外观检测与电气性能检测。外观检测主要是观测其体表是否有损伤；金属部分是否氧化、锈蚀；标志部分是否清晰、醒目等。电气性能的检测一般需要专用的仪器、设备进行电气参数的测试，在此不作介绍。

表 2-2　直流电动机调速电路元器件及功能

序　号	元器件代号	元器件名称	功　能
1	QF	空气断路器	控制电源通断
2	FU	熔断器	交流电源端短路保护
3	FU_1 ~ FU_6	快速熔断器	晶闸管过电流保护
4	RV_1 ~ RV_3	压敏电阻	交流侧过电压保护
5	R_1 ~ R_6	电阻	晶闸管阻容吸收电路
6	C_1 ~ C_6	电容	

（续）

序　号	元器件代号	元器件名称	功　能
7	RV_4	压敏电阻	直流侧过电压保护
8	TR	三相整流变压器	变换电压，隔离
9	VT_1 ~ VT_6	晶闸管	三相全控桥式整流电路
10	L_d	平波电抗器	保证电枢电流连续、平滑
11	M	直流电动机	负载
12	TS	同步变压器	提供三相同步信号
13	R_{10}、R_{11}	电阻	同步信号获取中点电压
14	RP_1 ~ RP_3	可变电阻	同步信号滤波与移相
15	R_7 ~ R_9	电阻	
16	C_7 ~ C_9	电容	
17	C_{10} ~ C_{12}	电容	三相锯齿波形成
18	C_{13}	电容	脉冲宽度调整
19	RP_5	电位器	产生控制电压 U_C
20	RP_4	可变电阻	设置控制电压 U_C 最大值
21	RP_6	可变电阻	设置控制电压 U_C 最小值
22	R_{12}	电阻	脉冲封锁信号隔离电阻
23	R_{13}	电阻	脉冲方式信号隔离电阻
24	R_{14} ~ R_{19}	电阻	限制晶体管基极电流
25	V_1 ~ V_6	晶体管	脉冲功率放大
26	TP_1 ~ TP_6	脉冲变压器	脉冲输出与隔离
27	VD_1 ~ VD_6	二极管	脉冲变压器续流
28	VD_7 ~ VD_{18}	二极管	晶闸管门极保护电路
29	C_{14} ~ C_{19}	电容	晶闸管门极抗干扰
30	C_{20}	电解电容	15V 电源滤波

表 2-3　直流电动机调速电路元器件明细表

序号	名称	元器件代号	型号规格	单位	数量	备　注
1						
2						
·						
·						

表 2-4　直流电动机调速电路元器件检测

1. 电阻、电位器检测

编号	代号	色环	标称值	误差	量程选择	实测值

（续）

2. 电容检测

编号	代号	电容量	耐压	有无极性	量程选择	漏电阻	是否合格

3. 二极管检测

编号	代号	额定电压/电流	量程选择	正向电阻	反向电阻	是否合格

4. 晶体管检测

编号	代号	引脚图	量程选择	类型	β值	是否合格

5. 晶闸管检测

编号	代号	额定电压/电流	量程选择	正向电阻/反向电阻			导通试验	是否合格
				A、K	A、G	G、K		

6. 压敏电阻检测

编号	代号	额定电压	通流量	量程选择	正、反向电阻	是否合格

7. 变压器检测

编号	代号	量程选择	一次绕组电阻	二次绕组电阻	绕组级间电阻	是否合格

2.5.4 电路安装方案设计

电路安装分为两部分：一部分是主电路，安装在由胶木板做成的主板上；另一部分是触发电路和晶闸管的保护电路，分别安装在两块印制电路板上。装好的印制电路板也将安装在主板上。主板与印制电路板之间以及对外的接线均通过接线端子进行连接。

1. 电路主板的方案设计

直流电动机调速电路的主电路将全部安装在主板上，包括：

1）晶闸管组成的三相全控桥式电路。

2）过电流保护的熔断器电路。

另外触发电路中的控制电位器 RP_5 和印制电路板也安装在主板上。电路主板的设计可参考图 2-28。

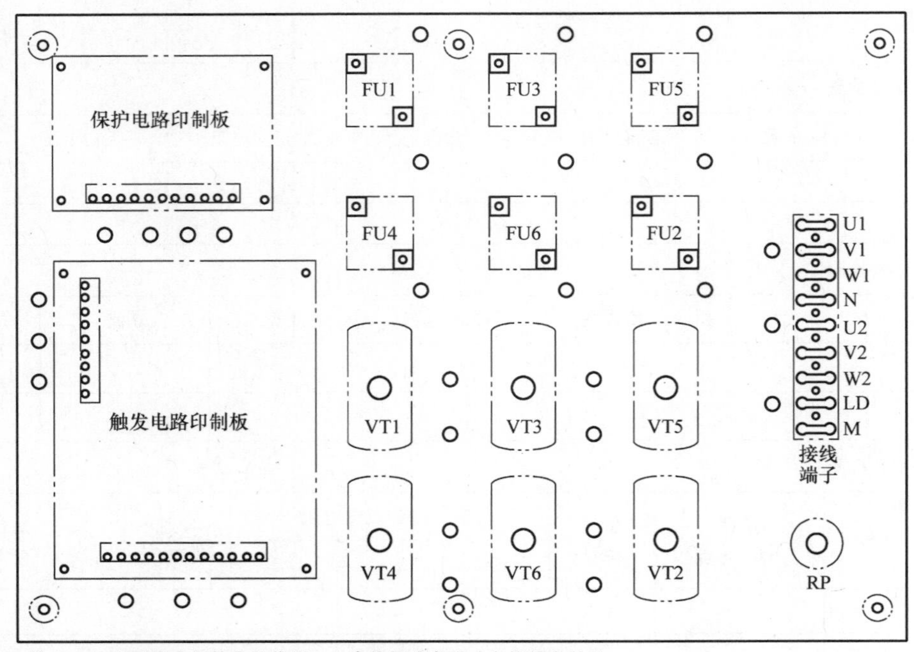

注：1. 双点画线为部件安装位置；2. 实线框为穿线孔和部件安装孔。

图 2-28　主板安装图

2. 印制电路板的设计

印制电路板分为两块：一块安装过电压保护电路，另一块安装触发电路。印制电路板的设计可参考图 2-29 和图 2-30。

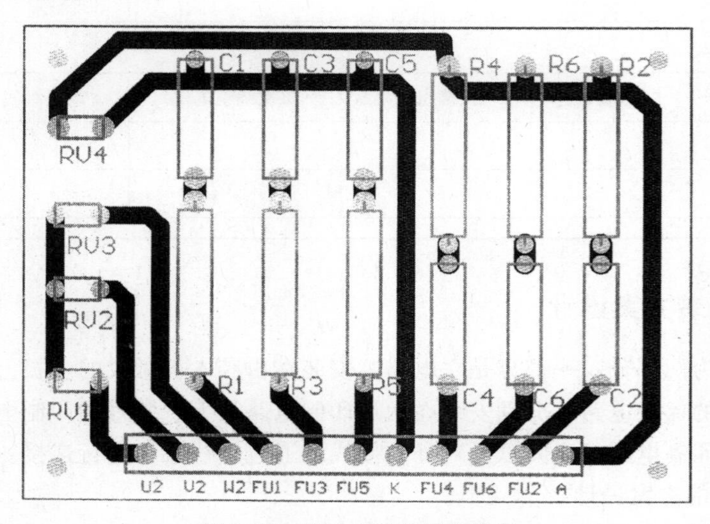

图 2-29　保护电路印制电路板

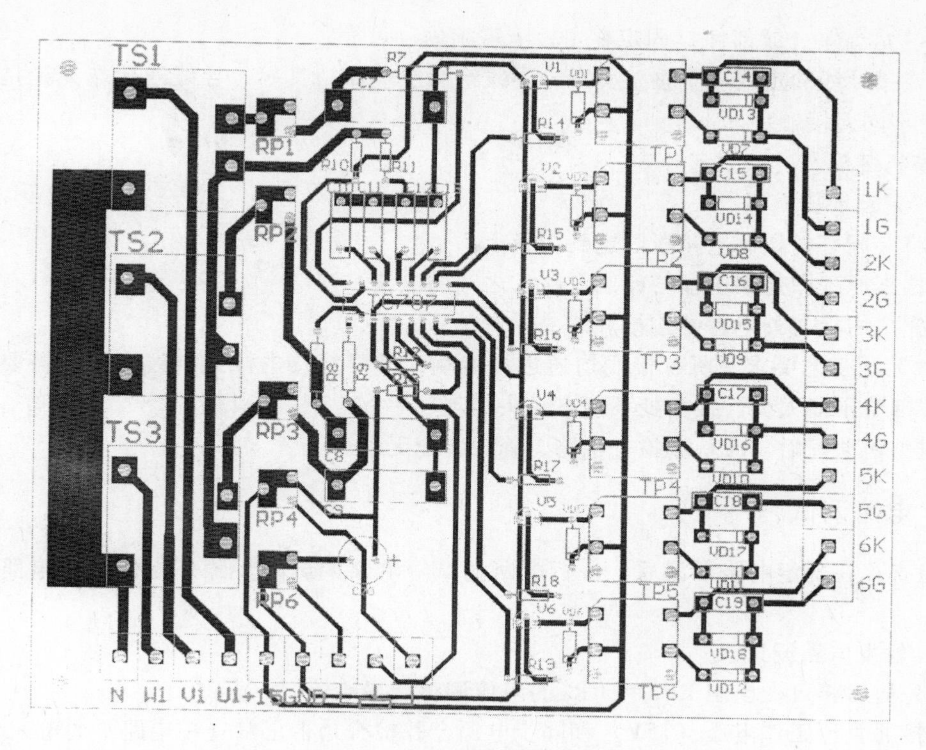

图 2-30　触发电路印制电路板

2.5.5　电路装配

1. 印制电路板装配

（1）装配步骤　印制电路板装配一般遵循“先低后高”的原则，先安装电阻与二极管，后安装集成触发器插座、接线端子、小瓷片电容，再安装晶体管、电解电容器，最后安装脉冲变压器。

（2）装配工艺要求

1）将电路所有元器件（零部件）正确装入印制电路板相应位置上，采用单面焊接的方法，不得错焊、漏焊、虚焊。

2）有极性的元器件，注意极性不得搞反、搞错，集成电路插座方向应与设计装配方向一致，脉冲变压器的一、二次绕组不能接错。

3）各元器件（零部件）安装位置要正，高度需平整、一致。

2. 主板装配

（1）安装步骤

1）根据设计方案要求将各元器件逐一按指定位置安装，安装顺序为：先是晶闸管、快速熔断器，再是接线端子、电位器（RP_5）。

2）接线。

（2）装配工艺要求

1）晶闸管通过散热器安装在主板上，晶闸管与散热器的接触应平整、无杂物，且接触紧密。

2）各元器件（或部件）固定在主板上需牢固、可靠。

3）连接导线的走线应平整、美观，导线绝缘层应保持良好，导线连接端无论是压接或焊接都应牢固，接触良好。

3. 整机装配

（1）装配步骤

1）将装配好的印制电路板固定到主板上。

2）根据原理图连接主板与印制电路板之间的电路。

3）完成主板与外电路的连接。

（2）装配工艺要求　所有接线均通过接线端，需要绕接的注意绕线方向，需要压接的注意压接部分不能太少。接头处不能有毛头出现。

完成整机装配后，应认真检查电路，确保装配无误。

2.5.6　电路调试

经检查，在确定电路无误后，进行电路调试。电路调试的步骤是先调触发电路再调主电路。

（1）触发电路调试

1）先暂时将可变电阻 RP_4 和 RP_6 的阻值调整到最小值。

2）接通直流工作电压（15V）和同步电源，并检查是否正常（主电路不通电）。

3）调整电位器 RP_5 使其中心端的电压为 7.5V。

4）用万用表测量 TC787 集成触发器各脚电压，将测量数据记录在表 2-5 实测值当中。若测量值与参考值差距过大，应检查该脚所接外电路是否存在故障，若有故障应排除后再测量，若无故障可能是 TC787 集成触发器有问题，需更换 TC787 后再测。

表 2-5　TC787 各脚电压数据

TC787 引脚	1	2	3	4	5	6	7	8	9
参考电压值/V	7.4	7.4	0	7.5	0.12	15	1.3	1.3	1.3
实测电压值/V									
TC787 引脚	10	11	12	13	14	15	16	17	18
参考电压值/V	1.3	1.3	1.3	11	6.8	6.8	6.8	15	7.4
实测电压值/V									

5）测量晶体管 $V_1 \sim V_6$ 的集电极电压，各管集电极电压参考值为 14.9V 左右。

6）用双踪示波器分别测量六路输出脉冲波形，各波形排列应如图 2-31 所示。若某路脉冲输出有问题，应检查该路输出电路；若脉冲排列顺序不对，可能是同步电源的相序不对，应改变同步变压器接电源的相序（将 V_1 与 W_1 两根线对调连接即可）；若相邻脉冲相位差不是 60°，应调整 $RP_1 \sim RP_3$。各相调试正常后，调节控制电位器 RP_5，输出脉冲的相位应随着 RP_5 的变化而改变。

触发电路调试完毕后，关断电源。

（2）主电路调试

1）先将主电路中熔断器 $FU_1 \sim FU_6$ 的熔体去掉，使晶闸管不得电，待主电路电源相位调试正确后再恢复。

2）测量主电路电源电压及相序。接通交流电源，此时主电路与触发电路均得电，测量整流变压器二次相电压 U_2 应为110V左右；用双踪示波器测量 u_2 的三相电压相序，并使之正确。如果测量相电压不方便，可以测量其线电压，线电压 U_{21} 应为190V左右。用双踪示波器测量三相线电压的相序时，由于双踪示波器两个探头的共地关系，若直接同时测量 u_{U2V2} 和 u_{V2W2} 会造成电源短路，这时应把 V_2 点作为公共端测量 u_{U2V2} 和 u_{W2V2}，此时正确的相位关系是 u_{U2V2} 滞后 u_{W2V2} 60°。如果相位关系不正确，需将 V_2 与 W_2 两根线对调连接。

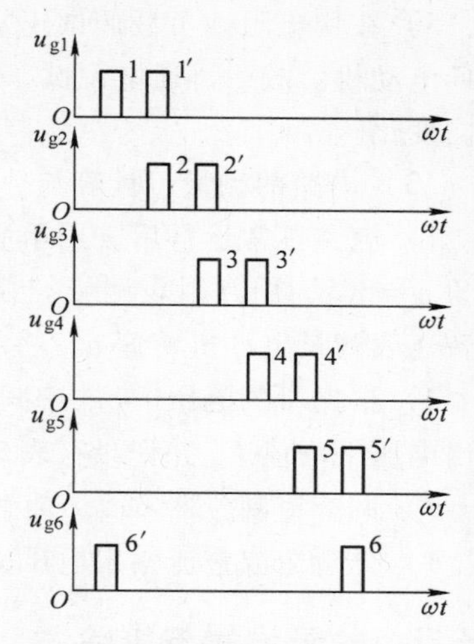

图2-31　输出脉冲排列顺序

3）调整触发电路与主电路的相位同步。用双踪示波器测量交流线电压 u_{U2V2} 和触发脉冲 u_{g1} 的波形，其波形与相位关系如图2-32所示。调节控制电位器 RP_5，触发脉冲相位可在 A、B 间进行移相（由于同步信号滤波环节的影响，触发脉冲的相位实际有0°～60°的后移，视可变电阻 RP_1～RP_3 阻值大小而定）。若脉冲相位不对，相差约120°，需进行同步调整，调整的方法一般有三种：一是调整整流变压器二次交流电压 U_2 的相位；二是调整同步变压器所接电源的相位；三是调整输出脉冲的接法。一般比较方便的是调整同步变压器所接电源的相位，注意的是改变相位时，三相绕组所接电源相位要同时改变（保持相序不变），不得只对掉其中的两相。具体接法要视触发脉冲所移相方向而定，若需将触发脉冲向前移120°，这时同步变压器原接U相的绕组改接到W相上，原接V相的绕组改接到U相上，原接W相的绕组改接到V相上；若需将触发脉冲后移120°，则需将同步变压器原接U相的绕组改接到V相，原V相的绕组改接到W相，原W相的绕组改接到U相。

4）可变电阻 RP_4 和 RP_6 的调整（最小触发延迟角 α_{min} 与最大触发延迟角 α_{max} 的调试）。在同步完成后，关断电源，将主电路中熔断器 FU_1～FU_6 的熔体装上，并将电动机负载去掉，暂时接成电阻性负载（100W左右的白炽灯）进行调试。电路连接好后，接通电源，调节控制电位器 RP_5，负载灯泡亮度将会变化，用示波器测量输出电压 U_d 的波形，调节触发电路中可调电阻 RP_4 和 RP_6 使控制电位器 RP_5 在最大位置时的触发延迟角 $\alpha_{min}=30°$，在最小位置时的触发延迟角 $\alpha_{max}=90°$。RP_4 与 RP_6 在调整中相互有影响应反复调整几

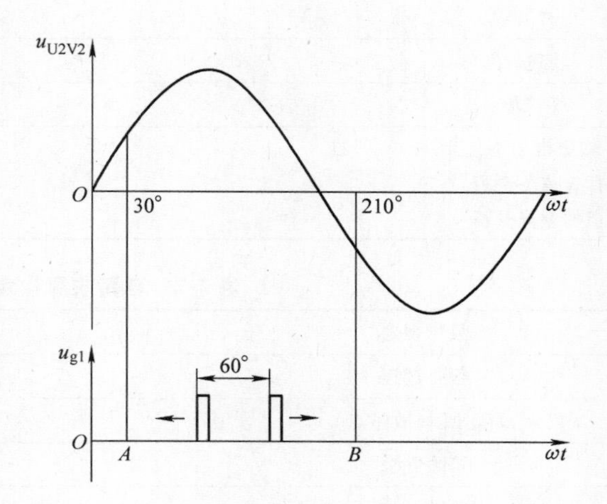

图2-32　触发脉冲与主电路电压的相位关系

次，直至达到要求。此时用万用表测量电路的输出电压 U_d 能在 0～220V 之间变化。

5）在用电阻性负载调试正常后，将控制电位器 RP_5 调至最小位置并关断电源，将负载换回电动机负载，再通电调试，此时电路基本应能正常运行。缓慢调节 RP_5，电动机转速将随之变化。

（3）电路的测量、计算与分析

1）电路正常运行后，用示波器测量整流输出电压 u_d 的波形并调节控制电位器使触发延迟角 $\alpha=30°$；用万用表测量控制电压 U_C、交流电压 U_{U2}、U_{V2}、U_{W2} 和整流输出电压 U_d；用转速表测量电动机转速 n。将所测数据与波形记录在表 2-6 中。

2）根据所测电压 U_2 的中间值和触发延迟角 α，按照公式 $U_d=2.34U_2\cos\alpha$ 计算此时的输出电压平均值 U_d 并记录在表 2-6 中。

3）调节控制位器 RP_5，使触发延迟角 $\alpha=60°$，重复上述测量与记录。

4）分析造成整流输出电压 U_d 的测量值与计算值差异的原因。

2.5.7 故障设置与排除

电路装配、调试完成后，同学们进行互评。评价完成后，同学之间相互设置故障，设置故障时，注意不要造成元器件的损坏，然后让对方进行故障检查、分析和排除。故障排除后进行评价和总结并填写表 2-7。

表 2-6 整流电路测量数据波形记录

触发延迟角 α	$\alpha=30°$	$\alpha=60°$
U_C		
U_{U2}		
U_{V2}		
U_{W2}		
U_d 测量值		
U_d 计算值		
转速 n		
U_d 波形		
输出电压 U_d 计算值与测量值的差异分析		

表 2-7 电路故障检查与排除记录

故障现象	
检查过程	
故障原因（故障点）	
排除方法	
总结经验	

电路故障检查时，应首先根据现象进行直观检查，如直观检查无法发现故障所在，再采用电气测量检查。电气测量检查一般采用万用表法和示波器法，根据所测数据和波形进行分

析，缩小故障范围。一般电气测量检查步骤如下：

1. 故障范围的确定

用示波器测量六相触发脉冲是否正常。若触发脉冲正常，故障大多出现在主电路部分；若触发脉冲不正常，则故障大多出现在触发电路部分。

2. 主电路故障检查

1）用万用表测量整流电路输出端直流电压（共阴极组晶闸管的阴极与共阳极组晶闸管的阳极之间的电压）。若电压正常（调节控制电位器 RP_5，电压能在 0 ~ 220V 之间变化），故障出在直流输出电路相关部分或负载电动机，再进一步进行检查；若电压不正常，进行下一步检查。

2）用万用表分别测量整流电路共阴极组三只晶闸管各阳极之间的交流电压，再分别测量共阳极组三只晶闸管各阴极之间的交流电压。若所测电压值正常（为 190V 左右），故障出现在晶闸管或相关电路；若所测交流电压不正常，则故障出现在交流输入电源相关电路或与晶闸管串联的熔断器。

3. 触发电路故障检查

（1）同步电压的检查　用万用表分别测量三相同步电压，其正常值应为 7V 左右。

（2）集成触发器引脚电压的检查　参照 2.5.6 节相关内容进行。

（3）晶体管 V_1 ~ V_6 的集电极电压的检查　各晶体管集电极电压正常值为 14.9V 左右，若某晶体管电压差异较大，应检查该管及相关电路。

（4）各输出脉冲波形的检查　各输出脉冲波形均为双脉冲，对脉冲波形不正常的应进一步检查对应的脉冲变压器及输出电路。

4. 触发脉冲相位与主电路电压相位的同步检查

若主电路与触发电路均正常，但电路仍无法正常进行，就应考虑触发电路与主电路的同步问题。具体方法参照 2.5.6 节相关内容进行。

2.6 任务评价与总结

2.6.1 任务评价

本任务的考评点、分值、考核方式、评价标准及本任务在本课程考核成绩中的比例见表 2-8。

2.6.2 任务总结

1）对容量在 4kW 以上的负载，应采用三相可控整流电路。三相半波可控电路整流变压器中有直流分量，铁心存在直流磁化现象，整流变压器利用率低；三相全控桥式整流电路各项指标都较好，可用于要求高的可逆系统，但控制较复杂。

2）有源逆变是可控整流电路的另一种工作状态，但并非所有可控整流电路都可实现有源逆变。要特别注意实现有源逆变的条件。有源逆变主要用于直流电动机的可逆调速、绕线转子异步电动机的串级调速、高压直流输电等。使用中要严加防范逆变失败，以免导致元器件损坏和设备重大事故。

3）大容量晶闸管一般采用晶体管触发电路或集成触发电路来触发，集成触发电路因体积小、性能稳定可靠，应用已日益广泛。触发电路与主电路的同步问题不容忽视，首先二者应由同一电网供电，保证电源频率一致，并且每个晶闸管的触发脉冲与加在晶闸管上的交流电压要保持合适的相位关系。

4）晶闸管（包括其他电力电子器件）的过电压、过电流的能力比一般电器都差，晶闸管的保护是变流电路可靠运行不可缺少的环节，按照各电路工作的不同，可分为过电压保护、过电流保护。交流侧和直流侧的操作过电压和浪涌过电压，常采用硒堆或压敏电阻进行保护；晶闸管换相过电压，一般在晶闸管两端并接 *RC* 吸收电路加以保护。常用的过电流保护有：电子电路控制的过电流保护电路、直流快速断路器过电流保护电路和快速熔断器过电流保护电路。串接进线电感或者串接桥臂电感可限制晶闸管的电压上升率和电流上升率。在实际应用中，可根据需要选择其中的一种或几种进行配套使用。

表 2-8　直流电动机调速电路制作评价表

序号	考评点	分值	建议考核方式	评价标准		
				优	良	及格
一	制作电路元器件明细表	5	教师评价（50%）+互评（50%）	能详细准确地列出元器件明细表	能准确地列出元器件明细表	能比较准确地列出元器件明细表
二	元器件检测与电路工作原理分析	10	教师评价（50%）+互评（50%）	能正确识别、检测晶闸管、晶体管、压敏电阻、脉冲变压器等元器件，能正确分析电路工作原理，准确说出电路主要元器件的功能及主要参数	能正确识别、检测晶闸管、晶体管、压敏电阻、脉冲变压器等元器件，能分析电路工作原理，较准确说出电路主要元器件的功能及主要参数	能比较正确地识别、检测晶闸管、晶体管、压敏电阻、脉冲变压器等元器件，能较准确说出电路主要元器件的功能
三	装配电路	20	教师评价（30%）+自评（20%）+互评（50%）	装配步骤正确，元器件安装牢固、位置正确、高度平整、一致性好。元器件焊点美观、接触良好，晶闸管与散热器接触平整、紧密。导线连接牢固、美观、接触良好	装配步骤基本正确，元器件安装牢固、位置正确、高度平整、一致性好。元器件焊点接触良好，晶闸管与散热器接触平整、紧密。导线连接牢固、接触良好	装配步骤基本正确，元器件安装位置基本无错误。元器件焊点接触良好，晶闸管与散热器接触平整、紧密。导线连接接触良好
四	调试电路	15	教师评价（20%）+自评（30%）+互评（50%）	调试步骤正确，能正确使用仪器、仪表，熟练掌握电路的测量、调试方法，各点波形测量准确，调试过程未造成任何事故	调试步骤正确，能正确使用仪器、仪表，基本掌握电路的测量、调试方法，各点波形测量准确，调试过程未造成较大事故	调试步骤基本正确，能使用仪器、仪表，基本掌握电路的测量、调试方法，各点波形测量基本准确，调试过程未造成重大事故
五	排除故障	20	自评（50%）+互评（50%）	能正确进行故障分析，检查步骤简捷，故障判断准确，排除故障迅速，检修过程无扩大故障和损坏其他元器件现象	能根据故障现象进行分析，检查步骤基本正确，能够判断出故障并排除，检修过程无扩大故障和损坏其他元器件现象	能在他人的帮助下进行故障分析，排除故障

（续）

序号	考评点	分值	建议考核方式	评价标准		
				优	良	及格
六	任务总结报告	10	教师评价（100%）	格式标准，有完整、详细的直流电动机调速电路的任务分析、实施、总结过程记录，并能提出一些新的建议	格式标准，有完整的直流电动机调速电路的任务分析、实施、总结过程记录，并能提出一些建议	格式标准，有完整的直流电动机调速电路的任务分析、实施、总结过程记录
七	职业素养	20	教师评价（30%）+自评（20%）+互评（50%）	工作积极主动、精益求精，不怕苦、不怕累、不怕难、遵守工作纪律，服从工作安排。能虚心请教与热心帮助同学，能主动、大方、准确表达自己的观点与意愿。遵守安全操作规程、爱惜器材与测量仪器，节约焊接材料，不乱扔垃圾，积极主动打扫卫生	工作积极主动，不怕苦、不怕累、不怕难、遵守工作纪律，服从工作安排。能虚心请教与帮助同学，能主动、大方、准确表达自己的观点与意愿。遵守安全操作规程、爱惜器材与测量仪器，节约焊接材料，不乱扔垃圾，积极主动打扫卫生	工作积极主动、精益求精，不怕苦、不怕累、不怕难、遵守工作纪律，服从工作安排。能准确表达自己的观点与意愿。遵守安全操作规程、爱惜器材与测量仪器，节约焊接材料，不乱扔垃圾，积极主动打扫卫生

5）通过直流电动机调速电路的制作，能较好地把理论与实际结合起来，不仅能加深对理论知识的理解，更能掌握三相可控整流电路的安装工艺要求、调试步骤和故障维修，特别是集成触发电路与主电路的配合调试。

2.7 相关知识

2.7.1 三相半控桥式整流电路

在要求不高的整流装置或不可逆的直流电动机调速系统中，可采用三相半控桥式整流电路。将三相全控桥式整流电路中共阳极组的三个晶闸管换成三个二极管，就组成了三相半控桥式整流电路，如图 2-33 所示。

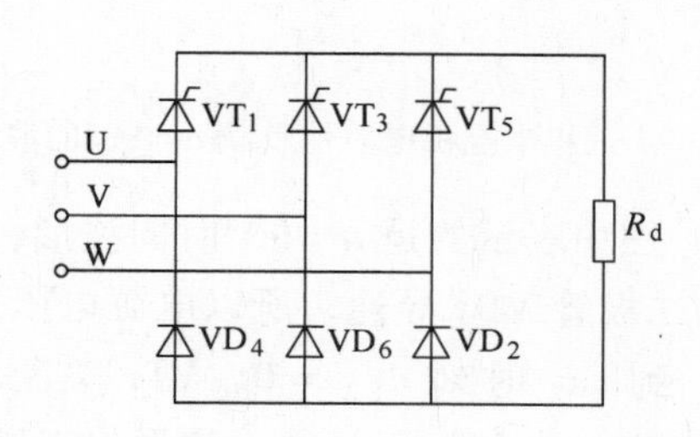

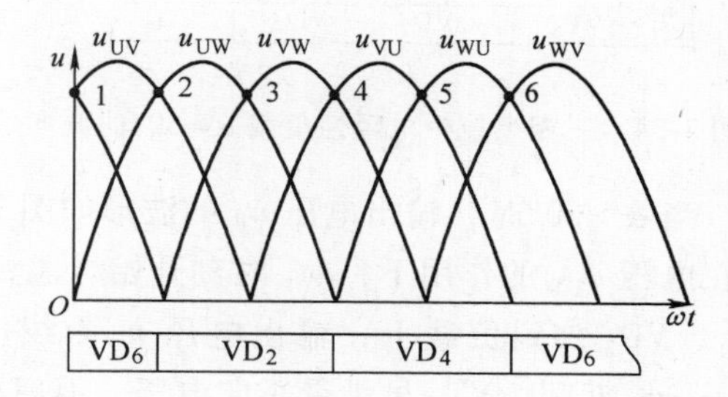

图 2-33　三相半控桥式电路及三个二极管工作区间

共阳极接法的三个二极管，只要电路通上电源，任何时候总有一个二极管的负极电位最低而处在“通态”。

三相电源线电压的正半波交点 2、4、6 就是 VD_2、VD_4、VD_6 导通的自然换相点。例如，在 2 ~4 区间，由于电源 u_W 相电压最负，所以 VD_2 处在通态。4 ~6 区间，电源 u_U 相电压最负，VD_4 处在通态。6 ~2 区间，电源 u_V 相电压最负，VD_6 处在通态。若共阴极组的三个晶闸管不触发导通，则电路不工作。

一旦三个晶闸管被触发导通，电路有整流电压输出，可见触发电路只需给共阴极组的三个晶闸管送上相隔 120°的单窄脉冲即可。

1. 电阻性负载

当 $\alpha=0$ 时，触发脉冲在自然换相点出现，工作情况与三相全控桥式电路完全一样，输出电压 u_d 的波形与三相全控桥式整流电路在 $\alpha=0$ 时输出的电压波形相同。

当 $\alpha<60°$时，输出电压 u_d 的波形如图 2-34 所示，图中表示的是 $\alpha=30°$的波形。在 ωt_1 时，触发 VT_1 管导通，此时共阳极组二极管 VD_6 阴极电位最低，所以 VT_1、VD_6 导通，电源电压通过 VT_1、VD_6 加于负载，$u_d=u_{UV}$。ωt_2 时刻共阳极组二极管自然换相，VD_2 导通，VD_6 关断，电源电压 u_{UW}通过 VT_1、VD_2 加于负载，使 $u_d=u_{UW}$。在 ωt_3 时刻，由于 VT_3 触发脉冲还未出现，VT_3 不能导通，所以 VT_1 维持导通，到 ωt_4 时刻触发 VT_3 管，VT_3 导通后使 VT_1 管承受反向电压而关断，电路转为 VT_3、VD_2 导通，使 $u_d=u_{VW}$。依此类推，三个晶闸管和三个二极管分别轮流导通，负载 R_d 上得到的电压波形一个周期内仍有 6 个波头，但 6 个波头形状不同，由三个波头完整和三个波头缺角的脉动波形相互间隔组成。

当 $\alpha=60°$时，输出电压波形只剩下三个波头，波形刚好维持连续，所以 $\alpha=60°$是整流电压波形连续与断续的临界点。

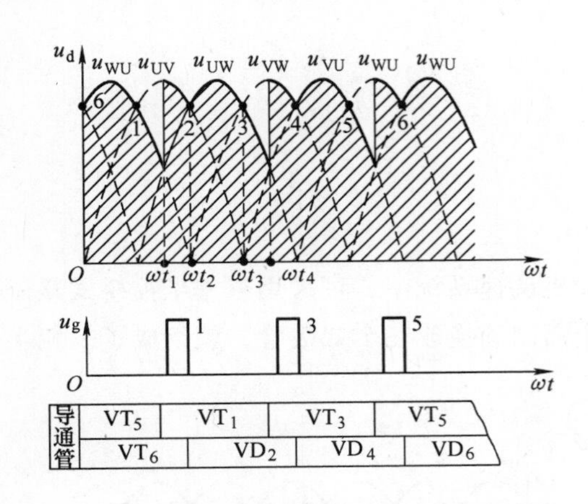

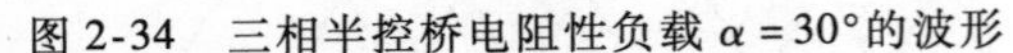

图 2-34　三相半控桥电阻性负载 $\alpha=30°$的波形

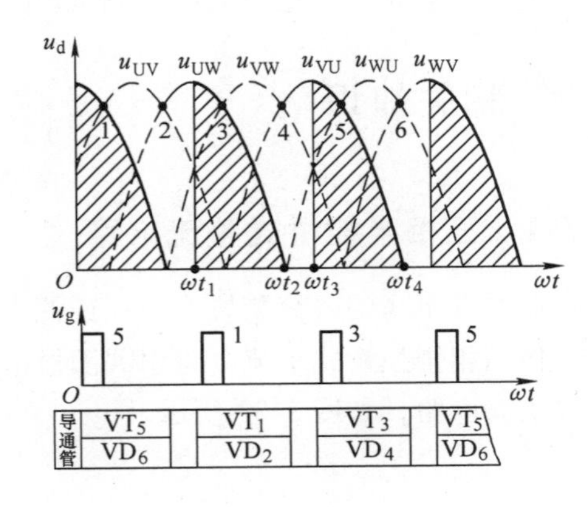

图 2-35　三相半控桥电阻性负载 $\alpha=90°$的波形

当 $\alpha>60°$时，输出电压 u_d 的波形如图 2-35 所示，图中表示的是 $\alpha=90°$时的波形，VT_1 管在电压 u_{UW}的作用下，ωt_1 时刻开始导通，共阳极组二极管 VD_2 导通，所以电源电压通过 VT_1、VD_2 加到负载上，输出电压 u_d为线电压 u_{UW}。到 ωt_2 时刻 $u_{UW}=0$，VT_1 关断。在 ωt_2 ~ωt_3 期间，VT_3 虽承受正向电压，但门极无触发脉冲，故 VT_3 不导通，波形出现断续。到 ωt_3 时刻 VT_3 才触发导通，同时共阳极组二极管 VD_4 导通，输出电压 u_d为线电压 u_{VU}，直

到线电压 u_{VU} 等于零为止。依次类推，每个周期输出电压为 3 个断续波头，电流断续。

随着 α 增大，晶闸管导通角 θ_T 减小，输出整流电压减小。到 $\alpha=180°$时，VT_1（VT_3、VT_5）的触发脉冲发出时 u_{UW}（u_{VU}、u_{WV}）$=0$，则晶闸管 VT_1（VT_3、VT_5）不可能导通，$u_d=0$。所以三相半控桥式整流电路带电阻性负载时移相范围为 0～180°。

三相半控桥式整流电路在带电阻性负载时，其输出平均电压的计算也要分别考虑电压波形连续和断续的情况，但两种情况均为

$$U_d = 2.34U_2\frac{1+\cos\alpha}{2} \tag{2-22}$$

2. 电感性负载

三相半控桥式整流电路带电感性负载时的电路及波形如图 2-36 所示。负载两端并联续流二极管。输出电压波形与电阻性负载时一样，电流波形近似为一条水平线。负载两端若不加接续流二极管，当触发脉冲丢失或突然把触发延迟角 α 调到 180°时，与单相半控桥一样，三相半控桥也会发生导通着的晶闸管关不断，而三个整流二极管轮流导通的现象，使整流电路处于失控状态。为避免失控现象，防止晶闸管过电流而损坏，负载两端必须并接续流二极管。需要注意的是续流二极管只在 $\alpha>60°$时才有电流通过。

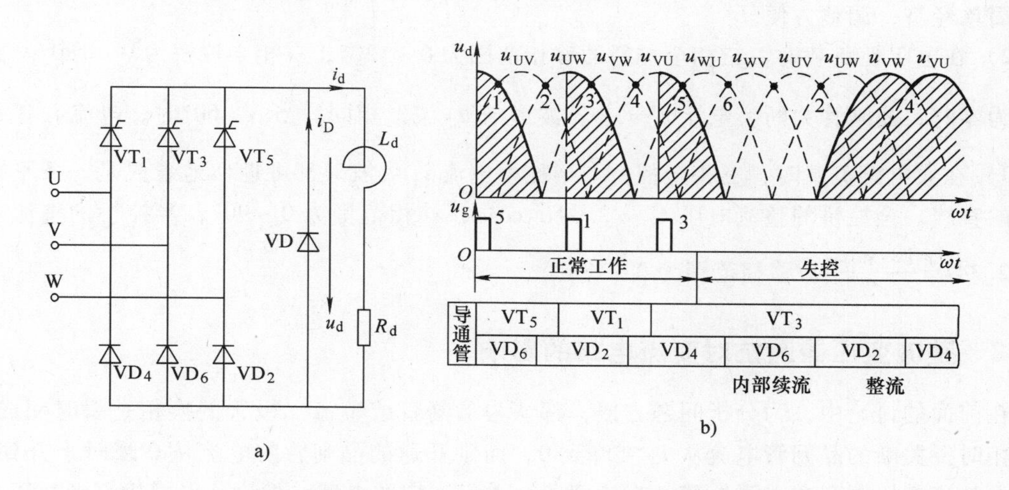

图 2-36　三相半控桥式整流电路（电感性负载）

a）电路图　b）正常工作及失控后的电压波形

输出电压平均值和电流平均值的计算公式为

$$U_d = 2.34U_2\frac{1+\cos\alpha}{2}$$

$$I_d = \frac{U_d}{R_d}$$

晶闸管与续流二极管的电流平均值、电流有效值计算如下。

1）在 $0\leqslant\alpha\leqslant60°$时，有

$$I_{dT} = \frac{1}{3}I_d \tag{2-23}$$

$$I_{\mathrm{T}}=\sqrt{\frac{1}{3}}I_{\mathrm{d}} \tag{2-24}$$

2）在 $60° < \alpha \leqslant 180°$ 时，有

$$I_{\mathrm{dT}}=\frac{180°-\alpha}{360°}I_{\mathrm{d}} \tag{2-25}$$

$$I_{\mathrm{T}}=\sqrt{\frac{180°-\alpha}{360°}}I_{\mathrm{d}} \tag{2-26}$$

$$I_{\mathrm{dD}}=\frac{\alpha-60°}{120°}I_{\mathrm{d}} \tag{2-27}$$

$$I_{\mathrm{dD}}=\sqrt{\frac{\alpha-60°}{120°}}I_{\mathrm{d}} \tag{2-28}$$

晶闸管与续流二极管承受的最大电压为

$$U_{\mathrm{TM}}=\sqrt{6}U_2, \quad U_{\mathrm{DM}}=\sqrt{6}U_2$$

三相半控桥式与三相全控桥式整流电路的比较：

1）三相半控桥只用三个晶闸管，仅需三套触发电路，不需要宽脉冲或双窄脉冲，因此线路简单经济，调整方便。

2）在电阻性负载时，三相全控桥的移相范围为 0 ~ 120°，三相半控桥为 0 ~ 180°。在线电压为零时，晶闸管关断。电流 $i_{\mathrm{d}}=\frac{U_{\mathrm{d}}}{R_{\mathrm{d}}}$，波形与 u_{d} 波形相同。当 $\alpha > 60°$时，电流 i_{d} 断续。

3）在大电感负载时，三相全控桥与半控桥电流 i_{d} 的波形都可近似地看成是一条平行于横轴的直线。全控桥的整流电压 $U_{\mathrm{d}}=2.34U_2\cos\alpha$，移相范围为 0 ~ 90°；半控桥的整流电压 $U_{\mathrm{d}}=2.34U_2\frac{1+\cos\alpha}{2}$，移相范围为 0 ~ 180°。

2.7.2 整流变压器漏抗对变流电路的影响

在前面的讨论中，为分析问题方便，都认为晶闸管或整流二极管的换相是瞬时完成的，即换相时要关断的晶闸管电流从 I_{d} 突降到 0，而刚开通的晶闸管的电流从 0 瞬时上升到 I_{d}。实际上整流变压器存在着漏电感，交流回路也总有一定的电感，把这些电感折算到变压器的二次侧，用一个电感 L_{T} 表示，由于电感 L_{T} 要阻碍电流的变化，因此换相不能瞬时完成。

1. 换相期间的输出电压

以三相半控整流电路为例，如图 2-37a 所示，图中 L_{T} 为折算到变压器二次侧的漏感，同时假定负载为大电感负载，负载电流 i_{d} 为不变的直流电流 I_{d}。

在换相时，由于漏抗 L_{T} 有阻碍电流变化的作用，因此流过 L_{T} 的电流不能突变，有一个变化的过程。如图 2-37b 所示，ωt_1 时刻触发 VT_3 导通，电流从 U 相换相到 V 相，由于 U 相电流不能从 I_{d} 瞬时下降为零，V 相电流也不能瞬时上升到 I_{d} 值，使电流换相需要一段时间，直到 ωt_2 时刻完成换相，这个过程称为换相过程。换相过程对应的时间以电角度计算，称为换相重叠角，用 γ 表示，即 $\omega t_1 \sim \omega t_2$ 期间对应的电角度。在此过程中，两个相邻相的晶闸管同时导通，相当于 U、V 两相同时导通，两相线间短路，$u_{\mathrm{V}} \sim u_{\mathrm{U}}$ 为阻抗电压。在两相回路中产生一假想的短路电流 i_{k}，如图 2-37a 中虚线所示（实际上晶闸管都是单向导电的，相

当于在原有电流上叠加一个 i_k）。U 相电流 $i_U = I_d - i_k$，随着 i_k 的增大而逐渐较小，而 $i_V = i_k$ 将逐渐增大。当 i_V 增大到 I_d，也就是 i_U 下降为零时，VT_1 关断，VT_2 电流达到稳定值，完成了 U 相到 V 相之间的换相。

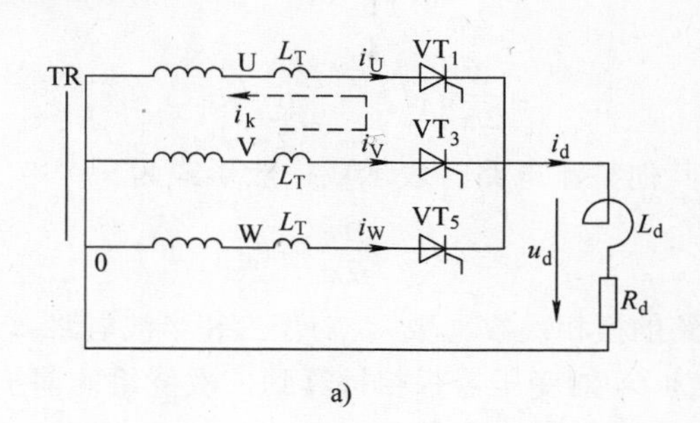

a)

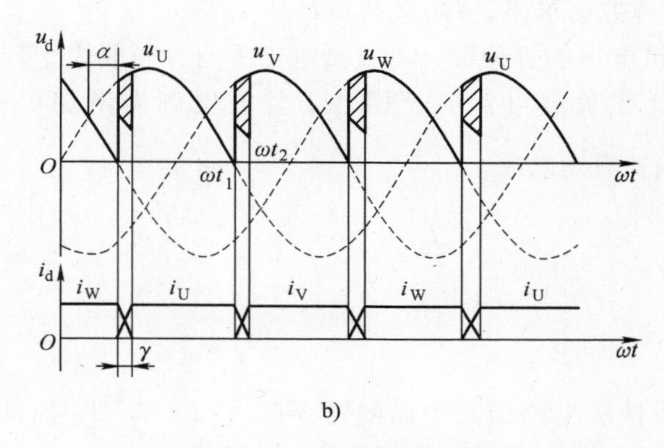

b)

图 2-37　变压器漏抗对电路的影响

a）电路图　b）波形图

换相期间，阻抗电压由两个漏抗电动势所平衡，即

$$U_V - U_U = 2L_T \frac{di_k}{dt} \tag{2-29}$$

负载上整流输出电压为

$$U_d = U_V - L_T \frac{di_k}{dt} = U_V - \frac{1}{2}(U_V - U_U) = \frac{1}{2}(U_U + U_V) \tag{2-30}$$

由此说明，在换相期间，直流输出电压即不是 u_U 也不是 u_V，而是换相的两相电压的平均值，如图 2-37b 所示。

2. 换相压降 ΔU_γ 的计算

图 2-37b 所示整流电压 u_d 波形，与不考虑漏抗时，即 $\gamma = 0$ 时相比，输出电压 u_d 波形减少了一块阴影面积，使输出电压平均值 U_d 值减小。这块面积是由负载电流 I_d 的换相过程所引起的，称为换相压降，用 ΔU_γ 表示，其大小为图中三块阴影面积在一周期内的平均值。

$$\Delta U_\gamma = \frac{3}{2\pi}\int_\alpha^{\alpha+\gamma} (u_V - u_d)\,d(\omega t)$$

$$= \frac{3}{2\pi}\int_\alpha^{\alpha+\gamma} L_T \frac{di_k}{dt} d(\omega t)$$

$$= \frac{3}{2\pi}\int_{\alpha}^{\alpha+\gamma} \omega L_T \frac{di_k}{dt}dt$$

$$= \frac{3}{2\pi}\omega L_T \int_0^{I_d} di_k$$

$$= \frac{3}{2\pi} X_T I_d \tag{2-31}$$

式（2-31）也适用于其他整流电路，表示成一般形式为

$$\Delta U_\gamma = \frac{m}{2\pi} X_T I_d \tag{2-32}$$

式中 m—— 一个周期电路的换相次数（数）。对于三相半波电路 $m=3$；三相全控桥 $m=6$；

X_T—— 相当于漏感为 L_T 的变压器每相折算到二次绕组的漏抗（$X_L=\omega L_T$），可以由变压器的铭牌数据求出，$X_T=(U_{2N}/I_{2N})u_k\%$；

$u_k\%$——变压器阻抗电压的百分数，可查阅电工手册，一般为 5% ~12%。

换相压降 ΔU_γ 正比于负载电流 I_d，相当于整流电源内增加了一项内阻，其阻值为 $\frac{m}{2\pi}X_T$，但这项内阻不消耗有功功率。

2.8 练习

一、填空题

1. 三相半波共阴极接法电路中三个晶闸管 VT_1、VT_3 和 VT_5 各自自然换相点分别在 U 相电压起点的______、______和______处。

2. 要使三相全控桥式整流电路正常工作，需保证对两组中应导通的两个晶闸管同时加触发脉冲，常采用的方法是______脉冲触发或______脉冲触发两种。

3. 电阻性负载三相半波可控整流电路中，晶闸管所承受的最大电压 U_{TM} 等于______，晶闸管触发延迟角 α 的最大移相范围是______，使负载电流连续的条件为______（U_2 为相电压有效值）。

4. 三相半波可控整流电路中的三个晶闸管的触发脉冲相位按相序依次互差______，当它带电感性负载时的移相范围为______。

5. 对于三相半波可控整流电路，换相重叠角的影响将使输出电压平均值______。

6. 当变流器运行于逆变状态时，通常将 $\alpha>90°$时的触发延迟角用 β 来表示，β 称为______角；触发延迟角 α 以______作为计量起始点，由此向右方计量，β 从______的时刻位置为计量起点向左方来计量。

7. 既可工作在______状态，又能工作在______状态的同一套晶闸管电路，常称为变换器。

8. 电流从电源的正端流出，则该电源______功率，电流从电源的正端流入，则该电源______功率。

9. 常用的电力电子装置过电流保护措施有______、______和直流快速断路器。

二、是非题

1. （　　）三相半波可控整流电路中，晶闸管承受的最高电压是 $\sqrt{3}U_2$。

2. (　　) 三相半波可控整流电路，变压器二次绕组可以接成三角形，也可以接成星形。

3. (　　) 三相全控桥式整流电路中，晶闸管承受的最高电压是$\sqrt{6}U_2$。

4. (　　) 三相全控桥式整流电路，变压器二次绕组必须接成星形。

5. (　　) 单相全控桥式整流电路可以工作在整流状态，也可以工作在有源逆变状态，但单相半波桥式整流电路只能工作在整流状态，不能工作在有源逆变状态。

6. (　　) 三相全控桥式整流电路可以工作在整流状态，也可以工作在有源逆变状态，但三相半波可控整流电路只能工作在整流状态，不能工作在有源逆变状态。

7. (　　) 如果没有最小逆变角的限制，电路将可能造成逆变失败。

8. (　　) 可控整流与有源逆变是晶闸管变换装置的两种工作状态，在一定条件下可以相互转化。

9. (　　) 晶闸管触发电路产生的触发脉冲相位必须与晶闸管主电路电源同步，否则电路将不能正常工作。

10. (　　) 三相可控整流电路要求用双窄脉冲或单宽脉冲触发。

11. (　　) 集成触发电路具有体积小、温漂小、性能稳定、移相线性度好等优点，应用越来越多。

12. (　　) 电力电子电路中，过电压保护电路是为了防止电网电压的升高而设置的。

三、选择题

1. 三相半波可控整流电路的自然换相点是（　　）。

A　交流相电压的过零点　　B　本相相电压与相邻相电压正半周的交点处

C　比三相不可控整流电路的自然换相点超前30°

D　比三相不可控整流电路的自然换相点滞后60°

2. α为（　　）时，三相半波可控整流电路（电阻性负载）输出的电压波形处于连续和断续的临界状态。

A　0　　B　30°　　C　60°　　D　120°

3. 三相全控桥式整流电路电阻性负载电路中，晶闸管可能承受的最大正向电压为（　　）。

A　$\sqrt{2}U_2$　　B　$2\sqrt{2}U_2$　　C　$\frac{\sqrt{2}}{2}U_2$　　D　$\sqrt{6}U_2$

4. 三相全控桥式整流电路带电阻性负载，当触发延迟角$\alpha=0$时，输出的负载电压平均值为（　　）。

A　$0.45U_2$　　B　$0.9U_2$　　C　$1.17U_2$　　D　$2.34U_2$

5. 三相全控桥式整流电路带大电感负载时，触发延迟角α的有效移相范围是（　　）。

A　0°~90°　　B　30°~120°　　C　60°~150°　　D　90°~150°

6. 晶闸管—直流电动机的拖动系统中，若电动机在（　　）状况下，变流器输出电流容易出现断续现象。

A　满载　　B　超载　　C　半载　　D　空载

7. 可实现有源逆变的电路为（　　）。

A　单相半波可控整流电路　　　　B　单相半控桥式整流电路

C　三相半波可控整流电路　　　　D　三相半控桥式整流电路

8. 下列不可以实现有源逆变的电路是（　　）。

A　单相全控桥式电路　　　　B　三相半波可控电路

C　三相全控桥式电路　　　　D　单相半控桥式电路

9. 变流器必须工作在 α（　　）区域，才能进行逆变。

A　>0°　　B　>30°　　C　>60°　　D　>90°

10. 为了保证能正常逆变，变流器的逆变角不得小于（　　）。

A　5°　　B　15°　　C　20°　　D　30°

11. 脉冲变压器传递的是（　　）电压。

A　直流　　B　正弦波　　C　脉冲波　D　交流

12. 变压器二次侧接入压敏电阻的目的是为了防止（　　）对晶闸管的损坏。

A　关断过电压　　　　B　交流侧操作过电压

C　交流侧浪涌过电压　　D　过电流

13. 压敏电阻在晶闸管整流电路中主要是用来（　　）。

A　分流　　B　降压　　C　过电压保护　　D　过电流保护

14. 晶闸管两端并联一个 RC 电路的作用是（　　）。

A　分流　　B　降压　　C　过电压保护　　D　过电流保护

15. 晶闸管整流装置在换相时刻（例如：从 U 相换到 V 相时）的输出电压等于（　　）。

A　u_U　　B　u_V　　C　$u_U + u_V$　　D　$\frac{u_U + u_V}{2}$

四、简答题

1. 有源逆变的条件是什么？

2. 什么叫同步？什么叫换相？

3. 产生过电压的原因有哪些？

4. 产生过电流的原因是什么？常采用哪些保护措施？

5. 晶闸管两端并接阻容吸收电路可以起到哪些保护作用？

6. 不用过电压、过电流保护，选用较高电压等级与较大电流等级的晶闸管行不行？

五、作图计算题

1. 三相半波可控整流电路，$U_2 = 100\text{V}$，电感性负载，$R = 5\Omega$，L 足够大，当 $\alpha = 60°$ 时，要求：

（1）画出 u_d、i_d 和 i_{T1} 的波形；

（2）计算 U_d、I_d、I_{dT} 和 I_T；

（3）选择晶闸管的型号。

2. 在三相半波整流电路中，如果 U 相的触发脉冲消失，当 $\alpha = 30°$ 时，试分别绘出电阻性负载和电感性负载时整流电压 u_d 的波形。

3. 在图 2-38 中，用阴影面积标出三相全控桥式整流电路在 $\alpha = 30°$ 时，电感性负载的直流输出电压的波形图。

4. 三相全控桥式整流电路大电感负载电路如图 2-38 所示，试在图 2-39 中画出 $\alpha=60°$ 时 VT_1 断路情况下时的输出电压波形。

5. 三相全控桥式整流电路接反电动势电感性负载，$E=200V$、$R=1\Omega$、$\omega L \gg R$，若整流变压器二次电压 $U_2=110V$、触发延迟角 $\alpha=30°$。求：

（1）输出整流电压 U_d 与电流平均值 I_d；

（2）晶闸管电流平均值与有效值；

（3）变压器二次电流的有效值 I_2。

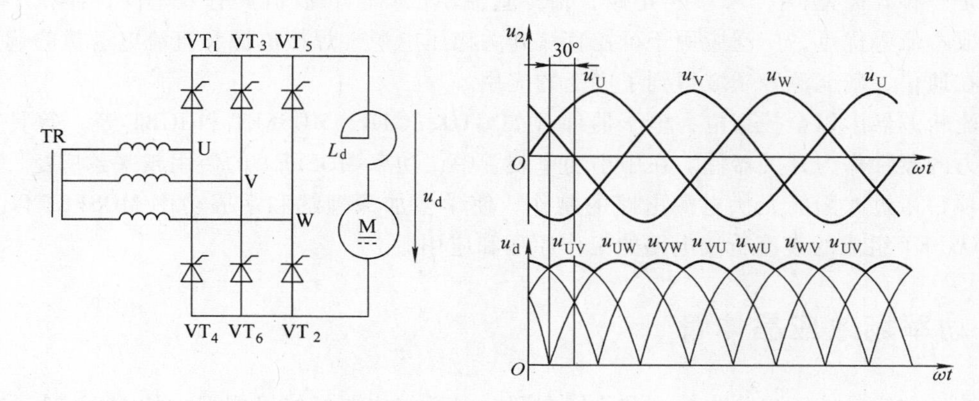

图 2-38　习题图 1

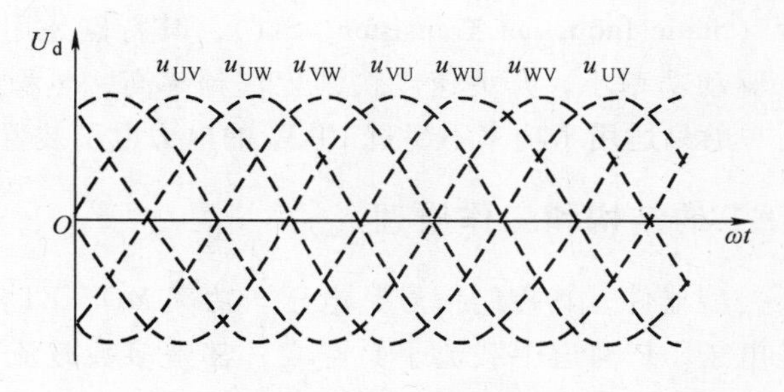

图 2-39　习题图 2

项目3 直流斩波电路及其应用

直流斩波电路是将电力电子器件接在直流电源与负载之间，通过电力电子器件的通断来改变加在负载上的直流平均电压，即将一种直流电压变换为另一种幅值可调的直流电压的电路。它是一种开关型 DC/DC 变换电路，俗称直流斩波器。斩波器具有效率高、体积小、重量轻、成本低等优点，广泛应用于可控直流开关稳压电源、焊接电源和直流电动机的调速控制中，在通信、新能源等领域得到了广泛的应用。

直流斩波器多以全控型电力电子器件（如 GTO、GTR、MOSFET 和 IGBT 等）等具有自关断能力的器件作为开关器件。在中小功率装置中，功率 MOSFET 的使用越来越广泛。

本项目通过太阳能光伏电源电路的制作，使学生加深理解和掌握功率 MOSFET 以及由功率 MOSFET 组成的直流斩波电路的工作原理和应用。

3.1 功率场效应晶体管

功率场效应晶体管也分为结型和绝缘栅型，但通常主要指绝缘栅型中的 MOS 型（Metal Oxide Semiconductor FET），简称功率 MOSFET（Power MOSFET）。结型功率场效应晶体管一般称为静电感应晶体管（Static Induction Transistor，SIT），其特点是用栅极电压来控制漏极电流，驱动电路简单，驱动功率小，开关速度快，工作频率高，热稳定性优于 GTR，但其电流容量小，耐压低，一般只适用于功率不超过 10kW 的电力电子装置。

3.1.1 功率 MOSFET 的结构和工作原理

功率 MOSFET 是压控型器件，其控制信号是电压。功率 MOSFET 有 N 沟道和 P 沟道两种，N 沟道中载流子是电子，P 沟道中载流子是空穴，都是多数载流子。N 沟道和 P 沟道 MOSFET 的电气图形符号如图 3-1b 所示。其中每一类又可分为增强型和耗尽型两种。增强型就是当 $U_{GS}=0$ 时没有导电沟道，$I_D=0$，只有当 $U_{GS}>0$（N 沟道）或 $U_{GS}<0$（P 沟道）时才开始有 I_D；耗尽型是当栅源间电压 $U_{GS}=0$ 时就已存在导电沟道，漏极电流 $I_D\neq0$。功率 MOSFET 主要是指 N 沟道增强型，其内部结构如图 3-1a 所示，引出的三个极分别是栅极 G、源极 S、漏极 D。当栅源极间电压为零时，漏源极间加正电源，管子截止，P 基区与 N 漂移区之间形成的 PN 结反偏，漏源极之间无电流流过。只有在栅源极间加正电压 U_{GS}，功率 MOSFET 才导电。这是因为栅极是绝缘的，所以不会有栅极电流流过。但栅极的正电压会将其下面 P 区中的空穴推开，而将 P 区中的少子——电子吸引到栅极下面的 P 区表面。当 U_{GS}大于 U_T（开启电压或阈值电压）时，栅极下 P 区表面的电子浓度将超过空穴浓度，使 P 型半导体反型成 N 型而成为反型层，该反型层形成 N 沟道而使 PN 结消失，漏极和源极在电源作用下形成漏极电流。

功率 MOSFET 与小功率 MOSFET 原理基本相同，但是为了提高电流容量和耐压能力，在芯片结构上却有很大不同：功率 MOSFET 采用小单元集成结构来提高电流容量和耐压能力，并且采用垂直导电排列来提高耐压能力。几种功率 MOSFET 的外形如图 3-2 所示。

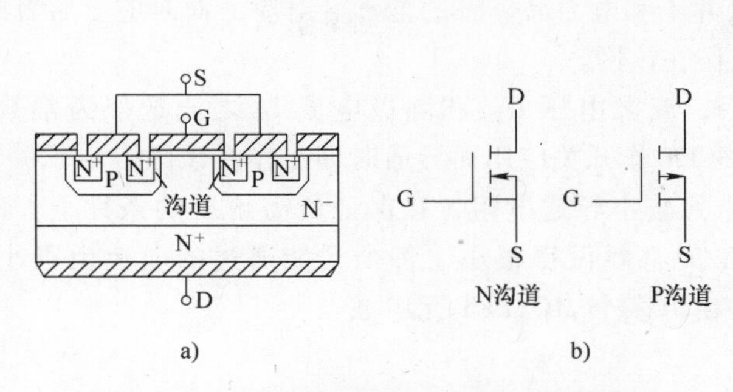

图 3-1　功率 MOSFET 的结构和电气图形符号

a）功率 MOSFET 的结构　b）电气图形符号

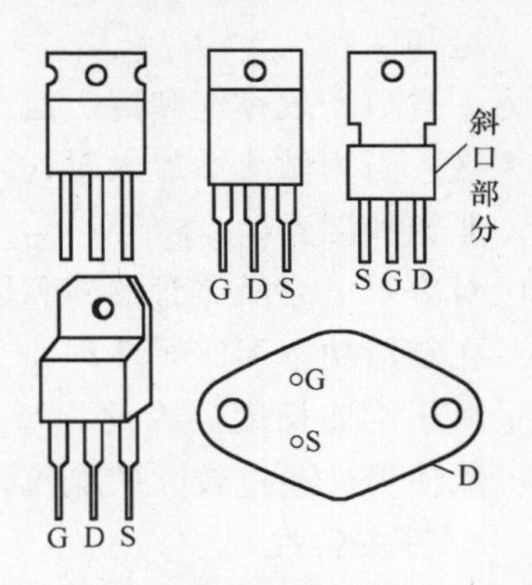

图 3-2　几种功率 MOSFET 的外形

3.1.2　功率 MOSFET 的特性

下面以 N 沟道增强型 MOSFET 为例来说明功率 MOSFET 的特性。

1. 转移特性

I_D 和 U_{GS}的关系曲线反映了输入电压和输出电流的关系，称为 MOSFET 的转移特性。该特性表示出器件的放大能力，与 GTR 中的电流增益 β 相似。从图 3-3 a 中可知，I_D 较大时，I_D 与 U_{GS}近似呈线性关系，曲线的斜率被定义为 MOSFET 的跨导，即

$$G_{fs}=\frac{dI_D}{dU_{GS}} \tag{3-1}$$

图中 U_T 为开启电压，只有当 $U_{GS}=U_T$ 时才会出现导电沟道，产生漏极电流 I_D。

2. 输出特性

图 3-3b 是 MOSFET 的漏极伏安特性，即输出特性。从图中可以看出，MOSFET 有三个工作区：

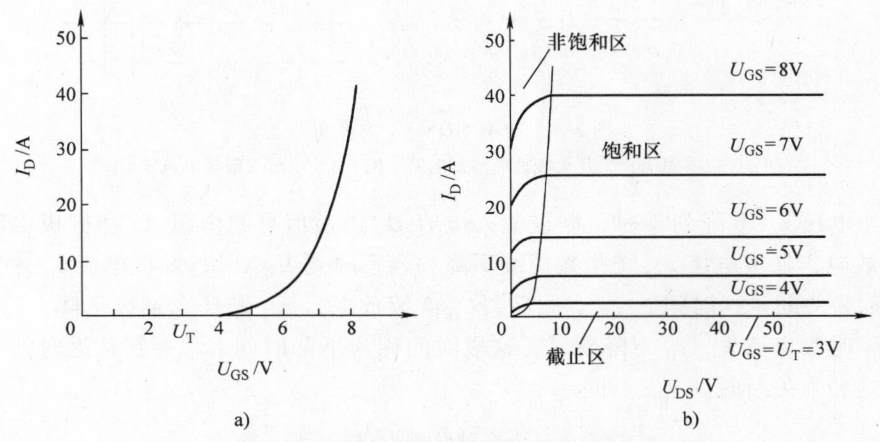

图 3-3　功率 MOSFET 的转移特性和输出特性

a）转移特性　b）输出特性

截止区：$U_{GS} \leqslant U_T$，$I_D = 0$，这和电力晶体管的截止区相对应。

饱和区：$U_{GS} > U_T$，$U_{DS} \geqslant U_{GS} - U_T$，当 U_{GS}不变时，I_D 几乎不随 U_{DS}的增加而增加，近似为一常数，故称饱和区。这里的饱和区并不和电力晶体管的饱和区对应，而对应于后者的放大区。当用做线性放大时，MOSFET 工作在该区。

非饱和区：$U_{GS} > U_T$，$U_{DS} < U_{GS} - U_T$，漏源电压 U_{DS}和漏极电流 I_D 之比近似为常数。该区对应于电力晶体管的饱和区。当 MOSFET 作开关应用而导通时即工作在该区。

在制造功率 MOSFET 时，为提高跨导并减小导通电阻，在保证所需耐压的条件下，应尽量减小沟道长度。因此，每个 MOSFET 元都要做得很小，每个元能通过的电流也很小。为了能使器件通过较大的电流，每个器件由许多个 MOSFET 元组成。

3. 开关特性

图 3-4 是用来测试功率 MOSFET 开关特性的电路。图中 u_p 为矩形脉冲电压信号源，波形如图 3-4b 所示，R_S 为信号源内阻，R_G 为栅极电阻，R_L 为漏极负载电阻，R_F 用于检测漏极电流。因为 MOSFET 存在输入电容 C_{in}，所以当脉冲电压 u_p 的前沿到来时，C_{in}有充电过程，栅极电压 U_{GS}呈指数曲线上升，如图 3-4b 所示。当 U_{GS}上升到开启电压 U_T 时，开始出现漏极电流 i_D。从 u_p 的前沿到 i_D 出现这段时间称为开通延迟时间 $t_{d(on)}$。此后，i_D 随 u_{GS}的增大而上升。u_{GS}从 U_T 上升到使 i_D 达到稳定值所用的时间称为上升时间 t_r，MOSFET 的开通时间 t_{on}为开通延迟时间 $t_{d(on)}$与上升时间 t_r 之和，即

$$t_{on} = t_{d(on)} + t_r \tag{3-2}$$

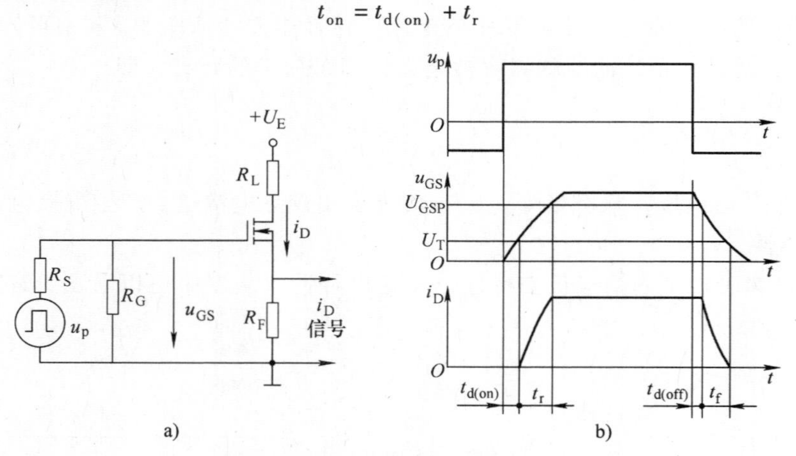

图 3-4　功率 MOSFET 的开关过程

a）功率 MOSFET 开关特性的测试电路　b）驱动电压与漏极电流波形

当脉冲电压 u_p 下降到零时，栅极输入电容 C_{in}通过信号源内阻 R_S 和栅极电阻 R_G（$\geqslant R_S$）开始放电，栅极电压 u_{GS}按指数曲线下降，当下降到 U_{GSP}时，漏极电流 i_D 才开始减小，这段时间称为关断延迟时间 $t_{d(off)}$。此后，C_{in}继续放电，u_{GS}从 U_{GSP}继续下降，i_D 减小，到 u_{GS}小于 U_T 时沟道消失，i_D 下降到零，这段时间称为下降时间 t_f。关断延迟时间 $t_{d(off)}$和下降时间 t_f 之和为关断时间 t_{off}，即：

$$t_{off} = t_{d(off)} + t_f \tag{3-3}$$

从上面的分析可以看出，MOSFET 的开关速度和其输入电容的充放电有很大关系。使用者虽然无法降低其 C_{in}值，但可以降低栅极驱动回路信号源内阻 R_S 的值，从而减小栅极回路

的充放电时间常数，加快开关速度。MOSFET 的工作频率可达 100kHz 以上。

MOSFET 是场控型器件，在静态时几乎不需要输入电流。但是在开关过程中需要对输入电容充放电，仍需要一定的驱动功率。开关频率越高，所需的驱动功率越大。

3.1.3 功率 MOSFET 的主要参数

除前面介绍的跨导 G_{fs}、开启电压 U_T 外，功率 MOSFET 的主要参数还有：

1）漏源击穿电压 $U_{(BR)DS}$：决定功率 MOSFET 的最高工作电压。它是为了避免管子进入雪崩击穿区而设的极限参数。该值随温度的升高而增大。

2）$r_{DS(ON)}$：通常规定在确定的栅极电压 U_{GS}下，功率 MOSFET 由可调电阻区进入饱和区时的直流电阻为通态电阻。它是影响最大输出功率的重要参数。在开关电路中，它决定了信号输出幅度和自身损耗，还直接影响器件的通态压降。器件的电压越高其值越大。

3）I_{DM}：功率 MOSFET 电流定额参数。表征了功率 MOSFET 的电流容量，其大小主要受器件沟道宽度的限制。

4）$U_{(BR)GS}$：栅源之间的绝缘层很薄，超过 20V 将导致绝缘层击穿。一般规定最大栅源击穿电压 $U_{(BR)GS}$极限值为 20V。

5）P_{DS}：标定了功率 MOSFET 可以消散的最大功耗，与最大结温和管壳温度为 25℃ 时的热阻有关。

漏源间的耐压、漏极最大允许电流和最大耗散功率决定了功率 MOSFET 的安全工作区。功率 MOSFET 一般不存在二次击穿问题，但使用时仍须留有一定裕量。

3.1.4 功率 MOSFET 的驱动

1. 对栅极驱动电路的要求

1）能向栅极提供需要的栅压，以保证可靠开通和关断 MOSFET。

2）能减小驱动电路的输出电阻，以提高栅极充放电速度，从而提高 MOSFET 的开关速度。

3）主电路与控制电路需要电气隔离。

4）应具有较强的抗干扰能力，这是由于 MOSFET 通常工作频率高、输入电阻大、易被干扰的缘故。

理想的栅极控制电压波形如图 3-5 所示。提高正栅压上升率可缩短开通时间，但也不宜过高，以免 MOSFET 开通瞬间承受过高的电流冲击。关断时施加一定幅值的负驱动电压有利于减小关断时间和关断损耗。正负栅压幅值应小于所规定的允许值，一般为 15V 和 -10V。

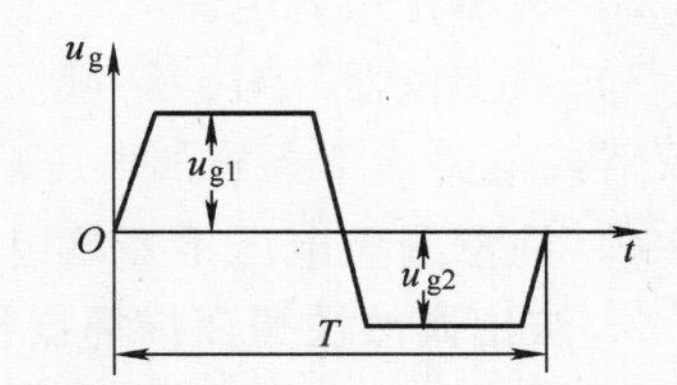

图 3-5 理想的栅极控制电压波形

2. 栅极驱动电路举例

图 3-6 是功率 MOSFET 的一种驱动电路，它由隔离电路与放大电路两部分组成。隔离电路的作用是将控制电路和功率电路隔离开来；放大器是将控制信号进行功率放大后驱动功率 MOSFET；推挽输出级的目的是进行功率放大和降低驱动源内阻，以减小功率 MOSFET 的开关时间和降低其开关损耗。

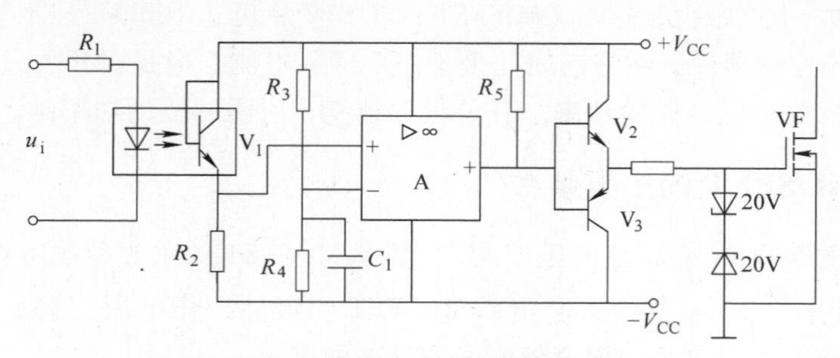

图 3-6　功率 MOSFET 的隔离驱动电路

驱动电路的工作原理是：当无控制信号输入（u_i =“0”）时，放大器 A 输出低电平，V_3 导通，输出负驱动电压，VF 关断；当有控制信号输入（u_i =“1”）时，放大器 A 输出高电平，V_2 导通，输出正驱动电压，VF 导通。

实际应用中，功率 MOSFET 多采用集成驱动电路，如日本三菱公司专为 MOSFET 设计的专用集成驱动电路 M57918L，其输入电流幅值为 16mA，输出最大脉冲电流为 2A 和 -3A，输出驱动电压为 15V 和 -10V。

3.1.5　功率 MOSFET 的保护

功率 MOSFET 的薄弱之处是栅极绝缘层易被击穿损坏。一般认为绝缘栅场效应晶体管易受各种静电感应而击穿栅极绝缘层，实际上这种损坏的可能性还与器件的体积大小有关，管芯尺寸大，栅极输入电容也大，受静电电荷充电而使栅源间电压超过 ±20V 而击穿的可能性相对小些。此外，栅极输入电容可能经受多次静电电荷充电，电荷积累使栅极电压超过 ±20V而击穿的可能性也是实际存在的。为此，在使用时必须注意采取若干保护措施。

1. 防止静电击穿

由于功率 MOSFET 具有极高的输入阻抗，因此在静电较强的场合难于泄放电荷，容易引起静电击穿。防止静电击穿应注意：

1）在测试和接入电路之前器件应存放在静电包装袋、导电材料或金属容器中，不能放在塑料盒或塑料袋中。取用时应拿管壳部分而不是引线部分。工作人员需通过腕带良好接地。

2）将器件接入电路时，工作台和电烙铁都必须良好接地。

3）在测试器件时，测量仪器和工作台都必须良好接地。器件的三个电极未全部接入测试仪器或电路前不要施加电压。改换测试范围时，电压和电流都必须先恢复到零。

4）注意栅极电压不要超过限定值。

2. 防止偶然性振荡损坏器件

功率 MOSFET 与测试仪器、接插盒等的输入电容、输入电阻匹配不当时可能出现偶然性振荡，造成器件损坏。因此在用图示仪等仪器测试时，在器件的栅极端子处外接 10kΩ 串联电阻，也可在栅源极之间外接大约 0.5μF 的电容器。

3. 防止过电压

首先是栅源间的过电压保护。如果栅源间的阻抗过高，则漏源间电压的突变会通过极间电容耦合到栅极而产生相当高的电压 U_{GS}，这一电压会引起栅极氧化层永久性损坏，如果是

正方向的 U_{GS} 瞬态电压还会导致器件的误导通。为此要适当降低栅极驱动电压的阻抗，在栅源之间并接阻尼电阻或并接约 20V 的稳压管。特别要防止栅极开路工作。

其次是漏源间的过电压保护。如果电路中有电感性负载，则当器件关断时，漏极电流的突变会产生比电源电压还高得多的漏极电压，导致器件的损坏。应采取稳压管钳位、二极管-RC钳位或 RC 抑制电路等保护措施。

4. 防止过电流

若干负载的接入或切除都可能产生很高的冲击电流，以致超过电流极限值，此时必须用控制电路使器件回路迅速断开。

5. 消除寄生晶体管和二极管的影响

由于功率 MOSFET 内部构成寄生晶体管和二极管，通常若短接该寄生晶体管的基极和发射极就会造成二次击穿。另外寄生二极管的恢复时间为 150ns，而当耐压为 450V 时恢复时间为 500～1000ns。因此，在桥式开关电路中功率 MOSFET 应外接快速恢复的并联二极管，以免发生桥臂直通短路故障。

3.2　基本直流斩波电路

基本的直流斩波电路有降压（Buck）斩波电路、升压（Boost）斩波电路、升—降压（Buck-Boost）斩波电路、Cuk 斩波电路、Sepic 斩波电路和 Zeta 斩波电路 6 种基本形式；其中以前三种最为常见。

在分析直流斩波电路时，通常对电路作以下假设：

1）电路中的电感和电容均为无损耗的理想储能元件。

2）认为电力电子开关器件和与之配合的二极管都是理想的，即导通时压降为 0、阻断时漏电流为 0、开关过程瞬间完成。

3）滤波电路的电磁时间常数远大于电子开关的工作周期，认为负载电压在一个开关周期中为常数。

3.2.1　直流斩波电路的基本工作原理

图 3-7a 所示电路为基本直流斩波电路原理图。实现斩波的关键在于对斩波开关 S 的通断控制，通过控制开关器件的通断时间比就可以在输出端得到不同的直流电，如图 3-7b 所示。

设开关器件 S 的导通时间为 t_{on}，周期为 T，定义斩波电路工作的占空比 $D=\frac{t_{on}}{T}$，则输出电压的平均值为

$$U_o=\frac{t_{on}}{T}U_d=DU_d \qquad (3\text{-}4)$$

输出电压的有效值为

$$U_o=\sqrt{\frac{t_{on}}{T}}U_d=\sqrt{D}U_d \qquad (3\text{-}5)$$

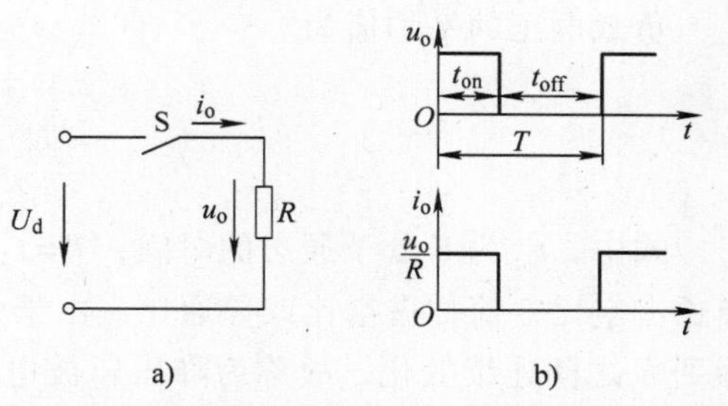

图 3-7　直流斩波电路的工作原理图及波形
a）工作原理图　b）波形

从式（3-4）可以看出，当占空比从0～1变化时，所对应的输出电压平均值从0～U_d变化，因此改变占空比D就可以实现对输出电压的调节。

3.2.2 降压型斩波电路

1. 电路结构

降压斩波电路也称为Buck变换器，正如名字所定义的，降压斩波电路的输出电压U_o低于输入电压E。降压斩波电路的典型用途是拖动直流电动机，也可带蓄电池负载，两种情况下负载中均会出现反电动势，如图3-8a中的E_M所示。在图示电路中，其斩波器件S是全控器件，续流二极管VD是为在S关断时给负载中的电感电流提供通道。负载是串有大电感L的直流电动机M。

2. 工作原理及工作波形

当斩波器件S导通时，E向负载供电，负载电压$u_o=E$，由于大电感L的储能作用，负载电流i_o按指数曲线上升，此时续流二极管VD承受反向电压不导通；而斩波器件S关断时，大电感L的储能使负载电流i_o经VD续流，负载电压$u_o=0$，负载电流i_o呈指数曲线下降。为了使负载电流连续且脉动小，通常串接L值较大的电感。

至一个周期T结束，再驱动斩波器件S导通，重复上一周期的过程。当电路工作于稳态时，负载电流在一个周期的初值和终值相等，如图3-8b所示。

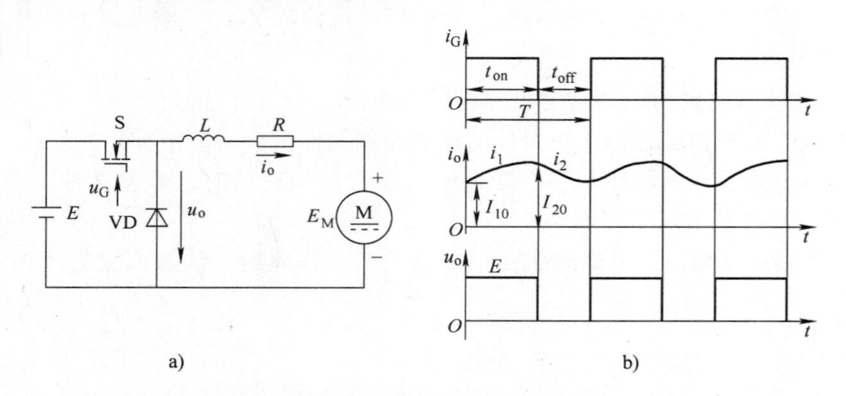

图3-8 降压式直流斩波电路的电路原理图及工作波形

a）电路原理图 b）工作波形

3. 基本数量关系

负载电压的平均值为

$$U_o=\frac{t_{on}}{T}E=DE \tag{3-6}$$

式中，t_{on}为S处于通态的时间；$T=t_{on}+t_{off}$为开关周期；t_{off}为S处于断态的时间；D为导通占空比，简称占空比或导通比。由于$t_{on}<T$，所以$U_o<E$。改变通断比，就可使U_d从零到E之间连续变化，故称为降压斩波电路。降压斩波器的输出电压平均值与输入电压之比刚好等于斩波开关的导通时间与斩波周期之比。改变占空比D就可以控制斩波器的输出电压和电流的平均值。在负载电流连续且可略去电流纹波影响时，此斩波电路有类似于变压

器的规律：电压与电流成反比，其导通比 D 则类似于变压器的匝比 k。只要调节 D，即可调节负载的平均电压。

在稳态情况下，电感两端电压波形是周期性变化的。电感两端电压在一个周期内对时间的积分为零，所以负载电流平均值为

$$I_o = \frac{U_o - E_M}{R} \tag{3-7}$$

如果 L 值较小，则在 S 关断后至再次导通前，可能会出现负载电流衰减到零，即负载电流断续的情况。一般不希望出现电流断续的情况。

3.2.3 升压型斩波电路

输出电压的平均值高于输入电压的变换电路称为升压斩波电路，又叫 Boost 电路。它可用于直流稳压电源和直流电动机的再生制动。升压斩波电路的基本形式如图 3-9a 所示。图中 S 为全控型电力器件组成的开关，VD 是快恢复二极管。在理想条件下，当电感 L 中的电流 i_L 连续时，电路的工作波形如图 3-9b 所示。

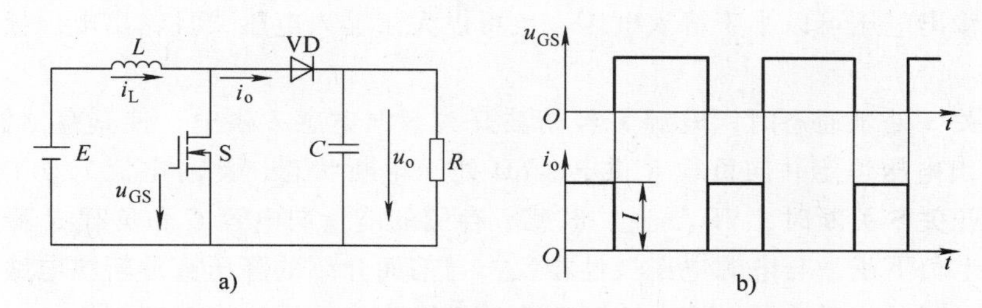

图 3-9 升压斩波电路原理图及波形
a）电路原理图 b）波形

当斩波器件 S 导通时，电感电流 i_L 增大，电感 L 储能增加。升压二极管 VD 承受反向电压而截止。电源 E 向电感 L 充电，充电电流基本恒定为 I_1，同时电容 C 上的电压向负载 R 供电，因 C 的值很大，保持输出电压 u_o 为恒值，记为 U_o。设 S 处于通态的时间为 t_{on}，此阶段电感 L 上积蓄的能量为

$$Q_1 = EI_1 t_{on} \tag{3-8}$$

斩波器件 S 处于断态时，电感电流 i_1 下降，电感 L 的感应电动势改变极性，与电源电动势 E 叠加，强迫升压二极管 VD 导通，E 和 L 共同向电容 C 充电，并向负载 R 提供能量。设处于断态的时间为 t_{off}，则此期间电感 L 释放的能量为

$$Q_2 = (U_o - E)I_1 t_{off} \tag{3-9}$$

稳态时，一个工作周期 T 中电感 L 积蓄的能量与释放的能量相等，即 $Q_1 = Q_2$，由式（3-8）和式（3-9）推导可得

$$U_o = \frac{t_{on} + t_{off}}{t_{off}}E = \frac{T}{T - t_{on}}E = \frac{1}{1 - D}E \tag{3-10}$$

由式（3-10）可知：调节占空比 D 的大小，即可改变输出电压 U_o 的大小。

升压斩波电路之所以能使输出电压高于电源电压，关键有两个原因：一是电感 L 储能之后具有使电压泵升的作用，二是电容 C 可将输出电压保持住。Boost 直流斩波电路的效率很

高，一般可达92%以上。

3.2.4 升—降压型斩波电路

升降压型直流斩波电路是由降压式和升压式两种基本斩波电路混合串联而成的，也称为Buck-Boost电路，它主要用于可调直流电源。

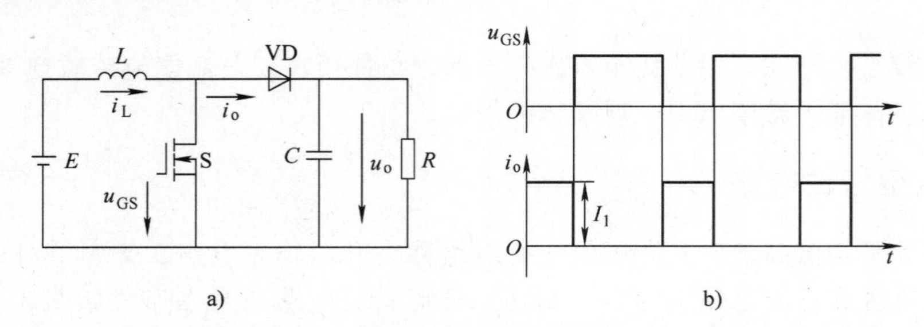

图3-10 升—降压型直流斩波电路原理图及其工作波形

a）电路原理图 b） 工作波形

此电路的输出电压可以小于输入电压，也可以大于输入电压，且输出电压极性与输入电压的相反。

当斩波开关S处于通态时，电源E经斩波开关S向电感L供电，使其存储能量，同时，电容C维持输出电压恒定并向负载R供电。VD处于阻断状态，此时电流i_1方向如图3-10a所示。当斩波开关S关断时，VD导通，电感L存储的能量向电容C和负载R释放。可见负载电压极性为上负下正，与电源电压极性相反，与前面介绍的降压直流斩波电路和升压直流斩波电路的情况正好相反，所以该电路又称为反极性直流电压变换电路。

稳态时，一个周期T内电感L两端电压u_L对时间的积分为零，即

$$\int_0^T u_L \mathrm{d}t = 0 \tag{3-11}$$

这表示：当S处于通态期间时，$u_L = E$；而当S处于断态期间时，$u_L = -U_o$。如果S、VD是没有损耗的理想开关，则

$$Et_{on} = U_o t_{off} \tag{3-12}$$

所以输出电压为

$$U_o = \frac{t_{on}}{t_{off}}E = \frac{t_{on}}{T - t_{on}}E = \frac{D}{1 - D}E \tag{3-13}$$

改变占空比D，输出电压既可以比电源电压高，也可以比电源电压低。当$0 < D < 1/2$时为降压 ，当$1/2 < D < 1$时为升压。此电路的输出功率与输入功率相等，可将其看做直流变压器。

3.3 隔离型直流斩波电路

带隔离变压器的直流斩波电路是在基本的直流斩波电路中插入了隔离变压器，使电源和负载之间有电气隔离，提高变换电路运行的安全可靠性和电磁兼容性，适当的电压比还可以使电源电压与负载电压匹配。

带隔离变压器的直流斩波电路可分为单端电路和双端电路两大类。单端变换电路中，变压器磁通只在一个方向上变化，包括正激电路和反激电路；双端变换电路中，变压器磁通作正反方向变化，包括半桥电路、全桥电路和推挽电路。

3.3.1 正激电路

正激电路包含多种不同结构，典型的单开关正激电路原理图及其理想化波形如图 3-11 所示。

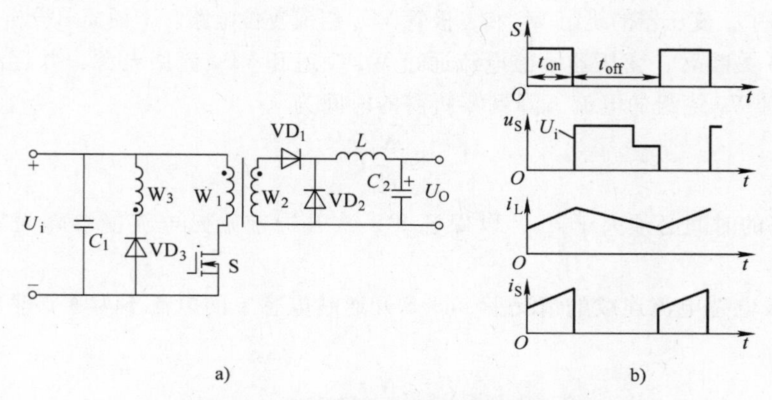

图 3-11 正激电路原理图及理想化波形

a）电路原理图 b）理想化波形

正激电路的工作过程：斩波开关 S 开通后，变压器绕组 W_1 两端的电压为上正下负，与其耦合的绕组 W_2 两端的电压也是上正下负，因此 VD_1 处于通态，VD_2 为断态，电感上的电流逐渐增长；S 关断后，电感 L 通过 VD_2 续流，VD_1 关断，L 的电流逐渐下降。S 关断后变压器的励磁电流经绕组 W_3 和 VD_3 流回电源，所以 S 关断后承受的电压为

$$u_S = \left(1 + \frac{N_1}{N_3}\right) U_i \tag{3-14}$$

式中 N_1——变压器绕组 W_1 的匝数；

N_3——变压器绕组 W_3 的匝数。

变压器中各物理量的变化过程如图 3-12 所示。

斩波开关 S 开通后，变压器的励磁电流 i_m 由零开始，随着时间的增加而线性地增长，

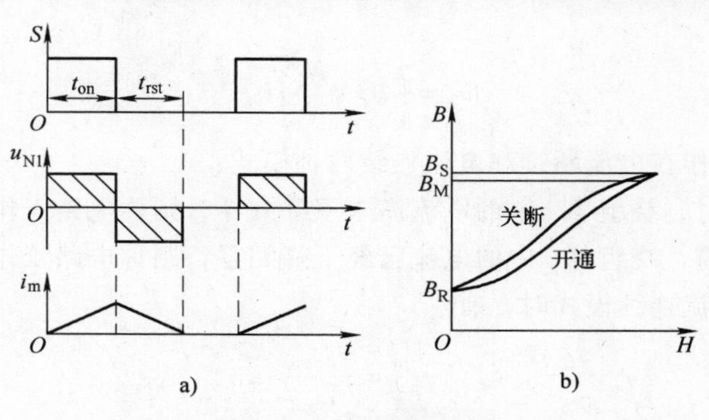

图 3-12 磁心复位过程

直到S关断，变压器磁心中的磁感应强度由 B_R 沿磁化曲线上升到 B_M。S关断后到下一次再开通的一段时间内，必须设法使励磁电流降回零，变压器磁心中的磁感应强度应该由 B_M 沿退磁曲线下降到剩磁感应强度 B_R，否则下一个开关周期中，励磁电流将在本周期结束时剩余值的基础上继续增加，并在以后的开关周期中依次累积起来，变得越来越大，从而导致变压器磁心中的磁感应强度达到饱和磁感应强度 B_S，变压器的励磁电感饱和。励磁电感饱和后，励磁电流会更加迅速地增长，最终损坏电路中的开关器件。因此在S关断后使励磁电流降回零是非常重要的，这一过程称为变压器的磁心复位。

在正激电路中，变压器的绕组 W_3 和二极管 VD_3 组成复位电路。下面简单分析其工作原理。

斩波开关S关断后，变压器励磁电流通过 W_3 绕组和 VD_3 流回电源，并逐渐线性下降为零。从S关断到 W_3 绕组的电流下降到零所需的时间为

$$t_{rst} = \frac{N_3}{N_1}t_{on} \tag{3-15}$$

S处于断态的时间必须大于 t_{rst}，以保证S下次开通前励磁电流能够降为零，使变压器磁心可靠复位。

在输出滤波电感电流连续的情况下，即S开通时电感 L 的电流不为零，输出电压与输入电压的比为

$$\frac{U_o}{U_i} = \frac{N_2}{N_1}\frac{t_{on}}{T} \tag{3-16}$$

如果输出电感电流不连续，输出电压 U_o 将高于式（3-16）的计算值，并随负载减小而升高，在负载为零的极限情况下，有

$$U_o = \frac{N_2}{N_1}U_i \tag{3-17}$$

3.3.2 反激电路

反激电路原理图及其理想化波形如图3-13所示。

与正激电路不同，反激电路中的变压器起着储能元件的作用，可以看做是一对相互耦合的电感。

斩波开关S开通后，VD处于断态，绕组 W_1 的电流线性增长，电感储能增加；S关断后，绕组 W_1 的电流被切断，变压器中的磁场能量通过绕组 W_2 和VD向输出端释放。S关断后承受的电压为

$$u_S = \left(U_i + \frac{N_1}{N_2}\right)U_o \tag{3-18}$$

反激电路可以工作在电流断续和电流连续两种模式：

1）如果S开通时，绕组 W_2 中的电流尚未下降到零，则称电路工作于电流连续模式。

2）如果S开通前，绕组 W_2 中的电流已经下降到零，则称电路工作于电流断续模式。

当电路工作于电流连续模式时，有

$$\frac{U_o}{U_i} = \frac{N_2}{N_1}\frac{t_{on}}{t_{off}} \tag{3-19}$$

当电路工作在断续模式时，输出电压高于式（3-19）的计算值，并随负载减小而升高，

在负载电流为零的极限情况下，$U_o \to \infty$，这将损坏电路中的器件，因此反激电路不应工作于负载开路状态。

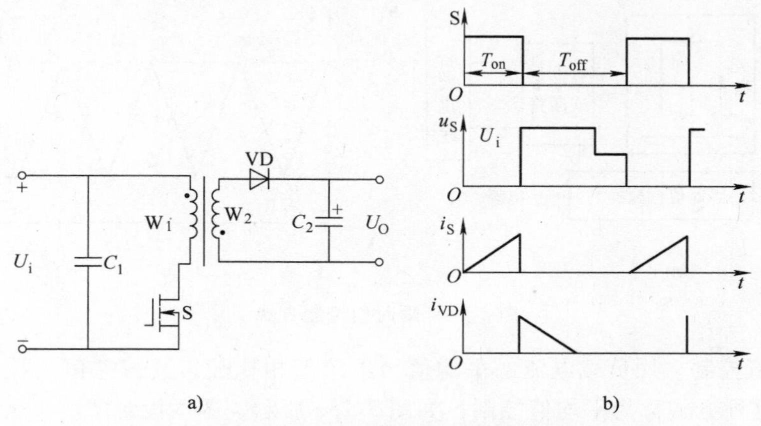

图 3-13　反激电路原理图及理想化波形

a）电路原理图　b）理想化波形

3.4　直流斩波电路的控制

3.4.1　直流斩波电路的控制方式

直流斩波电路中通过改变占空比 D 就可以实现对输出电压的调节，而占空比 D 的调节可以通过改变开关器件 S 导通时间 t_{on} 或者工作周期 T 来实现。

1. 时间比控制方式

（1）定频调宽　定频调宽又称为脉冲宽度调制（PWM），即保持斩波频率 $f(T=1/f)$ 不变，工作周期 T 恒定，通过改变斩波开关的导通时间（脉冲宽度 τ）来改变输出电压的控制方式。

（2）定宽调频　亦称为脉冲频率调制（PFM），即导通时间 t_{on} 保持不变，仅通过改变斩波频率 f 来改变负载电压的控制方式。

（3）调频调宽　即同时改变斩波频率 f 和导通时间 t_{on} 的控制方式。这时斩波电路的输出电压平均值可以在较宽的范围内变化。

显然，在这三种类型的控制方式中，改变脉冲宽度来改变斩波电路输出电压的控制方式在电路实现上较简单。所以，定频调宽（PWM）是应用最为广泛的一种。

2. 恒流控制方式

采用直流斩波电路进行调速的车辆在加速时，为使其加速度恒定，需要进行恒流控制。而在进行恒流控制时，可采用瞬时值或平均值控制方法。

（1）瞬时值控制　电流瞬时值与预先设定的直流电流上限值 I_{max} 和下限值 I_{min} 相比较，如果电流的瞬时值小于直流电流的下限值，控制斩波电路开通；如果电流的瞬时值大于直流电流的上限值，控制斩波电路关断，如图 3-14b 所示。这种以电流瞬时值来实现控制的方式称为瞬时值控制，其控制原理如图 3-14a 所示。这种控制方式瞬时响应速度快，因此需要采用开关频率高的全控型器件作为开关器件。

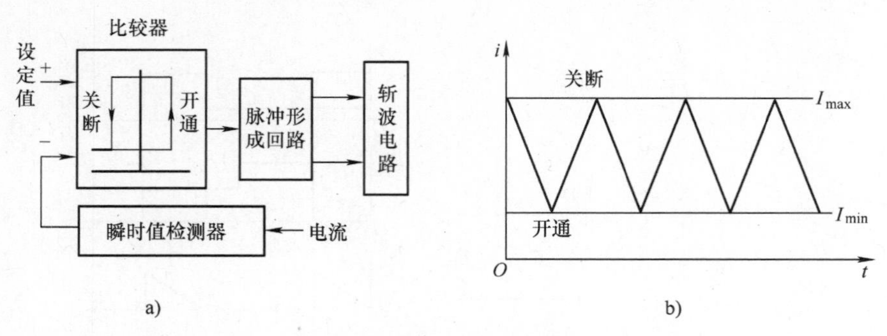

图 3-14　瞬时值控制方式

（2）平均值控制　用负载电流的平均值与给定值相比较，其偏差值去控制开关器件的开通与关断，这种方式称为平均值控制，如图 3-15a 所示。图中设置了产生斩波电路固定工作频率的振荡器和控制占空比 D 的移相器，其控制波形如图 3-15b 所示。对于恒流控制，一般采用平均值控制方式，因为这种控制方式工作频率稳定，但瞬时响应稍差。

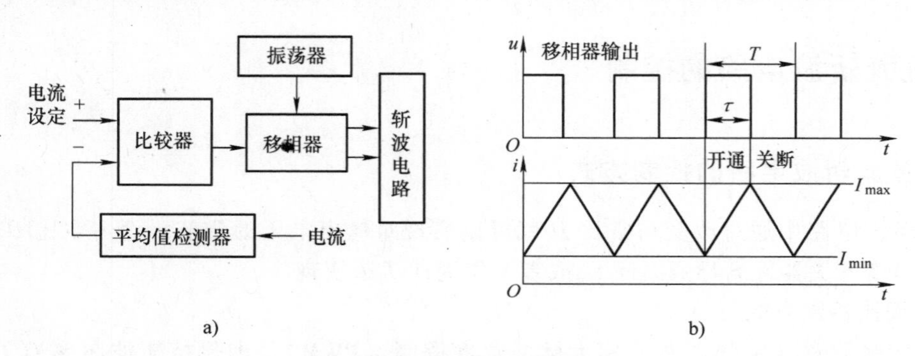

图 3-15　平均值控制方式

3.4.2　PWM 控制器的原理

直流斩波电路采用 PWM 控制方式时，PWM 的驱动信号一般都采用锯齿波或三角波与脉宽控制信号 U_{ct}比较的方法产生，其原理如图 3-16a 所示。在锯齿波或三角波大于或小于 U_{ct}时，产生输出脉冲信号，调节 U_{ct}大小可以调节脉冲宽度，如图 3-16b 所示。锯齿波或三角波称为载波，脉宽控制信号 U_{ct}称为调制波或控制波。图中载波（锯齿波）没有出现负值，是单极性的，称为单极性调制。如果锯齿波有正负值，控制信号 U_{ct}可以是正负值，这

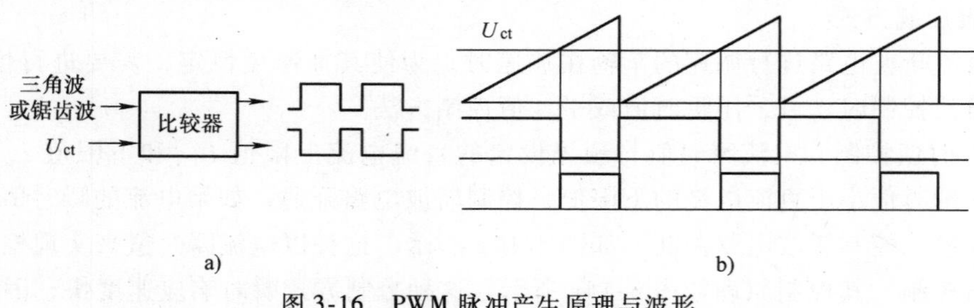

图 3-16　PWM 脉冲产生原理与波形

称为双极性调制。

3.4.3 PWM 控制器集成芯片介绍

直流斩波电路的控制已有多种集成芯片，如 SG3525、UC3843A、TL494、MC34060、可编程 UC1840 等。下面对 UC3843A 进行简要介绍。

UC3843A 是专为低压应用而设计的高性能固定频率电流模式控制器，其低压锁定门限为 8.5 V（通）和 7.6V（断），适用于低压小功率电源的控制。芯片内部含有振荡器、误差放大器、电流取样比较器和带锁存的脉宽调制器、参考电压等电路。此芯片还具有低电压启动及工作电流较低的特点，自动前馈补偿；电流模式工作频率高达 500kHz；图腾柱式输出电路的输出峰值电流可达 1A，可直接驱动功率开关管等特点。UC3843A 内部电路结构框图如图 3-17 所示。

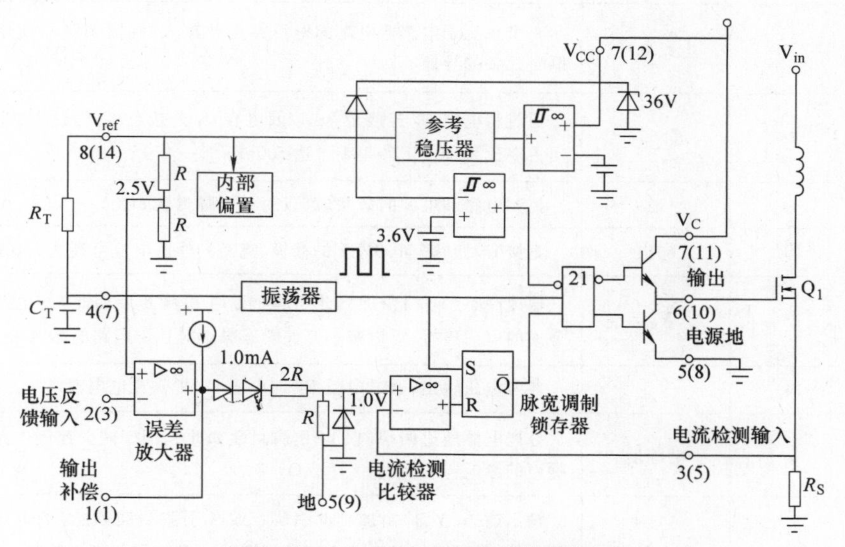

图 3-17 UC3843A 内部电路结构框图

（1）振荡器 振荡器频率由定时元件 R_T 和 C_T 选择值决定。电容 C_T 由 5V 的参考电压通过电阻 R_T充电，充至约 2.8V，再由内部的电路放至 1.2V。振荡频率约为 $f=1.8\times10^3/(R_TC_T)$ kHz。在 C_T 放电期间，振荡器产生一个内部消隐脉冲保持“或非”门的中间输入为高电平，这导致输出为低电平，从而产生了一个数值可控的输出静区时间。

（2）误差放大器 UC3843A 提供一个可访问反相输入和输出的全补偿误差放大器。同相输入在内部偏置于 2.5V，没有用引脚引出。典型情况下变换器输出电压通过一个电阻分压器分压，并由反相输入。误差比较器的输出端与反相输入端接成 PI 补偿网络。

（3）电流取样比较器和脉宽调制锁存器 UC3843A 作为电流模式控制器工作，输出开关导通由振荡器起振开始，当电感峰值电流达到误差放大器输出/补偿（引脚 1）建立的门限电平时终止。这样在每个周期误差信号的基础上控制电感峰值电流。所用的电流取样比较器和脉宽调制锁存器确保在任何给定的振荡周期内，仅有一个脉冲出现在输出端。电感电流是通过一个与功率开关 Q_1 串联的以地为参考的取样电阻 R_S 来转换为电压信号，此电压信号由电流取样输入（引脚 3）监视并与来自误差放大器的输出信号相比较，从而控制 PWM

序列的占空比，达到稳定电路输出的目的。

（4）参考电压　5.0V 带隙参考电压主要是为振荡器定时电容提供充电电流。参考电压部分具有短路保护功能，并能向附加控制电路提供 20mA 电流的供电。

UC3843A 有 8 脚双列直插塑料封装（DIP-8）和 14 脚塑料表面贴装封装（SO-14）。SO-14 封装的图腾柱式输出级有单独的电源和接地引脚。各引脚功能见表 3-1。

表 3-1　UC3843A 引脚功能

封装		功能	说　明
DIP-8	SO-14		
1	1	补偿	误差放大器输出，并可用于环路补偿
2	3	电压反馈	误差放大器反相输入端，通常通过一个电阻分压器连至开关电源输出
3	5	电流取样	一个正比于电感器电流的电压接至此输入，脉宽调制器使用此信息中止输出开关的导通
4	7	R_T/C_T	通过将电阻 R_T 连接至 V_{ref} 以及电容 C_T 连接至地，使振荡器频率和最大输出占空比可调。工作频率可达 500kHz
5	—	地	控制电路和电源的公共地（仅对 8 引脚封装如此）
6	10	输出	直接驱动功率 MOSFET 的栅极，流经的峰值电流可高达 1.0A
7	12	V_{CC}	输出高态（V_{OH}）由加到此引脚（仅 14 引脚封装如此）的电压设定。通过分离的电源连接，可以减小开关瞬态噪声对控制电路的影响
8	14	V_{ref}	参考电压输出，通过电阻 R_T 向电容 C_T 提供充电电流
9	8	电源地	分离电源地返回端（仅 14 引脚封装如此），用于减少控制电路中开关瞬态噪声的影响
10	11	V_C	输出高态（V_{OH}）由加到此引脚（仅 14 引脚封装如此）的电压设定。通过分离的电源连接，可以减小开关瞬态噪声对控制电路的影响
11	9	地	控制电路地返回端（仅 14 引脚封装如此），并被连回到电源地
12	2,4,6,13	空脚	无连接（仅 14 引脚封装如此）。这些引脚没有内部连接

3.5　太阳能光伏电源

太阳能的利用主要有光热利用、光化学转换利用和光伏发电利用三种形式。光伏发电利用以电能作为最终表现形式，具有传输极其方便的特点，在通用性、可存储性等方面具有较大优势。由于太阳电池转换效率的不断提高、生产成本的不断下降，促使太阳能光伏发电在能源、环境和人类社会未来发展中占据重要地位。根据应用场合、规模及组成等，太阳能光伏发电系统可分为独立电源系统、互补发电系统和并网发电系统。

太阳能光伏电源是应用电力电子技术将太阳电池发出的不能直接使用的直流电能转换成稳定的直流或交流电能供负载使用的装置。此系统通常由太阳电池方阵、控制器、蓄电池组、逆变器等部分组成，如图 3-18 所示。

3.5.1 太阳电池方阵

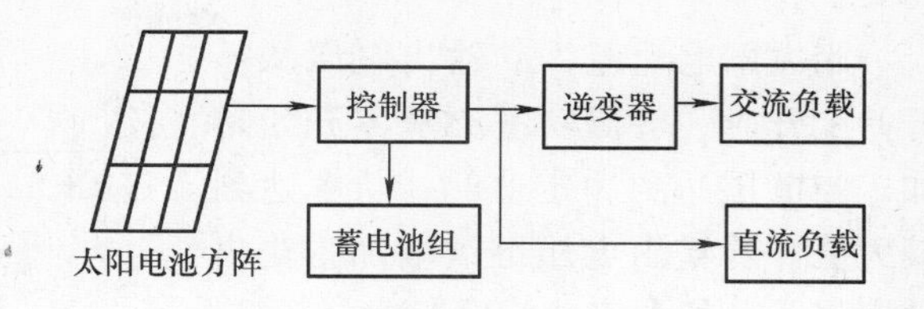

图 3-18 太阳电池发电系统示意图

1. 太阳电池

太阳电池单体是光电转换的最小单元，尺寸一般为 4 ~ 100cm^2 不等。太阳电池单体的工作电压约为 0.5V，工作电流为 20 ~ 25mA/cm^2，一般不能单独作为电源使用。将太阳电池单体进行串并联封装后，就成为太阳电池组件，其功率一般为几瓦至几十瓦，是可以单独作为电源使用的最小单元。太阳电池组件再经过串并联组合安装在支架上，就构成了太阳电池方阵，如图 3-19 所示。

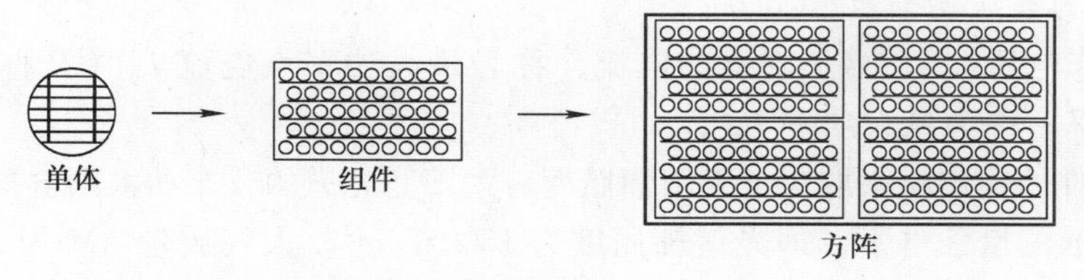

图 3-19 太阳电池单体、组件和方阵

常用的太阳电池主要是硅太阳电池，其外形结构如图 3-20 所示。硅太阳电池由一个晶体硅片组成，在晶体硅片的上表面紧密排列着金属栅线，下表面是金属层。硅片本身是 P 型硅，表面扩散层是 N 区，在这两个区的连接处就是所谓的 PN 结。PN 结处存在由 N 区指向 P 区的势垒电场。太阳电池的顶部被一层抗反射膜所覆盖，以便减少太阳能的反射损失。

太阳电池的工作原理如下：太阳光由光子组成，而光子是包含有一定能量的微粒，能量的大小由光的波长决定。光被晶体硅吸收后，在 PN 结中产生一对正负电荷，由于 PN 结势垒电场的作用，正负电荷被分离，因而在 PN 结两侧形成了与势垒电场方向相反的光生电动势，这就是所谓的“光生伏打效应”。接上负载后将有电流流过该负载，于是太阳电池就产生了电流；太阳电池吸收的光子越多，产生的电流也就越大。

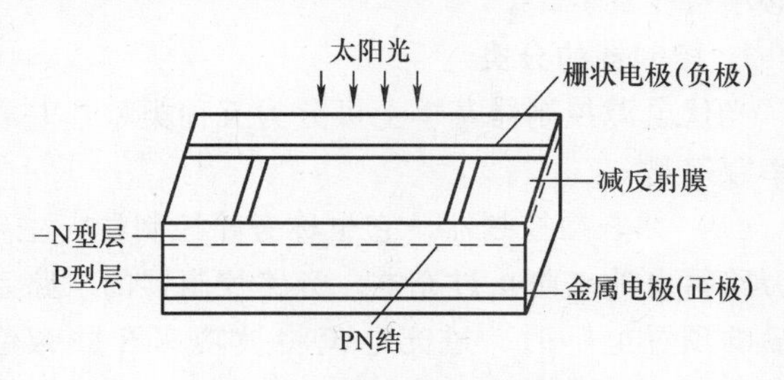

图 3-20 硅太阳电池外形结构

目前有三种已商品化的硅太阳电池：单晶硅太阳电池，光电转换效率为 13% ~ 15%；多晶硅太阳电池，光电转换效率为 11% ~ 13%；非晶硅太阳电池，光电转换效率为 5% ~ 8%。

2. 太阳电池的特性

太阳电池的特性是指在某一确定的日照强度和温度下，太阳电池的输出电压和输出电流之间的关系，也称为 U- I 特性曲线。实际应用中一般是指太阳电池组件的特性，如图 3-21 所示。如果太阳电池组件输出短路即 $U=0$ 时，输出电流称为短路电流 I_{sc}；如果输出开路即 $I=0$，输出电压称为开路电压 U_{oc}。太阳电池组件的输出功率等于流经该组件的电流与电压的乘积，即 $P=UI$ 。

当太阳电池组件的输出电压从零开始上升时，输出功率亦从零开始增加；当电压达到一定值时，功率达到最大值；若输出电压继续增加，输出功率将跃过最大值，并逐渐减少至零，此时的输出电压即为开路电压 U_{oc}。由此可见，太阳电池的内阻呈现出强烈的非线性。组件的输出功率达到最大值的点，称为最大功率点；该点所对应的电压，称为最大功率点电压 U_m（又称为最大工作电压）；该点所对应的电流，称为最大功率点电流 I_m（又称为最大工作电流）；该点的功率，称为最大功率 P_m。

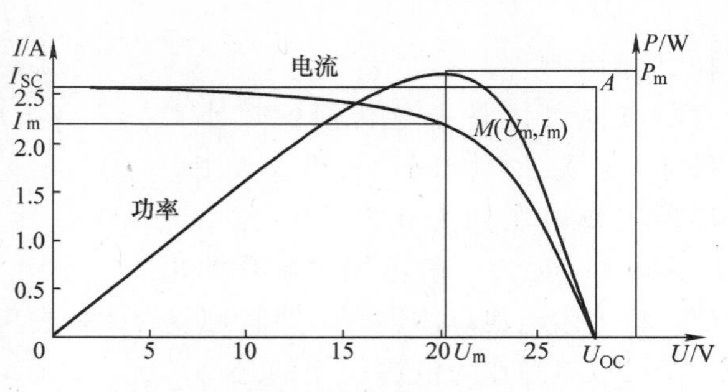

图 3-21　太阳电池的电流—电压特性曲线

太阳电池组件的输出功率取决于太阳辐照度、太阳能光谱的分布和太阳电池的温度等诸多因素，因此在标准测量条件下，即光谱辐照度为 1000W/m^2、大气质量 AM 为 1.5、太阳电池温度为 25℃时，太阳电池组件所输出的最大功率称为峰值功率，表示为 *W*p（peak watt）。

3.5.2　太阳能光伏电源控制器

控制器是能自动防止蓄电池组过充电和过放电并具有简单测量功能的电子设备。由于蓄电池组被过充电或过放电后将严重影响其性能和寿命，充放电控制器在光伏发电系统中一般是必不可少的。

1. 控制器的分类

光伏电源控制器基本上可分为五种类型：并联型、串联型、脉宽调制型、智能型和最大功率跟踪型。

（1）并联型控制器　它也称旁路控制器，主要用于小型光伏系统。当蓄电池充满时，通过旁路蓄电池来防止过充电。旁路控制器的电路系统监控蓄电池电压，当达到标志着蓄电池充满的预置电平时，过充电流将被功率开关旁路到电阻器，将多余的功率转变为热量消耗掉。

（2）串联型控制器　当蓄电池电压达到被称为充电终止点的预置电压值时，串联型控制器通过开关切断电流，防止蓄电池过充。当蓄电池达到充电恢复调整点低端预置电平时，控制器将太阳电池方阵和蓄电池接通继续充电。

（3）脉宽调制型控制器　它以“斩波”方式工作，对蓄电池以脉冲电流充电。脉宽调制型控制器的核心部件是一个受充电电压调制的“充电脉冲发生器”。开始充电时，脉宽调制型控制器以宽脉冲充电，随着充电电压的上升，充电脉冲宽度逐渐变窄，平均充电电流减小。当充电电压达到预置电平时，充电脉冲宽度变为零，充电终止。这种控制方式能形成较完整的充电过程，可延长光伏系统中蓄电池的总循环寿命。

（4）智能型控制器　它采用单片机对光伏电源系统的运行参数进行高速实时采集，并按照一定的控制规律由软件程序对单路或多路太阳电池方阵进行切离/接通控制。对中、大型光伏电源系统，还可通过单片机的 RS-232 接口与上位的控制计算机通信，实现远距离控制。

（5）最大功率跟踪型控制器　将太阳电池的电压 U 和电流 I 检测后相乘得到功率 P，然后判断太阳电池此时的输出功率是否达到最大，若不在最大功率点，则调整脉宽，以改变充电电流，之后再次进行实时充电电流采样，并根据采样结果判断占空比调整方向（增大或减小）。通过这样的寻优过程来保证太阳电池始终工作在最大功率点，以充分利用太阳电池方阵的输出能量。同时采用 PWM 调制方式，使充电电流成为脉冲电流，以减少蓄电池的极化，提高充电效率。

2. 检测控制电路

为防止蓄电池过充电和过放电，需要对蓄电池的电压进行检测，并根据检测的结果来进行充放电的控制。检测控制电路包括过电压检测控制和欠电压检测控制两部分。

检测控制电路通常由带回差控制的运算放大器组成，如图 3-22 所示。A_1 为过电压检测控制电路，A_1 的同相输入端由 RP_1 提供对应“过电压切离”的基准电压，而反相输入端接被测蓄电池。当蓄电池电压大于“过电压切离”电压时，A_1 输出端 G_1 为低电平，关断充电回路开关器件，切断充电回路，起到过电压保护作用。当过电压保护后蓄电池电压又下降至小于“过电压恢复电压”时，A_1 的反相输入电位小于同相输入电位，则其输出端 G_1 由低电平跳变至高电平，开关器件由关断变为导通，重新接通充电回路。“过电压切离门限”和“过电压恢复门限”由 RP_1 和 R_1 配合调整。

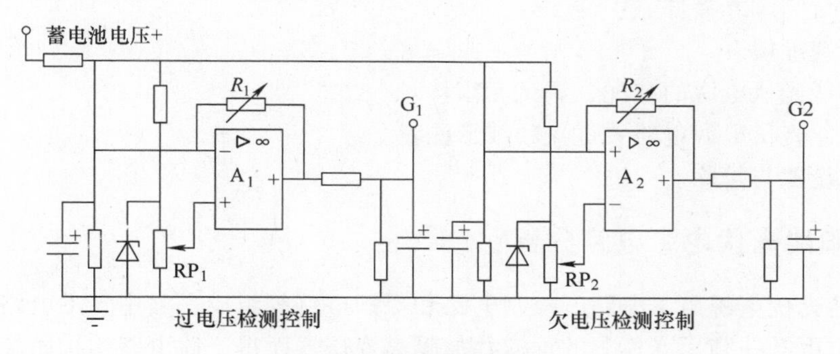

图 3-22　检测控制电路

A_2 为欠电压检测控制电路，其反相端接由 RP_2 提供的欠电压基准电压，同相端接蓄电池电压（和过电压检测控制电路相反）。当蓄电池电压小于“欠电压门限电平”时，A_2 输出端 G_2 为低电平，输出回路开关器件关断，实现“欠电压保护”。欠电压保护后，随着蓄电池电压的升高，当电压又高于“欠电压恢复门限”时，开关器件重新导通，恢复对负载供电。“欠电压保护门限”和“欠电压恢复门限”由 RP_2 和 R_2 配合调整。

3.5.3　太阳能光伏电源系统的设计

太阳能光伏电源系统的设计分为软件设计和硬件设计，且软件设计先于硬件设计。

软件设计包括：负载用电量的计算，太阳电池方阵面辐射量的计算，太阳电池、蓄电池容量的计算和二者之间相互匹配的优化设计，太阳电池方阵安装倾角的计算，系统运行情况的预测和系统经济效益的分析等。软件设计由于牵涉复杂的辐射量、安装倾角以及系统优化的设计计算，一般由计算机来完成，在要求不太严格的情况下，也可以采取估算的办法。

硬件设计包括：负载的选型及必要的设计，太阳电池和蓄电池的选型，太阳电池支架的设计，逆变器的选型和设计，以及控制、测量系统的选型和设计。对于大型太阳能发电系统，还要有方阵场的设计、防雷接地的设计、配电系统的设计以及辅助或备用电源的选型和设计。

3.6 太阳能光伏电源电路制作

3.6.1 任务的提出

1. 制作太阳能光伏电源电路的目的

1）掌握太阳能光伏电源电路组装的工艺流程。

2）掌握功率 MOSFET 等元器件的检测方法。

3）掌握斩波电路与控制电路的调试、故障分析与故障排除技能。

4）了解斩波电路的应用。

2. 内容要求

1）通过电路原理图，列出元器件明细表。

2）检查与测试元器件。

3）设计装配图。

4）太阳能光伏电源的装配、调试和维修。

5）太阳能光伏电源电路关键点的波形测量。

6）故障设置与排除。

3.6.2 太阳能光伏电源电路分析

此太阳能光伏电源由主电路、控制电路和保护电路等组成。其中，主电路采用的是单端反激电路，它由升—降压变换器的推演并加隔离变压器而得，此电路结构简单，能高效提供直流输出。

控制电路由电流控制型脉宽调制器 UC3843A、低失调电压双比较器 LM393、光耦合器 PC817 和 TL431 等构成。其中 UC3843A 是美国 Unitrode 公司生产的一种高性能单端输出式电流控制型脉宽调制器芯片，其内部主要由 5.0V 基准电压源、用来精确地控制占空比调整的振荡器、降压器、电流测定比较器、PWM 锁存器、高增益误差放大器和适用于驱动功率 MOSFET 的大电流推挽输出电路等构成。下面结合图 3-23 介绍其工作原理。

太阳电池板输出的直流电经 FU 和 VD_1对 C_1 充电，并由 C_1、C_2 滤波后，形成较为稳定的直流电。U_1 为 UC3843A 脉宽调制集成电路，其 5 脚为电源负极，7 脚为电源正极，6 脚为 PWM 脉冲输出端，该信号可直接驱动场效应晶体管 V_1，3 脚为最大电流限制，调整 R_6 的阻值可以调整充电器输出的最大电流。2 脚为电压反馈，可以调节充电器的输出电压。4 脚外接振荡电阻 R_8 和振荡电容 C_6。TR 为高频变压器，其作用有三个：一是把输入的直流电变换为高频脉冲；二是起到输入与输出隔离的作用；三是为 UC3843A 提供工作电源。VD_5 为高频整流管，C_9、C_{10}为输出滤波电容，VD_7 为 12V 稳压二极管，U_3（TL431）为精

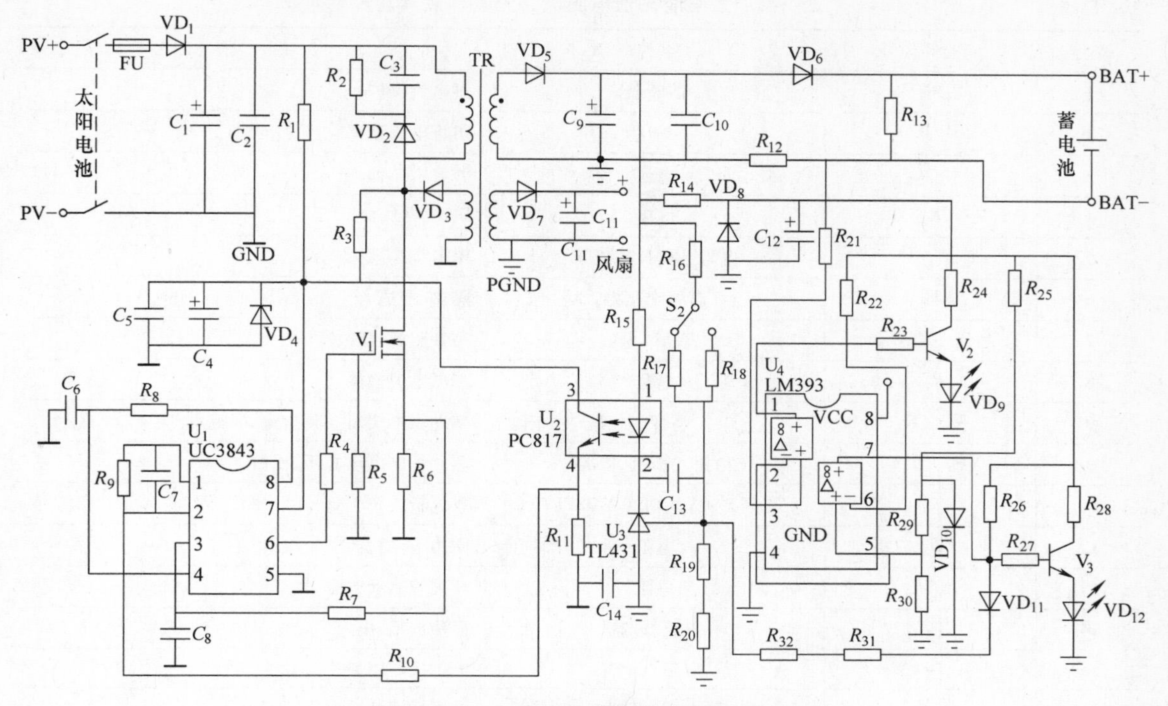

图 3-23　太阳能光伏电源电路原理图

密基准电压源，配合 U_2（光耦合器 PC817）起到自动调节充电器电压的作用。电阻 R_{19}、R_{20}阻值的改变可以改变充电器电压大小。VD_{12}是充满指示灯。VD_9 为充电状态指示灯。R_{12}是充电电流取样电阻，电阻 R_{31}、R_{32}的阻值决定浮充拐点电流大小。

太阳电池板的输出电流对电容 C_1 充电，电容 C_1 上电压达到 10V 左右时，此电压一路经高频变压器 TR 加载到 V_1；第二路经 R_3 送到 U_1 的第 7 脚，强迫 U_1 启动。U_1 的 6 脚输出脉冲信号，V_1 工作，电流经 R_6 到地。同时 TR 二次绕组产生感应电压，经 VD_3、R_3 由 VD_4 稳压后给 U_1 提供正常工作电源。TR 二次绕组的电压经 VD_5、C_9 和 C_{10}整流滤波得到稳定的电压。此电压一路经 VD_8 稳压后作为 LM393 的工作电源。VD_{10}为 LM393 提供基准电压，经 R_{29}、R_{30}分压达到 LM393 的第 2 脚和第 5 脚。正常充电时，R_{12}上端有一定数值的电压，此电压经 R_{21}加到 LM393 第 3 脚，从 1 脚送出高电压。此电压一路经 R_{23}，强迫 V_2 导通，VD_9 点亮，第二路注入 LM393 的 6 脚，从 7 脚输出低电压，迫使 V_3 关断，VD_{12}熄灭，充电器进入恒流充电阶段。当蓄电池电压上升到限定值时，充电器进入恒压充电阶段，输出电压维持在限定值，充电器进入恒压充电阶段后，充电电流逐渐减小。当充电电流减小到拐点电流时，R_{12}上端的电压下降，LM393 的 3 脚电压低于 2 脚，1 脚输出低电压，V_2 关断，VD_9 熄灭。同时 7 脚输出高电压，此电压一路使 V_3 导通，VD_{12}点亮。另一路经 VD_{11}、R_{31}和 R_{32}到达反馈电路，使电压降低。充电器进入涓流充电阶段。

VD_1 为防止充电器电流逆流二极管，用于保护太阳电池板；VD_6 为防止蓄电池电流逆流二极管，防止充电器无输入时或蓄电池反接情况下损坏电路。

太阳能光伏电源电路元器件及其功能见表 3-2。

表 3-2 太阳能光伏电源电路元器件及其功能

序号	元器件代号	名称	功能
1	FU	熔断器	过电流保护
2	VD_1、VD_6	二极管	防止电流逆流
3	C_1、C_2	电容	滤波
4	R_1	电阻	U_1 上电启动
5	R_2、C_3、VD_2	电阻、电容、二极管	RCD 阻容吸收电路
6	TR	高频变压器	隔离、变压
7	VD_5、C_9、C_{10}	二极管、电容	高频整流、滤波
8	R_{12}	电阻	充电电流检测
9	VD_3、R_3	二极管、电阻	辅助供电绕组高频整流、限流
10	VD_4、C_4、C_5	稳压二极管、电容	芯片供电电压稳压、滤波
11	V_1	高频开关管(功率 MOSFET)	直流斩波
12	R_6	电阻	原边电流检测
13	R_5、R_6	电阻	开关管驱动电阻
14	R_8、C_6	电阻、电容	振荡电阻、电容
15	R_9、C_7、R_{10}	电阻、电容	电压反馈网络
16	R_7、C_8	电阻、电容	电流反馈滤波网络
17	U_1	集成电路	电流型 PWM 调制器
18	U_2	光耦	电压反馈信号隔离
19	U_3	基准电压源	提供比较基准电压
20	U_4	集成电路	充电控制
21	R_{15} ~ R_{20}	电阻	充电电压调节
22	V_2、V_3	晶体管	充电状态显示控制
23	VD_9、VD_{12}	发光二极管	充电状态显示
24	VD_8、C_{12}	二极管、电容	输出控制电路供电
25	S_2	单刀双掷开关	充电电压选择
26	S_1、S_3	双刀单掷开关	输入、输出开关
27	PV、BAT	太阳电池、蓄电池	产生直流电能、储存电能

3.6.3 电路装配准备

1. 电气材料、工具与仪器仪表

1）电气材料一套。

2）电路焊接工具：电烙铁（20～35W）、烙铁架、焊锡丝、松香。

3）测量仪器仪表：万用表、示波器。

4）加工工具：剪刀、剥线钳、尖嘴钳、平口钳、螺钉旋具、镊子。

2. 元器件的清点与检测

1）在电路装配前首先根据电路原理图清点元器件，并列出电路元器件明细表，元器件明细表格式见表3-3。

表3-3　太阳能光伏电源元器件明细表

序号	名称	元器件代号	型号规格	单位	数量	备注
1						
2						
3						
4						
5						

2）检测元器件，检测情况填入表3-4，表中编号按明细表中序号填写。

表3-4　太阳能光伏电源元器件检测

1. 电阻检测

编号	代号	色环	标称值	误差	量程选择	实测值

2. 电容检测

编号	代号	电容量	耐压	有无极性	量程选择	漏电阻	是否合格

3. 开关管检测

编号	代号	额定电压/电流	量程选择	正向电阻/反向电阻			栅极控制能力检测	是否合格
				D-S	D-G	G-S		

4. 二极管及稳压管检测

编号	代号	额定电压/电流	量程选择	正向电阻	反向电阻	是否合格

5. 晶体管检测

编号	代号	引脚图	量程选择	正向电阻/反向电阻			是否合格
				c、e	c、b	b、e	

3）功率 MOSFET 的简易检测方法。

以 N 沟道为例，功率 MOSFET 等效电路如图 3-24 所示。

（1）无保护稳压管

1）判定栅极：判定栅极 G 的电路如图 3-24 所示。将万用表置于 $R \times 10k$ 档分别测量三个管脚之间的电阻，如果测得某个管脚与其他两管脚间的电阻值均为无穷大，对换表笔测仍为无穷大，则证明此管脚为栅极 G。

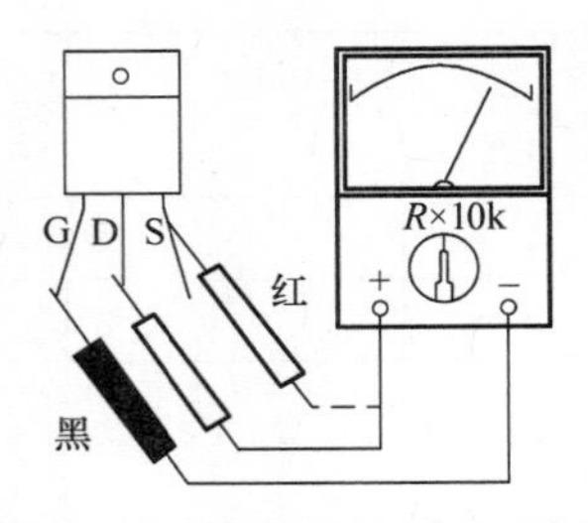

图 3-24　判定栅极 G 的电路

2）判定源极 S 和漏极 D：判定源极 S 和漏极 D 的电路如图 3-25 所示。将万用表置于 $R \times 1k$ 档，再将三个电极短接一下，然后用交换表笔的方法测两次电阻，如果管子是好的，必然会测得阻值为一大一小，其中，阻值较小的一次测量中，黑表笔所接的是源极 S，红表笔所接的是漏极 D。

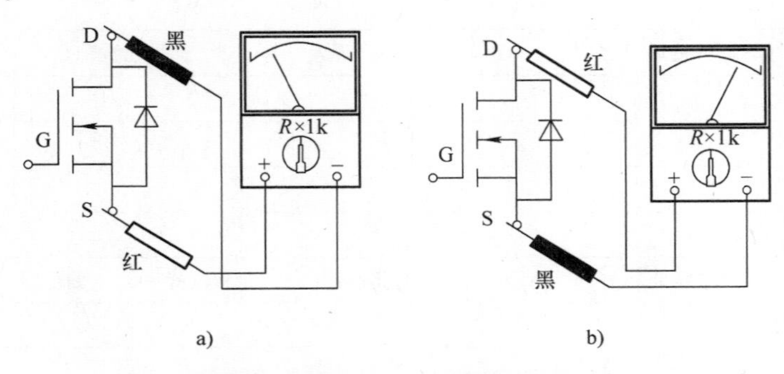

图 3-25　判定源极 S 和漏极 D 的电路

a）阻值大　b）阻值小

3）检测栅极控制能力：检测栅极控制能力的电路如图 3-26 所示。先将万用表置于 0.25 ~ 1A 中的一个档，串入 9V 的电源及 $R = 9V/I$ 档，先将管子的三个电极短接一下，然后再将黑表笔接 D，红表笔接 S，此时万用表应无电流。用导线将 G 与 D 短接，相当于给栅极注入了电荷，万用表指示较大电流。再将 G 与 D 断开，指针应不动。用导线将 G 与 S 短接一下，万用表电流立刻变为零，说明 MOSFET 工作正常。

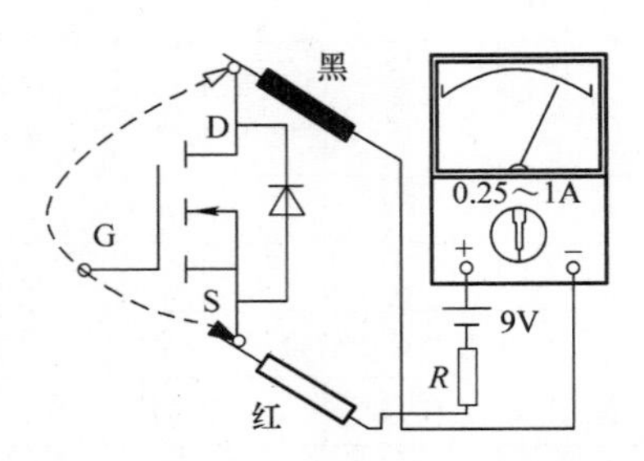

图 3-26　检测栅极控制能力的电路

（2）有保护稳压管

1）判定源极 S：判定源极 S 的电路如图 3-27 所示，先将黑表笔接某一管脚，用红表笔去碰触另外两个管脚，若阻值均较小，说明黑表笔所接为源极 S。

2）判定 D 和 G：判定 D 和 G 的电路如图 3-28 所示。在电路中串入 15V 电源和电阻 $R = 15V/I$ 档，并将红表笔固定接 S，让黑表笔触碰另外两极，其中电流大的一次，黑表笔所接的为 G。

3.6.4　整机装配

太阳能光伏电源电路印制电路板如图 3-29 所示。太阳电池、蓄电池和负载通过接线端子接入系统，其他元器件安装在印制电路板上。印制电路板装配过程如下：

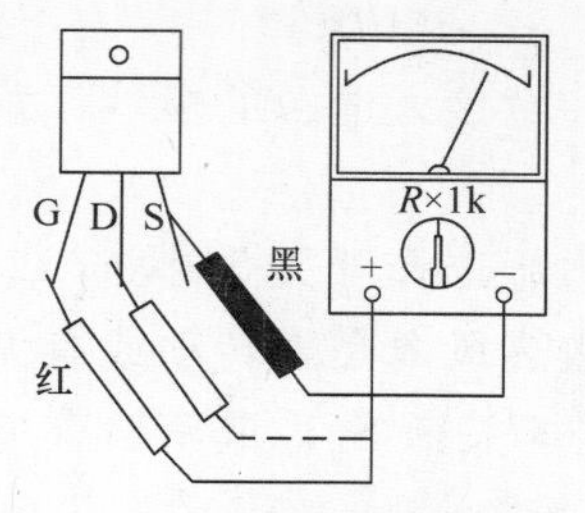

图 3-27　判定源极 S 的电路

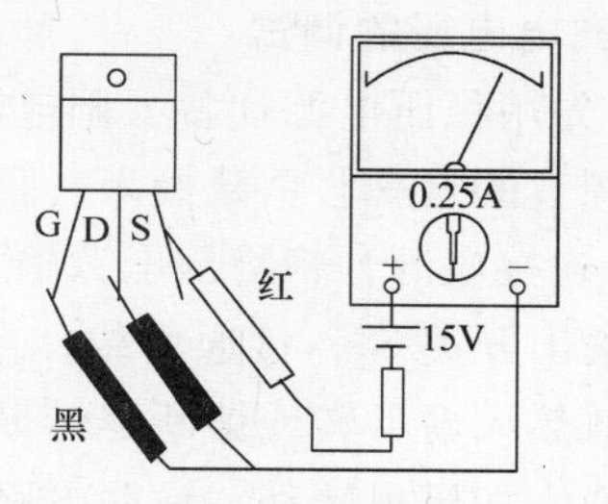

图 3-28　判定 D 和 G 的电路

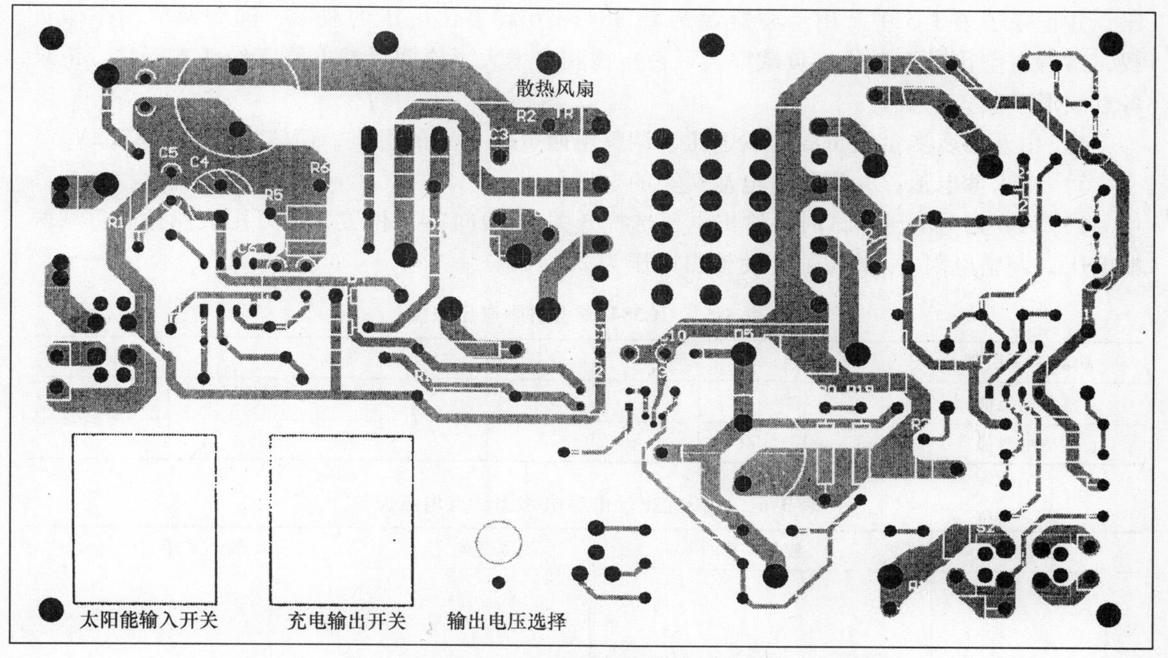

图 3-29　太阳能光伏电源印制电路板

（1）装配步骤　按照“先低后高”的原则装配印制电路板的各元器件，先安装电阻与二极管，再安装集成电路插座、接线端子、小瓷片电容，然后安装功率 MOSFET、电解电容器，最后安装高频变压器、开关和散热风扇。印制电路板安装完毕后，将各集成电路按指定方向插入 IC 插座内。

（2）装配工艺要求

1）将电路所有元器件（零部件）正确装入印制电路板相应位置上，采用单面焊接的方法，不得错焊、漏焊、虚焊。

2）有极性的元器件，注意极性不得搞反、搞错，集成电路插座方向应与设计装配方向一致，高频变压器的一、二次绕组不能接错。

各元器件（零部件）安装位置要正，高度应齐平、一致。

3.6.5　电路调试

电路安装好后，经检查，在确认电路无误后，按如下步骤进行调试。

1. 充电电压的调试

1）先用稳压电源代替太阳电池板接到电路板输入端，注意接入电源的极性；蓄电池端先用可调节的功率假负载接入，阻值选在50Ω左右。

2）连接电源，将稳压电源输出调节至15V左右，输出电压选择开关S_2拨向12V位置，先按下输出开关S_3，接通负载，再按下输入开关S_1。观察散热风扇是否转动或有无异常现象。如散热风扇不转或熔断器熔断，说明有故障存在，应立即关断S_1，重新检查电路焊接是否正确。如风扇转动，说明电路焊接无误，电路工作基本正常。

3）用万用表检查UC3843A 7脚的电压是否正常，正常为12V。同时测量其他引脚的电压，并记录于表3-5中。用示波器观察UC3843A 6脚输出电压的波形，同时调节功率假负载，察看占空比是否变化。负载增大，占空比相应增大，说明反馈电路工作基本正常。记录各点波形于表3-6中。

4）用万用表测量假负载两端电压，调整电阻R_{19}、R_{20}的阻值，使输出电压为13.2V。

5）接入蓄电池，并测量蓄电池两端的电压。

6）24V充电电压调试时，输出电压选择开关S_2拨向24V位置，用万用表测量假负载两端电压，调整电阻R_{17}的阻值，使输出电压为26.4V。

表3-5　UC3843A各引脚电压数据

UC3843A引脚	1	2	3	4	5	6	7	8
参考电压值								
实测电压值								

表3-6　太阳能光伏电源电路测试点电压波形

测试点	波　形	测试点	波　形
UC3843A 6脚		高频变压器一次侧	
UC3843A 3脚		高频变压器二次侧	
开关管V_1 D~S间		输出电容C_9两端	

2. 充电电流的调试

1）在完成充电电压的调试后，接入蓄电池，启动充电器，用万用表测量 R_{12} 两端的电压，并根据 R_{12} 的阻值估算充电电流的大小，在输出端与蓄电池间串入电流表，观察读数并与估算电流值进行对比。如果实测充电电流较小，将 R_6 更换为更小阻值的电阻，直到充电电流符合设计要求。

2）测量 U_4 的 3 脚和 2 脚的电压，计算并调整电阻 R_{29} 和 R_{30} 的阻值，使充电指示发光二极管 VD_9 点亮。

3）改变 R_6 的阻值，观察电流表的读数和蓄电池两端电压，并记录相应的数据于表 3-7 中。

表 3-7　充电电流记录表

R_6 的阻值	R_{12} 两端电压	充电电流	蓄电池两端电压

3. 充电状态的调试

1）以正常的充电电流充电，每隔一段时间，记录充电电压、充电电流和 R_{12} 两端的电压数据于表 3-8 中。

2）随着蓄电池两端的电压上升到 13.2V，充电指示发光二极管 VD_9 熄灭，充满指示发光二极管 VD_{12} 点亮，蓄电池进入涓流充电阶段。

3）根据表 3-8 的数据和实际情况确定涓流充电电流大小，并以此估算 R_{12} 两端的电压。调整 R_{31} 和 R_{32}，使 R_{12} 两端的电压等于以上估算值。

4）蓄电池经一段时间使用后，电压下降到 12V 左右时，接好电路进行充电，观察 VD_9、VD_{12} 的状态，正常充电时，VD_9 亮，VD_{12} 灭；随充电电压上升到 13.2V 时，VD_9 由亮变灭，VD_{12} 由灭变亮，充电器进入涓流充电状态，读取电压表和电流表的读数来验证设计的正确性。

表 3-8　充电过程记录表

时间	蓄电池两端电压	充电电流	R_{12} 两端电压

4. 整机的调试

在以上调试结束后，接入太阳电池板，并根据太阳电池板的功率，重新确定并调整充电电压、充电电流和涓流充电电流的大小。

3.6.6 故障设置与排除

电路装配、调试完成后，同学们进行互评。互评后同学之间相互设置故障，然后进行故障检查、分析和排除。

电路故障检查与分析可以采用万用表法，也可以采用示波器法。

3.7 任务评价与总结

3.7.1 任务评价

本任务的考评点、分值、考核方式、评价标准及本任务在该课程考核成绩中的比例见表1-15。

表3-9 太阳能光伏电源电路制作评价表

序号	考评点	分值	建议考核方式	评价标准		
				优	良	及格
一	制作电路元器件明细表	5	教师评价（50%）+互评（50%）	能详细准确地列出元器件明细表	能准确地列出元器件明细表	能比较准确地列出元器件明细表
二	识别与检测元器件、分析电路、了解主要元器件的功能及主要参数	10	教师评价（50%）+互评（50%）	能正确识别、检测功率MOSFET、快恢复二极管等元器件，能正确分析电路工作原理，准确说出电路主要元器件的功能及主要参数	能正确识别、检测功率MOSFET、快恢复二极管等元器件，能分析电路工作原理，较准确说出电路主要元器件的功能及主要参数	能比较正确地识别、检测功率MOSFET、快恢复二极管等元器件，能较准确说出电路主要元器件的功能
三	装配	20	教师评价（30%）+自评（20%）+互评（50%）	元器件安装正确、牢固、美观，焊接质量可靠，焊点规范、一致性好	元器件安装正确、牢固，焊接质量可靠，焊点规范	元器件安装正确，焊接质量可靠
四	调试	15	教师评价（20%）+自评（30%）+互评（50%）	能正确使用仪器、仪表，熟练掌握电路的测量、调试方法，各点波形测量准确	能正确使用仪器、仪表，基本掌握电路的测量、调试方法，各点波形测量正确	能使用仪器、仪表，能完成电路的测量与调试，波形测量基本正确
五	排除故障	20	自评（50%）+互评（50%）	能正确进行故障分析，检查步骤简捷、准确，排除故障迅速，检修过程无扩大故障和损坏其他元器件现象	能进行故障分析，检查步骤正确，能够排除故障，检修过程无损坏其他元器件现象	能在他人的帮助下进行故障分析，排除故障
六	任务总结报告	10	教师评价（100%）	格式标准，有完整、详细的太阳能光伏电源电路制作的任务分析、实施、总结过程记录，并能提出一些新的建议	格式标准，有完整的太阳能光伏电源电路制作的任务分析、实施、总结过程记录，并能提出一些建议	格式标准，有完整的太阳能光伏电源电路制作的任务分析、实施、总结过程记录

（续）

序号	考评点	分值	建议考核方式	评价标准		
				优	良	及格
七	职业素养	20	教师评价（30%）+自评（20%）+互评（50%）	工作积极主动、精益求精，不怕苦、不怕累、不怕难、遵守工作纪律，服从工作安排。能虚心请教与热心帮助同学，能主动、大方、准确表达自己的观点与意愿。遵守安全操作规程、爱惜器材与测量仪器，节约焊接材料，不乱扔垃圾，积极主动打扫卫生	工作积极主动，不怕苦、不怕累、不怕难、遵守工作纪律，服从工作安排。能虚心请教与帮助同学，能主动、大方、准确表达自己的观点与意愿。遵守安全操作规程、爱惜器材与测量仪器，节约焊接材料，不乱扔垃圾，积极主动打扫卫生	工作积极主动、精益求精，不怕苦、不怕累、不怕难、遵守工作纪律，服从工作安排。能准确表达自己的观点与意愿。遵守安全操作规程、爱惜器材与测量仪器，节约焊接材料，不乱扔垃圾，积极主动打扫卫生

3.7.2 任务总结

1）功率 MOSFET 是用栅极电压来控制漏极电流的，因此它的第一个显著特点是驱动电路简单，需要的驱动功率小，第二个显著特点是开关速度快、工作频率高。另外，功率 MOSFET 的热稳定性优于电力晶体管。但是功率 MOSFET 电流容量小、耐压低，多用于功率不超过 10kW 的电力电子装置。

2）直流斩波电路将直流电变为另一固定电压或可调电压的直流电，也称为直接直流—直流变换器，最为常见的三种基本直流斩波电路为降压（Buck）斩波电路、升压（Boost）斩波电路和升—降压（Buck-Boost）斩波电路。直流斩波电路多以全控型电力电子器件作为开关器件，通过改变直流斩波电路中开关器件的占空比 D 就可以实现对输出电压的调节，因而直流斩波电路的控制方式有定频调宽、定宽调频和调频调宽三种。

3）带隔离变压器的直流斩波电路是在基本的直流斩波电路中插入了隔离变压器，使电源和负载之间有电气隔离，提高变换电路运行的安全可靠性和电磁兼容性，适当的电压比还可以使电源电压与负载电压匹配。

4）通过太阳能光伏电源电路的制作，能较好地把理论与实际结合起来，不仅加深了对理论知识的理解，并掌握了直流斩波电路实现直流电压变换的本质。通过太阳能光伏电源的应用得知，如果将蓄电池作为电源，负载改为 LED 路灯，控制电路上再进行适当的调整，就可以实现太阳能路灯，达到学以致用的目的。

3.8 相关知识

3.8.1 电力晶体管

1. 电力晶体管（GTR）的结构和工作原理

（1）基本结构　通常把集电极最大允许耗散功率在 1W 以上，或最大集电极电流在 1A 以上的晶体管称为大功率晶体管，其结构和工作原理都和小功率晶体管非常相似。它由三层半导体、两个 PN 结组成，有 PNP 和 NPN 两种结构，其电流由两种载流子（电子和空穴）的运动形成，所以称为双极型晶体管。

一些常见大功率晶体管的外形如图 3-30 所示。由图可见，大功率晶体管的外形除体积比较大外，其外壳上都有安装孔或安装螺钉，便于将晶体管安装在外加的散热器上。因为对大功率晶体管来讲，单靠外壳散热是远远不够的。例如，50W 的硅低频大功率晶体管，如果不加散热器工作，其最大允许耗散功率仅为 2～3W。

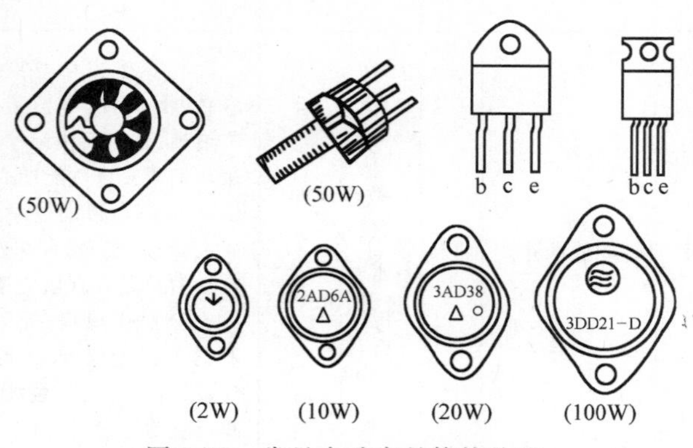

图 3-30　常见大功率晶体管外形

（2）工作原理　在电力电子技术中，GTR 主要工作在开关状态。晶体管通常连接成共发射极电路，NPN 型 GTR 通常工作在正偏（$I_b>0$）时大电流导通；反偏（$I_b<0$）时处于截止高电压状态。因此，给 GTR 的基极施加幅度足够大的脉冲驱动信号，它将工作于导通和截止的开关工作状态。

2. GTR 的特性与主要参数

（1）GTR 的基本特性

1）静态特性。

共发射极接法时，GTR 的典型输出特性如图 3-31 所示，可分为三个工作区：

截止区：在截止区内，$I_b \leqslant 0$，$U_{be} \leqslant 0$，$U_{bc}<0$，集电极只有漏电流流过。

放大区：$I_b>0$，$U_{be}>0$，$U_{bc}<0$，$I_c=\beta I_b$。

饱和区：$I_b>\dfrac{I_{cs}}{\beta}$，$U_{be}>0$，$U_{bc}>0$。$I_{cs}$是集电极饱和电流，其值由外电路决定。两个 PN 结都为正向偏置是饱和的特征。饱和时集电极、发射极间的管压降 U_{ces}很小，相当于开关接通，这时尽管电流很大，但损耗并不大。GTR 刚进入饱和时为临界饱和，如 I_b 继续增加，则为过饱和。GTR 用作开关时，应工作在深度饱和状态，这有利于降低 U_{ces}和减小导通时的损耗。

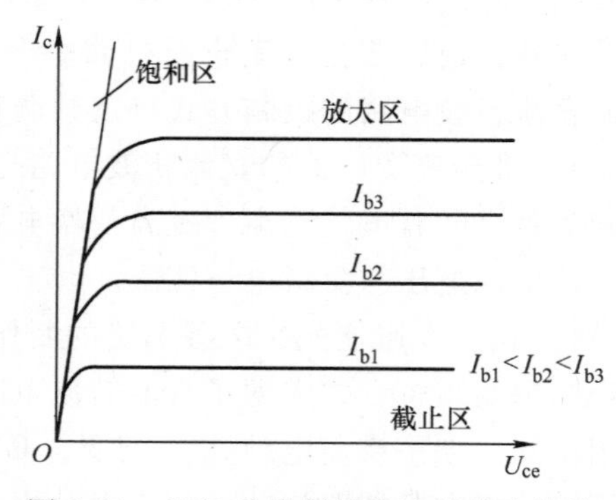

图 3-31　GTR 共发射极接法的输出特性

2）动态特性。

动态特性描述 GTR 开关过程的瞬态性能，又称为开关特性。GTR 在实际应用中，通常工作在频繁开关状态。为正确、有效地使用 GTR，应了解其开关特性。图 3-32 表明了 GTR 开关特性的基极、集电极电流波形。

GTR 的整个工作过程分为开通过程、导通状态、关断过程、阻断状态四个不同的阶段。图中开通时间 t_{on}对应着 GTR 由截止到饱和的开通过程，关断时间 t_{off}对应着 GTR 饱和到截止的关断过程。

GTR 的开通过程是从 t_0 时刻起注入基极驱动电流，这时并不能立刻产生集电极电流，

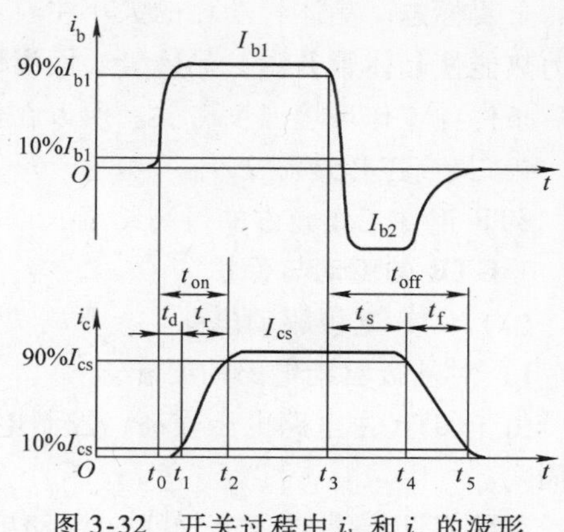

图 3-32　开关过程中 i_b 和 i_c 的波形

过一小段时间后，集电极电流开始上升，逐渐增至饱和电流值 I_{cs}。把 i_c 达到 10% I_{cs} 的时刻定为 t_1，达到 90% I_{cs} 的时刻定为 t_2，则把 t_0 到 t_1 这段时间称为延迟时间，以 t_d 表示，把 t_1 到 t_2 这段时间称为上升时间，以 t_r 表示。

要关断 GTR，通常给基极加一个负的电流脉冲。但集电极电流并不能立即减小，而要经过一段时间才能开始减小，再逐渐降为零。把 i_b 降为稳态值 I_{b1} 的 90% 的时刻定为 t_3，i_c 下降到 90% I_{cs} 的时刻定为 t_4，下降到 10% I_{cs} 的时刻定为 t_5，则把 t_3 到 t_4 这段时间称为储存时间，以 t_s 表示，把 t_4 到 t_5 这段时间称为下降时间，以 t_f 表示。

延迟时间 t_d 和上升时间 t_r 之和是 GTR 从关断到导通所需要的时间，称为开通时间，以 t_{on} 表示，则 $t_{on} = t_d + t_r$。

储存时间 t_s 和下降时间 t_f 之和是 GTR 从导通到关断所需要的时间，称为关断时间，以 t_{off} 表示，则 $t_{off} = t_s + t_f$。

GTR 在关断时漏电流很小，导通时饱和压降很小。因此，GTR 在导通和关断状态下损耗都很小，但在关断和导通的转换过程中，电流和电压都较大，瞬时开关过程中损耗也较大。当开关频率较高时，开关损耗是总损耗的主要部分。因此，缩短开通和关断时间对降低损耗、提高效率和运行可靠性很有意义。

（2）GTR 的参数　这里主要讲述 GTR 的极限参数，即最高工作电压、最大工作电流、最大耗散功率和最高工作结温等。

1）最高工作电压。

GTR 上所施加的电压超过规定值时，就会发生击穿。击穿电压不仅和晶体管本身特性有关，还与外电路接法有关。

BU_{cbo}：发射极开路时，集电极和基极间的反向击穿电压。

BU_{ceo}：基极开路时，集电极和发射极之间的击穿电压。

BU_{cer}：实际电路中，GTR 的发射极和基极之间常接有电阻 R，这时用 BU_{cer} 表示集电极和发射极之间的击穿电压。

BU_{ces}：当 R 为 0，即发射极和基极短路时，用 BU_{ces} 表示其击穿电压。

BU_{cex}：发射结反向偏置时，集电极和发射极之间的击穿电压。其中 $BU_{cbo} > BU_{cex} > BU_{ces} > BU_{cer} > BU_{ceo}$，实际使用时，为确保安全，最高工作电压要比 BU_{ceo} 低得多。

2）集电极最大允许电流 I_{cM}。

GTR 流过的电流过大，会使 GTR 参数劣化，性能将变得不稳定，尤其是发射极的集边效应可能导致 GTR 损坏。因此，必须规定集电极最大允许电流值。通常规定共发射极电流放大系数下降到规定值的 1/3 ~ 1/2 时，所对应的电流 I_c 为集电极最大允许电流，以 I_{cM} 表示。实际使用时还要留有较大的安全裕量，一般只能用到 I_{cM} 值的一半或稍多些。

3）集电极最大耗散功率 P_{cM}。

集电极最大耗散功率是在最高工作温度下允许的耗散功率，用 P_{cM} 表示。它是 GTR 容量的重要标志。晶体管功耗的大小主要由集电极工作电压和工作电流的乘积来决定，它将转化为热能使晶体管升温，晶体管会因温度过高而损坏。实际使用时，集电极允许耗散功率和散热条件与工作环境温度有关。所以在使用中应特别注意值 I_c 不能过大，散热条件要好。

4）最高工作结温 T_{JM}。

GTR 正常工作允许的最高结温，以 T_{JM} 表示。GTR 结温过高时，会导致热击穿而烧坏。

3. GTR 的驱动与保护

（1）GTR 基极驱动电路

1）对基极驱动电路的要求。

由于 GTR 主电路电压较高，控制电路电压较低，所以应实现主电路与控制电路间的电气隔离。

在使 GTR 导通时，基极正向驱动电流应有足够陡的前沿，并有一定幅度的强制电流，以加速开通过程，减小开通损耗，如图 3-33 所示。

GTR 导通期间，在任何负载下，基极电流都应使 GTR 处在临界饱和状态，这样既可降低导通饱和压降，又可缩短关断时间。

在使 GTR 关断时，应向基极提供足够大的反向基极电流（如图 3-33 波形所示），以加快关断速度，减小关断损耗。

应有较强的抗干扰能力，并有一定的保护功能。

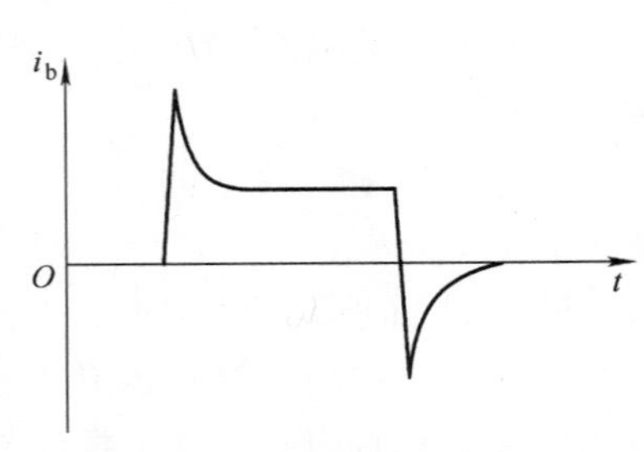

图 3-33　GTR 基极驱动电流波形

2）基极驱动电路。

图 3-34 是一个简单实用的 GTR 驱动电路。该电路采用正、负双电源供电。当输入信号为高电平时，晶体管 V_1、V_2 和 V_3 导通，而 V_4 截止，这时 V_5 就导通。二极管 VD_3 可以保证 GTR 导通时工作在临界饱和状态。流过二极管 VD_3 的电流随 GTR 的临界饱和程度而改变，自动调节基极电流。当输入低电平时，V_1、V_2、V_3 截止，而 V_4 导通，这就给 GTR 的基极一个负电流，使 GTR 截止。在 V_4 导通期间，GTR 的基极—发射极一直处于负偏置状态，这就避免了反向电流的通过，从而防止同一桥臂中另一个 GTR 导通产生过电流。

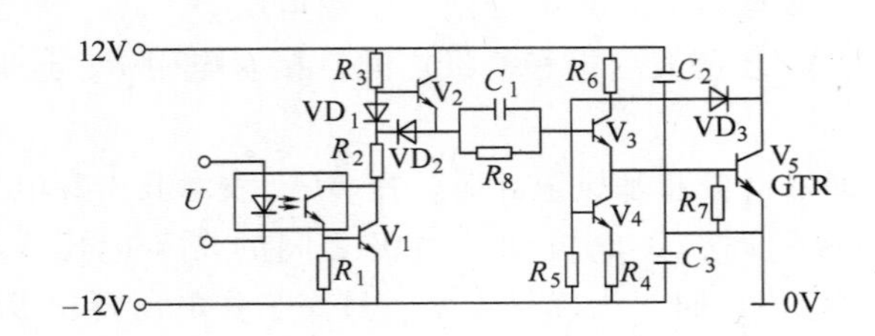

图 3-34　实用的 GTR 驱动电路

3）集成化驱动。

集成化驱动电路克服了一般电路元器件多、电路复杂、稳定性差和使用不便的缺点，还增加了保护功能。如法国 THOMSON 公司为 GTR 专门设计的基极驱动芯片 UAA4002。采用此芯片可以简化基极驱动电路，提高基极驱动电路的集成度、可靠性、快速性。它把对 GTR 的完整保护和最优驱动结合起来，使 GTR 运行于自身可保护的准饱和最佳状态。

（2）GTR 的保护电路　为了使 GTR 在厂家规定的安全工作区内可靠地工作，必须对其采用必要的保护措施。对 GTR 的保护相对来说比较复杂，因为它的开关频率较高，采用快熔保护是无效的，一般采用缓冲电路，主要有 *RC* 缓冲电路、充放电型 *R-C-*VD 缓冲电路和阻止放电型 *R-C-*VD 缓冲电路三种形式，如图 3-35 所示。

RC 缓冲电路简单，对关断时集电极-发射极间电压上升有抑制作用。这种电路只适用于小容量的 GTR（电流 10A 以下）。

充放电型 *R-C-*VD 缓冲电路增加了缓冲二极管 VD_2，可以用于大容量的 GTR。但它的损耗（在缓冲电路的电阻上产生的）较大，不适合用于高频开关电路。

阻止放电型 *R-C-*VD 缓冲电路较常用于大容量 GTR 和高频开关电路的缓冲器，其最大优点是缓冲产生的损耗小。

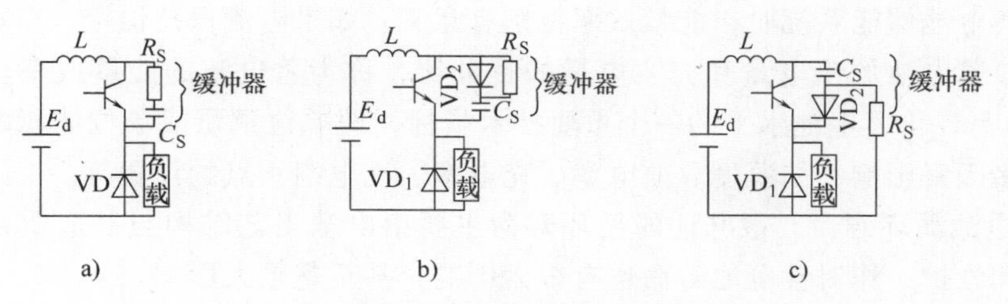

图 3-35　GTR 的缓冲电路

a）*RC* 缓冲电路　b）充放电型 *R-C-*VD 缓冲电路　c）阻止放电型 *R-C-*VD 缓冲电路

为了使 GTR 正常可靠地工作，除采用缓冲电路之外，还应设计最佳驱动电路，并使 GTR 工作于准饱和状态。另外，采用电流检测环节，在故障时封锁 GTR 的控制脉冲，使其及时关断，保证 GTR 电控装置安全可靠地工作；在 GTR 电控系统中设置过电压、欠电压和过热保护单元，以保证安全可靠地工作。

3.8.2　蓄电池

1. 蓄电池概述

蓄电池是一种化学电源，它将直流电能转变为化学能储存起来，需要时再把化学能转变为电能释放出来。能量转换过程是可逆的，前者称为蓄电池充电，后者称为蓄电池放电。在光伏发电系统中，蓄电池对系统产生的电能起着储存和调节作用。

蓄电池有不同类型和大小。通常手电筒用的干电池，称为一次电池（原电池）。还有一类可充电电池，称为二次电池。目前光伏发电系统仍然大量使用着铅酸蓄电池。铅酸蓄电池是用铅和二氧化铅作为负极和正极的活性物质（参加化学反应的物质），以浓度为 27%～37% 的硫酸水溶液作为电解液的电池。铅酸蓄电池不仅具有化学能和电能转换效率较高、充放电循环次数多、端电压高、容量大（高达 3000Ah）的特点，而且还具备防酸、防爆、消氢、耐腐蚀等性能。

2. 铅酸蓄电池的工作原理

铅酸蓄电池由两组极板插入稀硫酸溶液中构成。电极在完成充电后，正极板为二氧化铅，负极板为海绵状铅。放电后，在两极板上都产生细小而松软的硫酸铅，充电后又恢复为原来物质。铅酸蓄电池在充电和放电过程中的可逆反应理论比较复杂，目前公认的是哥来德斯东和特利浦两人提出的“双硫酸化理论”。该理论的含义为铅酸蓄电池在放电后，两电极的有效物质和硫酸发生作用，均转变为硫酸化合物——硫酸铅；当充电时，又恢复为原来的铅和二氧化铅。

3. 铅酸蓄电池的主要性能

表示铅酸蓄电池特性的参数很多，下面仅就与光伏系统选用蓄电池有关的重要性能进行扼要说明。

（1）蓄电池容量　蓄电池容量是蓄电池储存电能的能力，通常以蓄电池充满电后放电至规定的终止电压时，电池放出的总电量表示。当蓄电池以恒定电流放电时，它的容量（Q）等于放电电流值（I）和放电时间（T）的乘积，即 $Q=IT$。如果放电电流不是常量，则蓄电池的容量等于不同放电电流值与相应放电时间的乘积之和。

（2）蓄电池能量效率　描述蓄电池效率的物理量有安时效率、能量效率和电压效率三个。当设计蓄电池储能系统时，能量效率特别有意义。如果电流保持恒定，在相等的充电和放电时间内，蓄电池放出电量和充入电量的百分比，称为蓄电池的能量效率。此外，还有“比能量”也是评价蓄电池水平的一个重要技术指标，即单位重量或单位体积的能量。蓄电池效率受许多因素影响，如温度、放电率、充电率、充电终止点的设置等。

（3）蓄电池循环寿命　蓄电池的循环寿命主要由电池工艺结构与制造质量所决定。但是使用过程和维护工作对蓄电池寿命也有很大影响，甚至是重大影响。

3.9　练习

一、填空题

1. 直流斩波电路通过控制开关器件的__________时间比就可以在输出端得到不同的直流电。

2. 开关器件的导通时间与工作周期的比值定义为斩波器工作的___________。

3. 直流斩波电路时间比控制方式有________、__________和调频调宽三种。

4. 电流瞬时值控制方式瞬时响应__________，因此需要采用__________的全控型器件作为开关器件。

5. 常见的基本直流斩波电路有__________斩波电路、__________斩波电路、升—降压斩波电路。

6. 升压斩波电路之所以能使输出电压高于电源电压，关键在于：一是________储能之后具有使电压泵升的作用；二是________可将输出电压保持住。

7. 功率 MOSFET 的种类按导电沟道可分为______和 P 沟道。管脚分别为源极______、______和漏极。

8. PWM 的驱动信号一般都采用________或三角波与脉宽控制信号比较的方法产生。

二、是非题

1.（　　）功率 MOSFET 是单极型电流控制器件。

2.（　　）功率 MOSFET 开关频率越高，所需要的驱动功率越大。

3.（　　）直流斩波电路中功率 MOSFET 工作在饱和区。

4.（　　）升—降压斩波电路称为反极性直流电压变换电路。

5.（　　）平均值控制方式工作频率稳定，但瞬时响应稍差。

6.（　　）直流斩波电路的作用是将交流电压变换成一种幅值可调的直流电压。

7.（　　）直流斩波电路采用的电力电子器件多以晶闸管为主。

8.（　　）在直流斩波电路中，定频调宽的控制方式应用得最少。

三、选择题

1. 工作周期恒定，通过改变开关器件导通时间来改变输出电压的控制方式为（　　）

A　定宽调频　　B　定频调宽　　C　调频调宽　　D　瞬时值控制

2. 功率 MOSFET 工作在开关状态，即在（　　）之间来回转换。

A　截止区和饱和区　B　饱和区和非饱和区　C　截止区和非饱和区

3. 功率 MOSFET 属于（　　）控制器件。

A　单极型电流　　B　单极型电压　　C　双极型电压　D　双极型电流

4. 升压斩波电路，如输入电压为 E，则输出电压 U_o 等于（　　）

A　DE　　B　$\frac{1}{1-D}E$　　C　$\frac{D}{1-D}$　　D　$\frac{1-D}{D}E$

四、简答题

1. 斩波电路时间比控制方式有哪几种？各是怎样实现占空比调节的？

2. 简述瞬时值控制方式的工作原理。

3. 为什么升压斩波电路能使输出电压高于输入电压？

4. PWM 的驱动信号是怎样产生的？

5. 正激电路的工作过程中为什么需要磁心复位？

6. 简述反激电路的工作原理。

7. 简述太阳电池的工作原理。

五、计算题

如图 3-9 所示的升压斩波电路中，$E=50\text{V}$，L 值和 C 值极大，$R=20\Omega$，采用脉宽调制控制方式，当 $T=40\mu\text{s}$、$t_{on}=25\mu\text{s}$ 时，计算输出电压平均值 U_o 和输出电流平均值 I_o。

项目4　交流变换电路及其应用

交流变换电路是一种将电压（电流）和频率固定的交流电变换成电压（电流）和频率可调的交流电的电路。它一般包括电力电子开关电路、交流调压电路和交—交变频电路。

电力电子开关具有无触点、开关速度快、使用寿命长等优点，因此获得了广泛应用。交流调压电路在电炉的温度控制、灯光调节、小容量电动机的调速及大容量交流电动机的软起动等场合得到了广泛的应用。交-交变频电路一般应用于大功率低转速的交流电动机调速传动场合，也用于电力系统无功补偿、感应加热用电源、恒频发电机的励磁电源等场合。

交流变换电路可以用两只普通晶闸管反并联组成开关器件，由于双向晶闸管的出现，可以用一只双向晶闸管代替两只反并联普通晶闸管，从而使电路大大简化。

本项目通过软起动器电路的制作，使学生加深理解和掌握双向晶闸管以及由双向晶闸管组成的交流变换电路的工作原理和应用。

4.1　双向晶闸管

4.1.1　结构

双向晶闸管和普通晶闸管一样，也有塑料封装型、螺旋型和平板型等几种不同的结构。塑料封装型器件的电流容量一般只有几安培，目前调光台灯、家用电风扇调速多用此种形式。螺旋型器件可做到几十安培，平板形结构双向晶闸管可通过电流达到几百安培。

从外部看双向晶闸管有三个引出端，分别是第一主电极 T_1、第二主电极 T_2 和门极 G，其电气图形符号如图4-1所示。

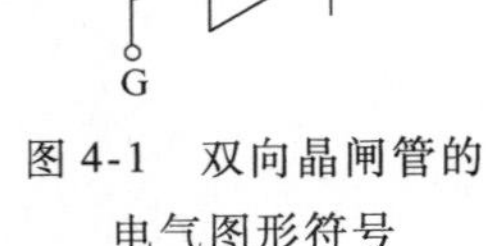

图4-1　双向晶闸管的电气图形符号

4.1.2　型号

与普通晶闸管单向可控导电性不同，双向晶闸管具有双向可控导电性。即两个主电极之间无论承受什么极性的电压，只要门极与第二主电极 T_2 之间加上一个触发电压就可使双向晶闸管导通。双向晶闸管的关断与普通晶闸管一样，只要第一主电极 T_1 中通过的电流下降到维持电流以下，双向晶闸管即可关断并恢复阻断能力。双向晶闸管的型号规格为：

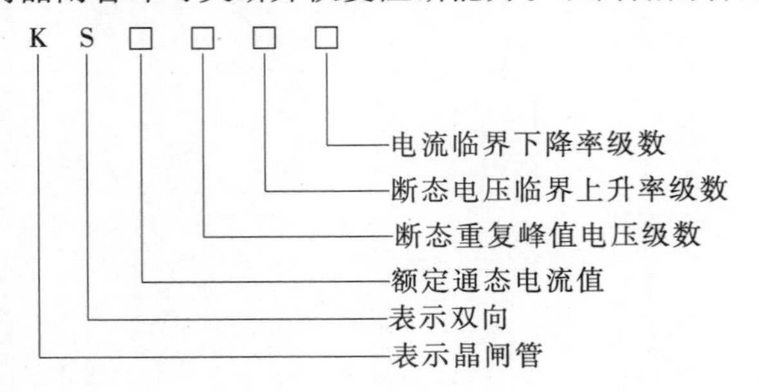

如型号 KS100—8—21，表示双向晶闸管，额定电流为 100A，断态重复峰值电压为 8 级（800V），断态电压临界上升率 du/dt 为 2 级（不小于 200V/μs），换向电流临界下降率 di/dt 为 1 级（不小于 $1\% I_{T(RMS)} = 1A/\mu s$，$I_{T(RMS)}$ 为额定通态电流）。有关 KS 型双向晶闸管的分级规定与主要电流、电压等级的规定与普通晶闸管相同，参见表 4-1 ~ 表 4-5。

表 4-1　KS 系列的分级与额定通态电流（有效值）$I_{T(RMS)}$ 的规定

系　列	KS1	KS10	KS20	KS50	KS100	KS200	KS400	KS500
$I_{T(RMS)}$/A	1	10	20	50	100	200	400	500

表 4-2　重复峰值电压 U_{DRM} 的分级规定

系　列	1	2	3	4	5	6	7	8	9	10	12	14	16
U_{DRM}/V	100	200	300	400	500	600	700	800	900	1000	1200	1400	1600

表 4-3　断态电压临界上升率的分级规定

等　　级	0.2	0.5	2	5
du/dt(V/μs)	≥20	≥50	≥200	≥500

表 4-4　换向电流临界下降率 di/dt 的分级规定

等　　级	0.2	0.5	1
di/dt(A/μs)	≥0.2% $I_{T(RMS)}$	≥0.5% $I_{T(RMS)}$	≥1% $I_{T(RMS)}$

表 4-5　KS 双向晶闸管的主要参数

<table>
<tr><th>参数 / 数值 / 系列</th><th>额定通态电流（有效值）$I_{T(RMS)}$ /A</th><th>断态重复峰值电压（额定电压）U_{DRM} /V</th><th>断态重复峰值电流 I_{DRM} /mA</th><th>额定结温 T_{JM} /℃</th><th>断态电压临界上升率 $(du/dt)_c$ /(V/μs)</th><th>通态电流临界上升率 di/dt /(A/μs)</th><th>换向电流临界下降率 $(di/dt)_c$ /(A/μs)</th><th>门极触发电流 I_{GT}/mA</th><th>门极触发电压 U_{GT}/V</th><th>门极峰值电流 I_{GM}/A</th><th>门极峰值电压 U_{GM} /V</th><th>维持电流 I_H/mA</th><th>通态平均电压 $U_{T(AV)}$ /V</th></tr>
<tr><td>KS1</td><td>1</td><td></td><td><1</td><td>115</td><td>≥20</td><td>—</td><td rowspan="8">≥0.2% $I_{T(RMS)}$</td><td>3 ~ 100</td><td>≤2</td><td>0.3</td><td>10</td><td rowspan="8">实测值</td><td rowspan="8">上限值各厂由浪涌电流和结温的合格型式试验决定并满足 $\lvert U_{T1} - U_{T2}\rvert \leqslant 0.5V$</td></tr>
<tr><td>KS10</td><td>10</td><td></td><td><10</td><td>115</td><td>≥20</td><td>—</td><td>5 ~ 100</td><td>≤3</td><td>2</td><td>10</td></tr>
<tr><td>KS20</td><td>20</td><td rowspan="6">100 ~ 200</td><td><10</td><td>115</td><td>≥20</td><td>—</td><td>5 ~ 200</td><td>≤3</td><td>2</td><td>10</td></tr>
<tr><td>KS50</td><td>50</td><td><15</td><td>115</td><td>≥20</td><td>10</td><td>8 ~ 200</td><td>≤4</td><td>3</td><td>10</td></tr>
<tr><td>KS100</td><td>100</td><td><20</td><td>115</td><td>≥50</td><td>10</td><td>10 ~ 300</td><td>≤4</td><td>4</td><td>12</td></tr>
<tr><td>KS200</td><td>200</td><td><20</td><td>115</td><td>≥50</td><td>15</td><td>10 ~ 400</td><td>≤4</td><td>4</td><td>12</td></tr>
<tr><td>KS400</td><td>400</td><td><25</td><td>115</td><td>≥50</td><td>30</td><td>20 ~ 400</td><td>≤4</td><td>4</td><td>12</td></tr>
<tr><td>KS500</td><td>500</td><td><25</td><td>115</td><td>≥50</td><td>30</td><td>20 ~ 400</td><td>≤4</td><td>4</td><td>12</td></tr>
</table>

由于双向晶闸管常用在交流电路中，所以额定通态电流 $I_{T(RMS)}$ 以最大交流有效值表示。以 100A（有效值）双向晶闸管为例，其峰值为 $100\ A \times \sqrt{2} = 141A$，而普通晶闸管的额定电流是以正弦半波平均值表示，峰值为 141A 的正弦波的平均值为 $141A/\pi = 45A$。所以一个 100A 的双向晶闸管与两个并反联 45A 的普通晶闸管电流容量相等。

4.1.3 触发方式

双向晶闸管两个方向都能导通，门极加正负信号都能触发，因此双向晶闸管有四种触发方式：

（1） Ⅰ+触发方式　主端子 T_1 为正，T_2 为负；门极电压是 G 为正，T_2 为负，特性曲线在第Ⅰ象限，为正触发。

（2） Ⅰ-触发方式　主端子 T_1 为正，T_2 为负；门极电压是 G 为负，T_2 为正，特性曲线在第Ⅰ象限，为负触发。

（3） Ⅲ+触发方式　主端子 T_1 为负，T_2 为正；门极电压是 G 为正，T_2 为负，特性曲线在第Ⅲ象限，为正触发。

（4） Ⅲ-触发方式　主端子 T_1 为负，T_2 为正；门极电压是 G 为负，T_2 为正，特性曲线在第Ⅲ象限，为负触发。

双向晶闸管的四种触发方式的各电极极性与相关特性见表 4-6。

表 4-6　四种触发方式的极性与相关特性

触发方式		第一主电极 T_1 端极性	第二主电极 T_2 端极性	门极极性	触发灵敏度（相对于Ⅰ+触发方式）
第Ⅰ象限	Ⅰ+	+	-	+	1
	Ⅰ-	+	-	-	近似 1/3
第Ⅲ象限	Ⅲ+	-	+	+	近似 1/4
	Ⅲ-	-	+	-	近似 1/2

Ⅲ+触发方式的触发灵敏度最低，尽量不用。

4.1.4 主要参数及选择

1. 主要参数

双向晶闸管的主要参数与普通晶闸管的参数定义大都相同，重复的部分在这里就不介绍了，但双向晶闸管额定电流的表示有所不同。由于双向晶闸管工作在交流电路中，正反向电流都可以流过，所以它的额定电流不是用平均值而是用有效值（方均根值）来表示，定义为：在标准散热条件下，当器件的单向导通角大于 170°时，允许流过器件的最大交流正弦电流的有效值，用 $I_{T(RMS)}$ 表示。

2. 参数选择

为了保证交流开关的可靠运行，必须根据开关的工作条件，合理选择双向晶闸管的额定通态电流、断态重复峰值电压（铭牌额定电压）以及换向电压上升率。

（1） 额定通态电流 $I_{T(RMS)}$ 的选择　双向晶闸管交流开关较多用于频繁起动和制动，对可逆运转的交流电动机，要考虑起动或反接电流峰值来选取器件的额定通态电流 $I_{T(RMS)}$。

（2） 额定电压 U_{Tn} 的选择　电压裕量通常取 2 倍，380V 线路用的交流开关，一般应选 1000～1200V 的双向晶闸管。

（3） 换向电压上升率 du/dt 的选择　电压上升率 du/dt 是重要参数，一些双向晶闸管的交流开关经常发生短路事故，主要原因之一是器件允许的 du/dt 太小。一般选 du/dt 为

200V/μs。

4.2 晶闸管交流开关及应用电路

晶闸管交流开关是一种快速、较理想的交流开关，同时，由于晶闸管总是在电流过零时关断，在关断时不会因负载或线路电感储存能量而造成暂态过电压和电磁干扰，因此特别适用于操作频繁、可逆运行及有易燃气体、多粉尘的场合。

4.2.1 简单交流开关及应用

晶闸管交流开关的基本形式如图 4-2 所示。门极毫安级电流的通断，可控制晶闸管阳极几十到几百安培大电流的通断。交流开关的工作特点是晶闸管在承受电压时触发导通，而在电流过零时自然关断。

图 4-2a 为普通晶闸管反并联的交流开关电路，当 S 合上时，靠管子本身的阳极电压作为触发电压，具有强触发性质，即使对触发电流很大的管子也能可靠触发，负载上得到的基本上是正弦电压。图 4-2b 采用双向晶闸管的电路，为Ⅰ+、Ⅲ-触发方式，线路结构简单。图 4-2c 是采用一只普通晶闸管的电路，管子不受反压，由于串联元器件多，此电路压降损耗较大。

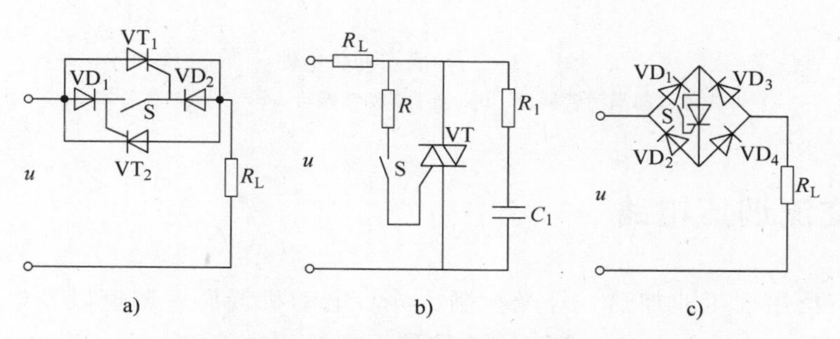

图 4-2 晶闸管交流开关的基本形式

a) 普通晶闸管反并联 b) 双向晶闸管 c) 一只普通晶闸管

4.2.2 固态开关

近几年来发展了一种固态开关（简称 SSS），它包括固态继电器（简称 SSR）、固态接触器（简称 SSC），是一种以双向晶闸管为基础构成的无触点通断组件。

光敏双向晶闸管耦合的非零电压开关如图 4-3a 所示。输入端 1、2 输入信号时，光敏双向晶闸管耦合器 B 导通，门极由 R_2、B 形成回路以Ⅰ+、Ⅲ-方式触发双向晶闸管。这种电路相对于输入信号的交流电源的任意相位均可同步接通，称为非零电压开关。

光敏晶闸管耦合的零电压开关如图 4-3b 所示。1、2 端输入信号时，光敏晶闸管门极不短接时，耦合器 B 中的光敏晶闸管导通，电流经整流桥与导通的光敏晶闸管提供门极电流，使 VT 导通。由 R_3、R_2、V_1 组成零电压开关功能电路，当电源电压由零升至一定幅值时 V_1 导通，光敏晶闸管关断。

光敏晶体管耦合的零电压无触点开关如图 4-3c 所示。1、2 端加上输入信号时，适当选

取 R_2 与 R_3 的比值，使交流电压在接近零值区域（±25V）且有输入信号时，V_2 管截止，无输入信号时 V_2 管饱和导通。因此不管什么时候加上输入信号，晶闸管 VT_1 只能在电压过零附近时导通，也就是双向晶闸管只能在零电压附近导通即开关闭合。

固态开关一般采用环氧树脂封装，具有体积小、工作频率高的特点，适用于频繁工作或潮湿、有腐蚀性以及易燃的环境中。

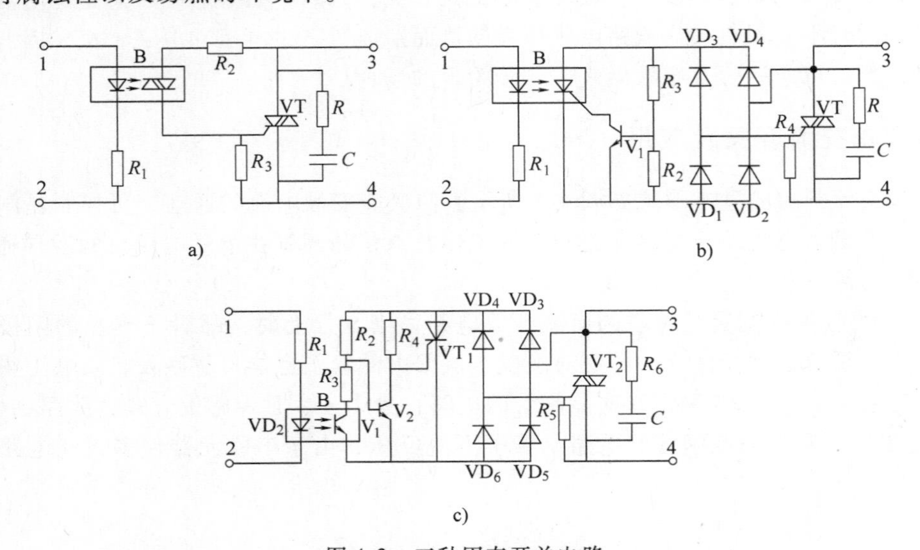

图 4-3　三种固态开关电路

a)　光敏双向晶闸管耦合　b）光敏晶闸管耦合　c）光敏晶体管耦合

4.3　单相交流调压电路

交流调压广泛用于工业加热、灯光控制、异步电动机调压、调速以及电焊、电解、电镀、交流侧调压等场合。与整流相似，交流调压也有单相和三相之分。单相交流调压用于小功率调节，广泛用于民用电气控制。本项目先分析单相调压，再推广至三相调压。单相交流调压电路可以用两只普通晶闸管反并联，也可以用一只双向晶闸管，后一种因其线路简单、成本低，故用得越来越多。

4.3.1　带电阻性负载和电感性负载的单相交流调压电路

1. 电阻性负载

（1）电路结构及工作原理

带电阻性负载的单相交流调压电路及波形如图 4-4 所示。

由图可见，晶闸管 VT_1 和 VT_2 反并联连接或采用双向晶闸管 VT 与负载电阻 R 串联接到交流电源 u_i（$u_i=\sqrt{2}U\sin\omega t$）上。在电源电压的正半波，当 $\omega t=\alpha$ 时，触发 VT_1，VT_1 导通。负载上有电流 i_o 通过，电阻得电，输出电压 $u_o=u_i$。当 $\omega t=\pi$ 时，电源电压 u_i 过零，$i_o=0$，VT_1 自行关断，$u_o=0$。在电源电压的负半波，当 $\omega t=\pi+\alpha$ 时，触发 VT_2 导通，负载电阻得电，u_o 变为负值。在 $\omega t=2\pi$ 时，$i_o=0$，VT_2 自行关断，$u_o=0$。若正负半周以同样的

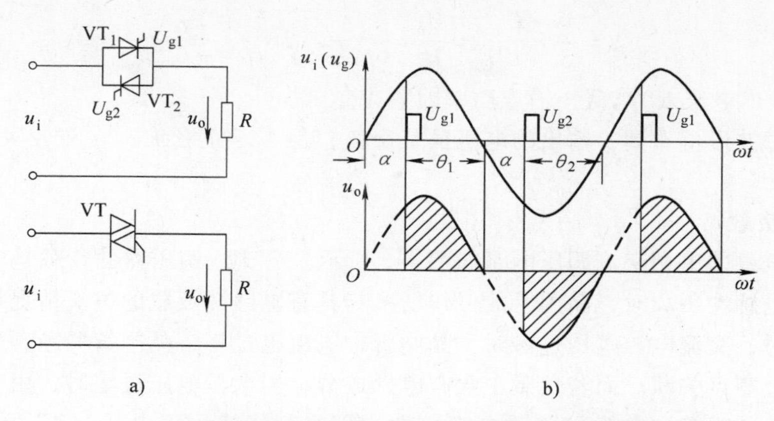

图 4-4　带电阻性负载的单相交流调压电路及波形

a）原理图　b）波形图

触发延迟角 α 触发 VT_1 和 VT_2，则负载电压有效值可以随 α 而改变，实现交流调压。负载电阻上得到缺角的交流电压波形。由于是电阻性负载，所以负载电路电流波形和加在电阻上的电压波形相同。

正负半周 α 起始时刻（$\alpha=0$）均为电压过零时刻，稳态时，正负半周的 α 相等；两只晶闸管的触发延迟角 α 应保持 180°的相位差，使输出电压不含直流成分。

（2）各电量计算

1）输出电压有效值 U_o 与输出电流有效值 I_o。

负载电阻 R 上的电压有效值 U_o 与触发延迟角 α 之间的关系为

$$U_o = \sqrt{\frac{1}{\pi}\int_{\alpha}^{\pi}(\sqrt{2}U_i\sin\omega t)^2\mathrm{d}(\omega t)} = U_i\sqrt{\frac{1}{2\pi}\sin 2\alpha + \frac{\pi-\alpha}{\pi}} \tag{4-1}$$

输出电流有效值 I_o 为

$$I_o = \frac{U_o}{R} \tag{4-2}$$

其中 U_i 为输入交流电压的有效值。

从式（4-1）中可以看出，随着 α 的增大，U_o 逐渐减小；当 $\alpha=0$ 时，输出电压有效值最大，$U_o=U_i$；当 $\alpha=\pi$ 时，$U_o=0$。因此，单相交流调压电路带电阻性负载时，其电压的输出调节范围为 $0\sim U_i$，触发延迟角 α 的移相范围为 $0\sim\pi$。

2）晶闸管的电流有效值。

对于双向晶闸管，电流有效值为

$$I_T = I_o$$

对于普通晶闸管，电流有效值为

$$I_T = \sqrt{\frac{1}{2\pi}\int_{\alpha}^{\pi}\left(\frac{\sqrt{2}U_i\sin\omega t)}{R}\right)^2\mathrm{d}(\omega t)} = \frac{U_i}{R}\sqrt{\frac{1}{4\pi}\sin 2\alpha + \frac{\pi-\alpha}{2\pi}} \tag{4-3}$$

3）功率因数 λ。

有功功率与视在功率之比定义为功率因数 λ，则

$$\lambda = \frac{P}{S} = \frac{U_o I_o}{U_i I_o} = \frac{U_o}{U_i} = \sqrt{\frac{1}{2\pi}\sin 2\alpha + \frac{\pi - \alpha}{\pi}} \tag{4-4}$$

α 越大，输出电压 U_o 越低，输入功率因数 λ 越低。

同时，通过波形可看到，输出的电压虽是交流，但不是正弦波，含有较大的奇次谐波，波形产生了畸变。

2. 电感性负载

带电感性负载的单相交流调压电路如图 4-5 所示。当交流调压器的负载是电动机、变压器一次绕组等电感性负载时，晶闸管的工作情况与具有电感性负载的整流情况相似。以上讨论电阻性负载时，交流电源电压过零时，晶闸管中电流也过零，晶闸管关断，也就是晶闸管在交流电压的过零点关断。而若负载中含有电感成分，当电源电压过零时，由于电路的自感电动势的作用，晶闸管中电流（负载电流）的过零时刻将滞后于电压过零时刻。交流电压过零时，晶闸管不会关断，而要滞后一段时间，滞后时间的长短，如果用电角度表示，应等于负载的功率因数角。这种关断的滞后现象对交流调压器工作将产生很大影响。此时，晶闸管的导通角 θ，不但与触发延迟角 α 相关，而且与负载阻抗角 φ 有关，阻抗角 $\varphi = \arctan(\omega L/R)$。下面分别就 $\alpha > \varphi$、$\alpha = \varphi$、$\alpha < \varphi$ 三种情况来讨论单相调压电路的工作情况：

（1）当 $\alpha > \varphi$ 时　可以判断出导通角 $\theta < 180°$，当电路中电感储能泄放完毕时，管子电流到零关断，其负载电流正负半波断续。负载电流与电压波形如图 4-6a 所示。此时电路工作于周期性的过渡状态，晶闸管每导通一次，就出现一次过渡过程，且相邻两次的过渡过程完全一样，这就是电路的稳定工作状态。α 越大，θ 越小，波形断续越严重。

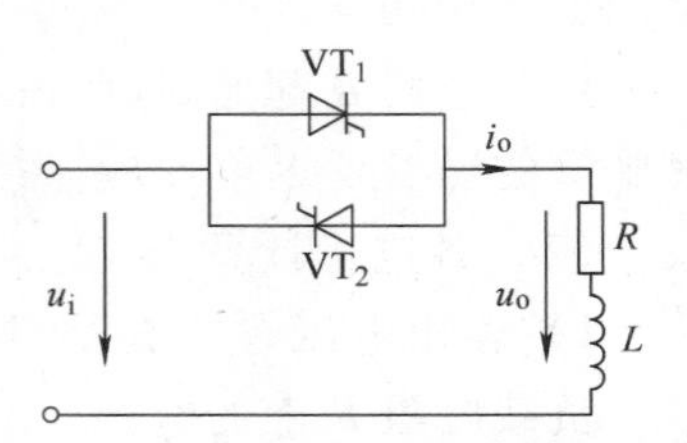

图 4-5　带电感性负载的单相交流调压电路

（2）当 $\alpha = \varphi$ 时　可以计算出每个晶闸管的导通角 $\theta = 180°$。此时，每个晶闸管轮流导通 180°，相当于两个晶闸管轮流被短接。电流的正、负半周连续，直接进入稳态值，电流是完整的正弦波。相当于晶闸管失去控制，负载上获得最大功率，此时，电流波形滞后电压波形 α，如图 4-6b 所示。

（3）当 $\alpha < \varphi$ 时　电源接通后，在电源的正半周，如果先触发 VT_1，可判断出它的导通角 $\theta > 180°$。如果采用窄脉冲触发，当 VT_1 的电流下降为零而关断时，VT_2 的门极脉冲已经消失，VT_2 无法导通。到了下一周期，VT_1 又被触发导通重复上一周期的工作，结果形成单相半波整流现象，回路中出现很大的直流电流分量，无法维持电路的正常工作。回路的直流分量会造成变压器、电动机等负载的铁心饱和，甚至烧毁线圈及熔断器、晶闸管等，使电路不能正常工作。为了解决上述失控现象，可采用宽脉冲触发。当 VT_1 关断时，VT_2 的触发脉冲 U_{g2} 仍然存在，VT_2 将导通，电流反向流过负载。这种情况下，VT_2 的导通总是在 VT_1 的关断时刻，而与 α 的大小无关。同样原因，VT_1 的导通时刻，正是 VT_2 的关断时刻，也与 α 无关。因此，在这种控制条件下，VT_1 和 VT_2 将不受 α 变化的影响，连续轮流导通。虽然在刚开始触发晶闸管的几个周期内，两个晶闸管的电流波形是不对称的，但从第二周期开始，由于 VT_2 的关断时刻向后移，因此 VT_1 的导通角逐渐减小，VT_2 的导通角逐渐增大，直到两个晶闸管的导通角 $\theta = 180°$ 时达到平衡。负载电流就能得到完全对称连续的波形。如图 4-6c所示。交流电源将始终加在负载上，负载电压是一个完整的正弦电压，其大小等于电源电压 U_i。负载电流也是完整的正弦电流，其大小为

$$I_o = \frac{U_i}{\sqrt{R^2 + (\omega L)^2}} \tag{4-5}$$

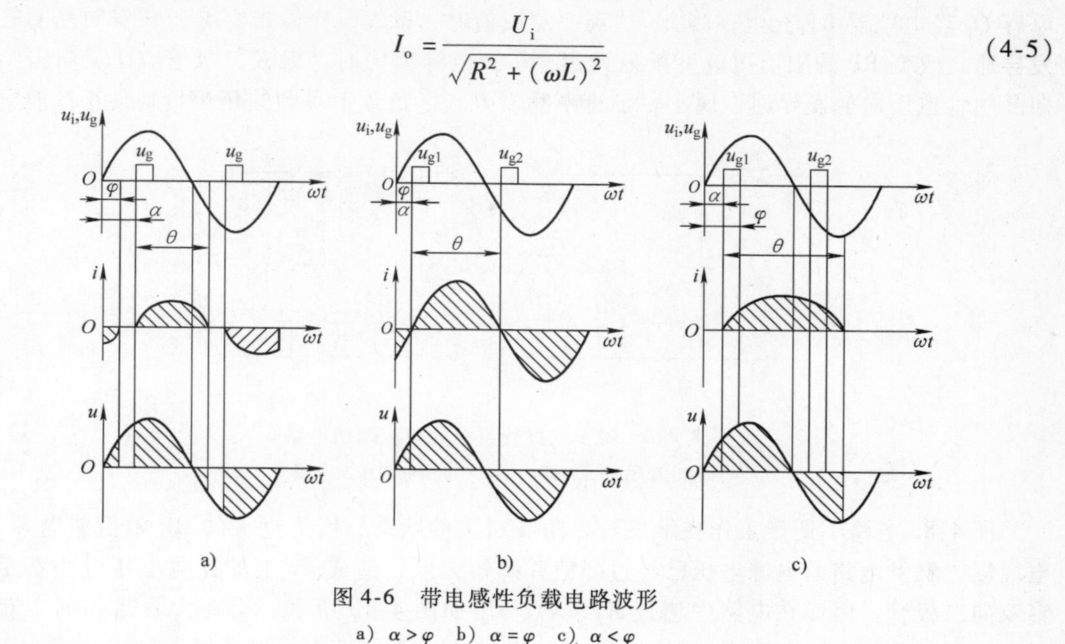

图 4-6　带电感性负载电路波形

a) $\alpha>\varphi$　b) $\alpha=\varphi$　c) $\alpha<\varphi$

根据以上分析，当 $\alpha\leqslant\varphi$ 并采用宽脉冲触发时，负载电压、电流总是完整的正弦波，改变触发延迟角 α，负载电压、电流的有效值不变，即电路失去交流调压作用。因此在电感性负载时，要实现交流调压的目的，则最小触发延迟角 $\alpha=\varphi$（负载的功率因数角），所以 α 的移相范围为 $\varphi\sim180°$。

综上所述，单相交流调压的特点如下：

1）带电阻性负载时，负载电流波形与单相桥式可控整流交流侧电流波形一致，改变触发延迟角 α 可以改变负载电压有效值，达到交流调压的目的。单相交流调压的触发电路完全可套用整流触发电路。

2）带电感性负载时，不能用窄脉冲触发，否则当 $\alpha<\varphi$ 时会发生有一个晶闸管无法导通的现象，电流出现很大的直流分量。

3）带电感性负载时，最小触发延迟角为 $\alpha_{min}=\varphi$（负载功率因数角），所以 α 的移相范围为 $\varphi\sim180°$。而带电阻性负载时移相范围为 $0\sim180°$。

4.3.2　几种单相交流调压的触发电路

1. 本相电压强触发电路

简单有级交流调压触发电路如图 4-7 所示，当开关 S 放在“3”位置时，双向晶闸管 VT 正半周工作在Ⅰ+触发，负半周工作在Ⅲ-触发，负载 R_L 上得到正弦交流电压。当开关放到“2”位置时，VT 只工作在Ⅰ+触发，R_L 上得到正半周电压，达到降低电压的目的。

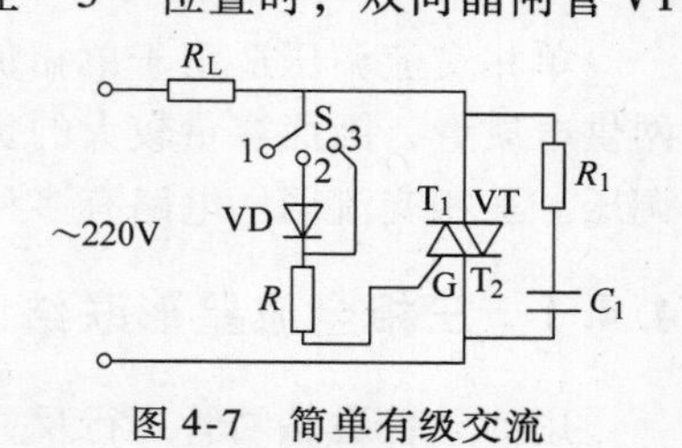

图 4-7　简单有级交流调压触发电路

2. 触发二极管组成的触发电路

采用触发二极管组成的交流调压电路如图 4-8 所示。触发二极管 VD 是三层 PNP 结构，两个 PN 结有对称的击穿特性，击穿电压通常为 30V 左右，当双向晶闸管 VT 阻断时，

电容 C_1 经电位器 RP 充电，当 U_{c1} 达到一定数值时，触发二极管击穿导通，双向晶闸管也触发导通，改变 RP 的阻值可改变触发延迟角 α。电源反向时，触发二极管 VD 反向击穿，双向晶闸管也反向触发导通，属Ⅰ+、Ⅲ-触发方式，负载上得到的是正负缺角正弦波电压。

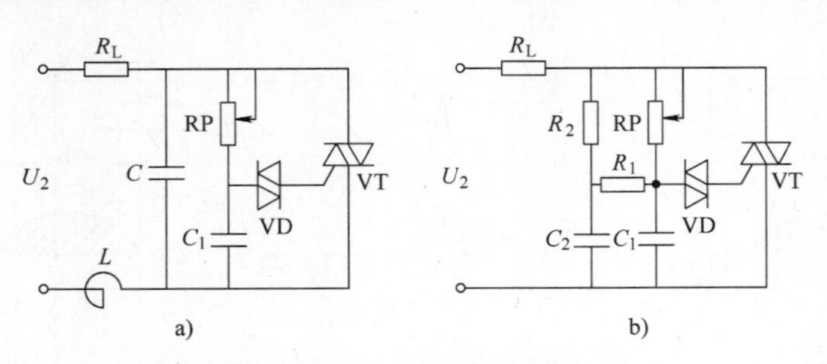

图 4-8 触发二极管组成的交流调压电路

a）简易触发电路 b）大移相范围触发电路

图 4-8a 电路不适于工作在触发延迟角 α 过大的状态，因为过大的 RP 阻值使电容 C_1 充电缓慢，触发电路的电源电压已经过峰值并降得很低，造成 C_1 上的充电电压过小不足以击穿双向二极管，因而在电路中增设 R_2、R_1、C_2 如图 4-8b 所示，当在大 α 工作时，获得滞后电压 U_{c2}，给电容 C_1 增加一个充电电路，以保证 VT 能可靠触发，增大调压范围。

目前生产的双向晶闸管，不少已经把 VD 与 VT 集成在一起，经过双向晶闸管的门极引出，使用时更方便。

3. 单结晶体管触发电路

单结晶体管触发电路如图 4-9 所示。（注意脉冲变压器 TP 同名端的标法），电路工作在Ⅰ-、Ⅲ-触发电路状态。热敏电阻用于温度补偿。

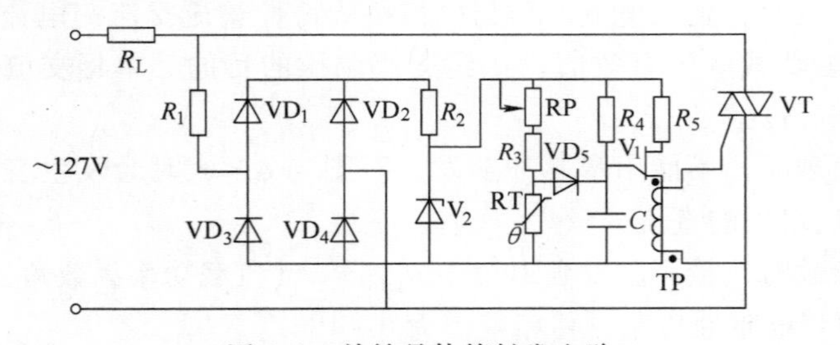

图 4-9 单结晶体管触发电路

4.4 三相交流调压电路

单相交流调压适用于单相负载。如果单相负载容量过大，就会造成三相不平衡，影响电网供电质量，因而容量较大的负载大多采用三相。要适应三相负载的要求，就需用三相交流调压。三相交流调压电路有多种形式，较为常用的有四种接线方式。

4.4.1 三相全波星形联结调压电路

用 6 只普通晶闸管进行反并联或者用 3 只双向晶闸管作为开关器件，分别接至负载就构成了三相调压电路。负载可以是星形联结也可以是三角形联结，采用普通晶闸管反并联三相全波星形联结的调压电路如图 4-10 所示。对于这种不带中性线的调压电路，为使三相电流构成通路，使电流连续，任何时刻至少要有两个晶闸管同时导通。为了改变电压，需要对触发脉冲的相位进行控制，即改变触发延迟角 α。为使 $\alpha=0$ 时，负载上能得到全电压，触发延迟角 α 是以每相相电压的零点作为起始点（$\alpha=0$ 处），这与整流和逆变电路不同。为此对触发电路的要求是：

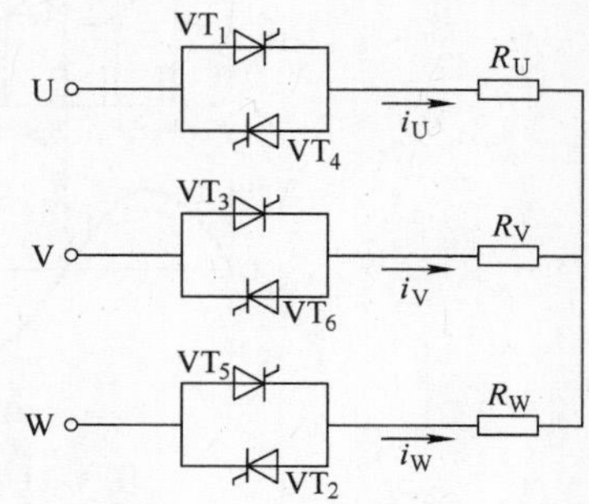

图 4-10　三相全波星形联结的调压电路

1）三相晶闸管 VT_1、VT_3 与 VT_5 的触发脉冲依次间隔 120°，而同一相 2 只晶闸管的触发脉冲间隔 180°，即 6 只晶闸管 VT_1 ~ VT_6 的触发脉冲依次间隔 60°。

2）为了保证电路开始工作时能两相同时导通，以及在电感性负载和触发延迟角较大时仍能保持两相同时导通，和三相全控桥式整流电路一样，要求采用间隔为 60°的双窄脉冲或大于 60°的宽脉冲触发。

3）为了保证输出三相电压对称可调，应保持触发脉冲与电源电压同步。

下面以电阻性负载为例分析三相全波星形联结调压电路 U 相负载上的电压波形，V 相与 W 相负载电压波形形状与其一样，相位依次相差 120°，不再一一分析。

负载上的电压波形取决于三相晶闸管的导通状况，晶闸管导通状况不同，负载上得到的电压就不同。在一个周期内不同的时段晶闸管的导通状况是不一样的，所以负载上的电压也是不一样的，一个周期内负载上的电压波形是由多个电压组成的。针对 U 相晶闸管就有以下 4 种导通状况，其 U 相负载电压波形也就有可能是由以下 4 种电压组成：

1）U 相晶闸管（VT_1 或 VT_4）、V 相晶闸管（VT_3 或 VT_6）和 W 相晶闸管（VT_5 或 VT_2）都处在导通状态，此时三相全导通，U 相负载上电压 U_{RU} 为相电压 U_U。

2）U 相晶闸管（VT_1 或 VT_4）和 V 相晶闸管（VT_3 或 VT_6）处在导通状态，但 W 晶闸管（VT_5 或 VT_2）处于关断状态，此时相当于 U 相负载与 V 相负载串接于线电压 U_{UV} 上，因此 U 相负载上电压为 $1/2U_{UV}$。

3）U 相晶闸管（VT_1 或 VT_4）和 W 晶闸管（VT_5 或 VT_2）处在导通状态，但 V 相晶闸管（VT_3 或 VT_6）处于关断状态，此时相当于 U 相负载与 W 相负载串接于线电压 U_{UW} 上，因此 U 相负载上电压为 $1/2U_{UW}$。

4）U 相晶闸管（VT_1 或 VT_4）处在关断状态，此时 U 相负载上电压 U_{RU} 为 0。

通过以上分析，对于不同的触发延迟角 α，根据各相触发脉冲出现的时刻，各相晶闸管在一个周期内不同时段的导通状况，就可以得到 U 相负载上电压 u_{RU} 的波形。$\alpha=0$ 和 $\alpha=30°$ 时的 u_{RU} 的波形如图 4-11 所示。$\alpha=90°$ 和 $\alpha=120°$ 时的波形如图 4-12 所示。具体过程不再详细分析。

根据电压波形分析可知，当 $\alpha \geqslant 150°$ 时，晶闸管不能构成导通条件，所以这种三相全波星形联结调压电路的最大移相范围为 150°。触发延迟角 α 由 0°变化至 150°时，输出的交流电压可以连续地由最大调节至零。

随着 α 的增大，电流的不连续程度增加，每相负载上的电压已不是正弦波，但正、负半周对称。因此，这种调压电路输出的电压只有奇次谐波，以三次谐波所占比重最大。由于

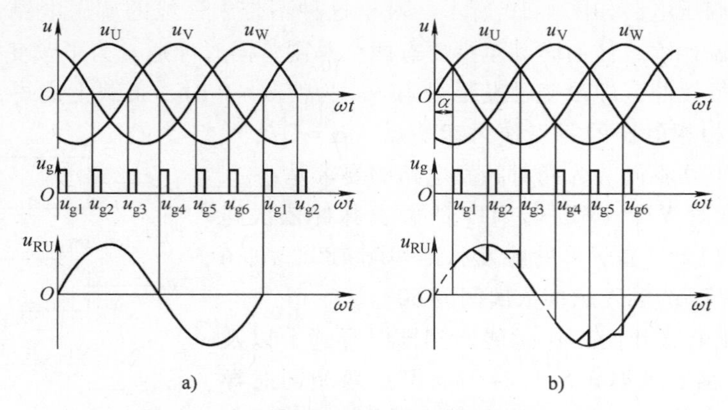

图 4-11　三相全波星形联结的调压电路输出波形

a）$\alpha=0$　b）$\alpha=30°$

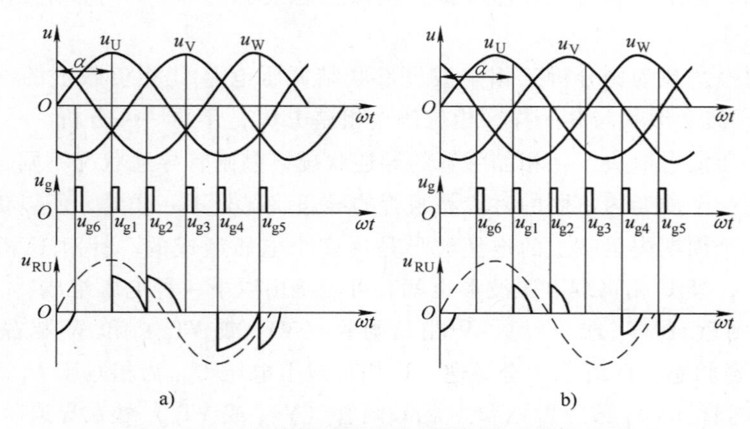

图 4-12　三相全波星形联结的调压电路输出波形

a）$\alpha=90°$　b）$\alpha=120°$

这种线路没有中性线，故无三次谐波回路，减少了三次谐波对电源的影响。

三相交流调压电路带电感性负载时，分析过程很复杂，因为输出电压与电流存在相位差，在线电压或相电压过零瞬间，晶闸管将继续导通，负载中仍有电流流过，此时晶闸管的导通角 θ 不仅与触发延迟角 α 有关，而且与负载功率因数角 φ 有关。如果负载是异步电动机，则功率因数角 φ 还要随电动机运行情况的变化而变化，这将使波形更加复杂。

但从实验波形可知，三相电感性负载的电流波形与单相电感性负载时的电流波形的变化规律相同，即当 $\alpha\leqslant\varphi$ 并采用宽脉冲触发时，负载电压、电流总是完整的正弦波；改变触发延迟角 α，负载电压、电流的有效值不变，即电路失去交流调压作用。要实现交流调压的目的，则最小触发延迟角 $\alpha=\varphi$，在相同负载阻抗角 φ 的情况下，α 越大，晶闸管的导通角越小，流过晶闸管的电流也越小。

4.4.2　其他三相交流调压电路形式

除了上述三相全波星形联结的调压电路外，还有星形带中性线的三相调压电路、内三角形联结调压电路、三相晶闸管三角形联结的调压电路。各连接方式的线路图输出波形和特点见表 4-7。

表 4-7　三相交流调压常用电路接线方式比较

接线方式	全波星形(Y)无中性线	星形(Y)带中性线	内三角形(△)联结	晶闸管三角形(△)联结
电路图	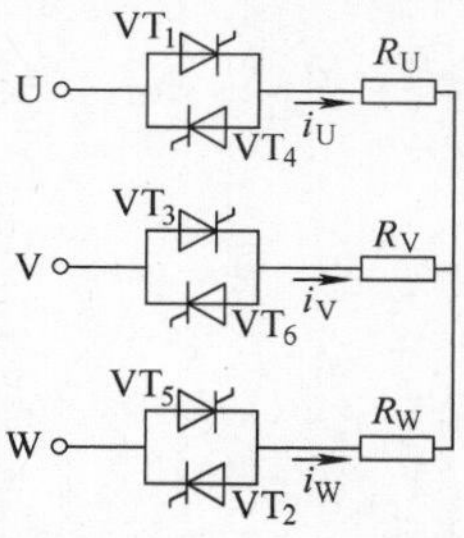	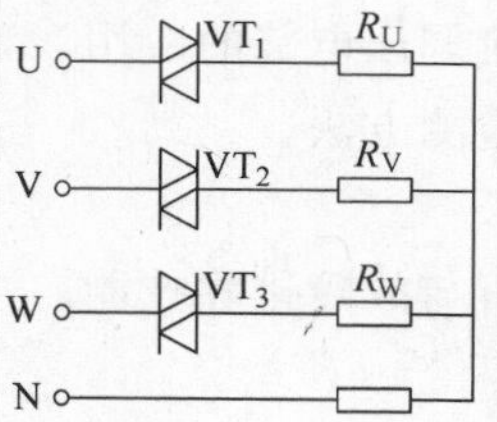	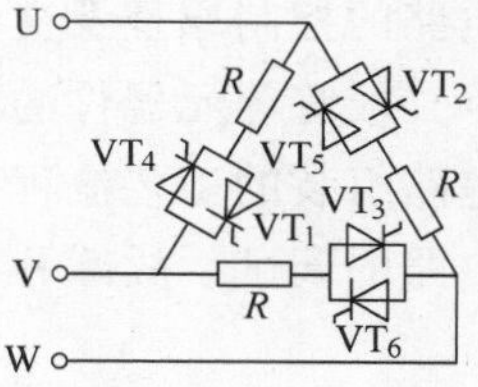	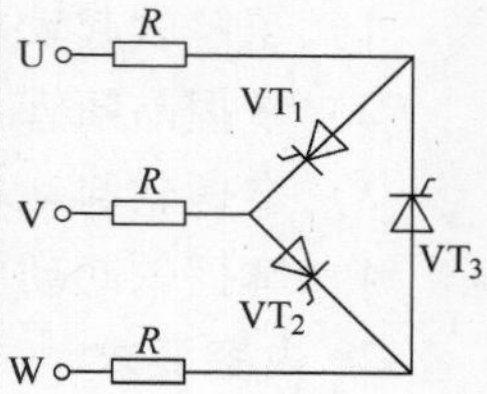
晶闸管工作电压(峰值)	$\sqrt{2}U_i$	$\sqrt{\frac{2}{3}}U_i$	$\sqrt{2}U_i$	$\sqrt{2}U_i$
晶闸管工作电流	$0.45I_i$	$0.45I_i$	$0.26I_i$	$0.68I_i$
移相范围	0 ~ 150°	0 ~ 180°	0 ~ 180°	0 ~ 210°
线路性能特点	1. 负载对称，且三相皆有电流时如同三个单相组合 2. 应采用双窄脉冲或大于60°的宽脉冲 3. 不存在三次谐波电流 4. 适用于各种负载	1. 是三个单相电路的组合 2. 输出电压、电流波形对称 3. 中性线流过谐波电流，特别是三次谐波电流 4. 适用于中小容量可接中性线的各种负载	1. 是三个单相电路的组合 2. 输出电压、电流波形对称 3. 与星形联结比较，在同容量时，此电路可选电流小、耐压高的晶闸管 4. 实际应用较少	1. 线路简单，成本低 2. 适用于三相负载星形联结，且中性点能拆开的场合 3. 因线间只有一个晶闸管，属于不对称控制

4.4.3　三相交流调压触发电路

三相交流调压触发电路与三相桥式全控整流的触发电路类似，这里不再赘述，详见项目 2。

4.5　软起动电路的装配

三相交流异步电动机是应用最为广泛的电气设备，但电动机直接起动时产生的大电流会对电网造成冲击，同时对电动机本身及其负载机械设备带来不利影响，对于容量较大的电动机，这些危害也就尤为严重。

目前，大部分容量较大的三相交流异步电动机通常采用定子回路串电阻起动、Y/△起动和自耦变压器起动。这些传统起动器，采用电压分步跳跃上升的方式，因此，起动过程中存在二次冲击电流，会造成电动机冲击电流大、冲击转矩大、效率低。

软起动电路就是一种三相交流调压电路。运用不同的控制方法，使加在交流电动机上的电压按要求逐步增加，就不会产生上述问题，即对电网不会产生过大的电流冲击，可大大降低系统的配电容量，机械传动系统振动小，起动、停车平滑稳定，可提高电动机的使用寿命和经济效益。

4.5.1 任务的提出

1. 制作软起动电路的目的

1）了解软起动电路的控制原理及交流调压电路的应用。

2）掌握晶闸管、二极管等元器件的检测方法。

3）掌握软起动电路组装的工艺流程。

4）掌握软起动电路的调试、故障分析与故障排除技能。

2. 内容要求

1）通过电路原理图，列出元器件明细表。

2）检查与测试元器件。

3）软起动器的装配、调试和维修。

4）软起动电路关键点的波形测量与系统调试。

5）故障设置与排除。

4.5.2 软起动电路分析

整个电路分为主电路与继接控制电路、触发电路和直流电源与控制电压 U_C 产生电路三个部分，各部分电路分析如下。

1. 主电路与继接控制电路

主电路与继接控制电路如图4-13所示。主电路由6只普通晶闸管组成三相全波星形联结调压电路向电动机供电，使电动机在起动时电压逐渐上升即所谓的软起动，当电动机电压

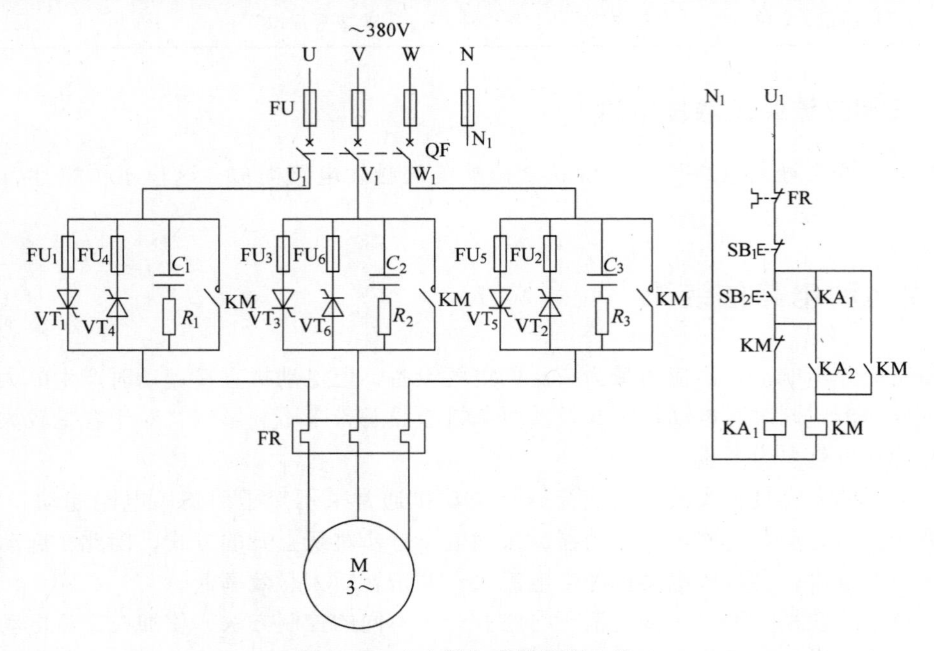

图4-13 主电路与继接控制电路

上升到接近380V时接触器KM常开触点闭合，将晶闸管短接，电动机在全压下运行。图中FU_1 ~ FU_6为晶闸管过电流保护的快速熔断器，R_1C_1 ~ R_3C_3组成晶闸管的过电压保护电路，热继电器FR为电动机的过载保护，三相交流电源U_1、V_1、W_1、N_1由实训室提供。

继接控制电路由停止按钮SB_1、起动按钮SB_2、继电器KA_1、接触器KM线圈、继电器KA_2常开触点等电器元件组成。当按下起动按钮SB_2时，继电器KA_1得电，自锁触点闭合，同时控制电压产生电路中的KA_1触点闭合，使控制电压产生电路工作；当继电器KA_2常开触点闭合时，KM得电，使电动机全压运行，同时使KA_1失电。

2. 触发电路

触发电路如图4-14所示。与任务2中的触发电路一样由集成触发器TC787等元器件组成，6路触发脉冲分别加到VT_1 ~ VT_6的晶闸管门极，其工作原理已在任务2中讲述，不再赘述。输出脉冲的移相由控制电压U_C控制，当控制电压U_C从10.5V逐步向5.5V变化时，输出脉冲将逐步移相，使晶闸管触发延迟角α逐渐减小，主电路输出的电压将从40V逐渐升高到380V。满足电动机软起动的要求。

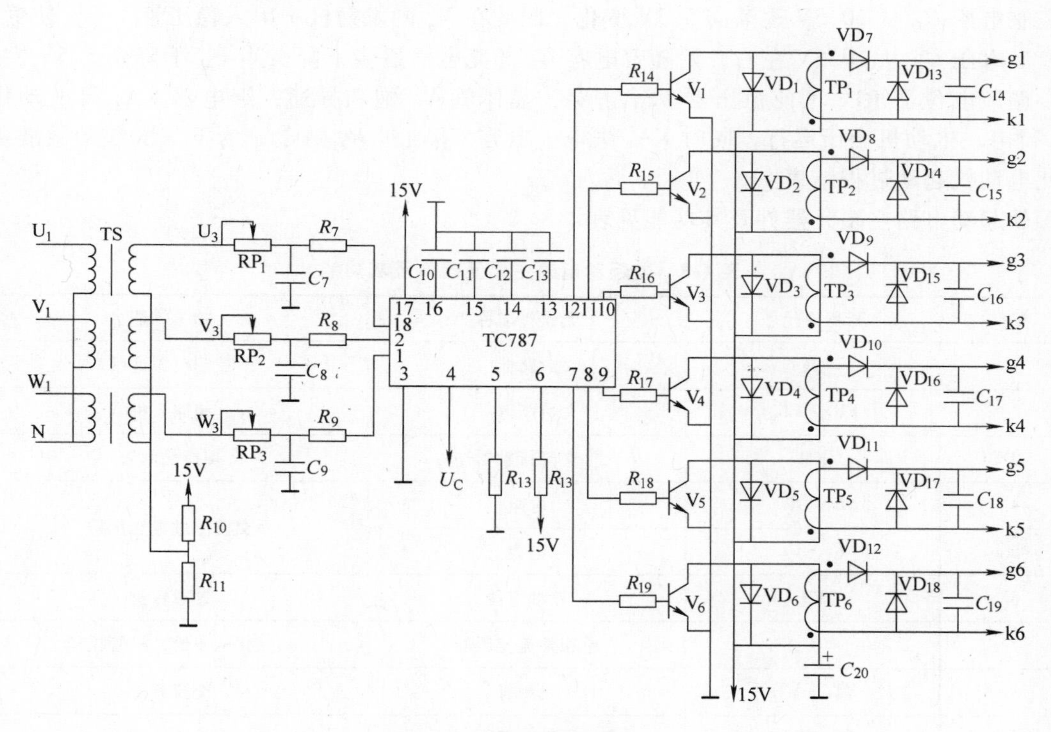

图4-14　触发电路

3. 直流电源与控制电压U_C产生电路

直流电源与控制电压U_C产生电路如图4-15所示。变压器T、二极管VD_{20} ~ VD_{23}、LM7815和电容C_{20} ~ C_{23}组成稳压电源，提供15V直流工作电压。

晶体管V_7、V_8等元器件组成控制电压产生电路，其中V_7、R_{20}、R_{22}、RP_4、VS_1、KA_1常开触点等元器件组成恒流源电路。当KA_1触点闭合时，向电容C_{24}恒流充电，使电容C_{24}两端的电压线性增加，调节RP_4可改变充电电流的大小。V_8、VS_2、RP_5等元器件组成射极

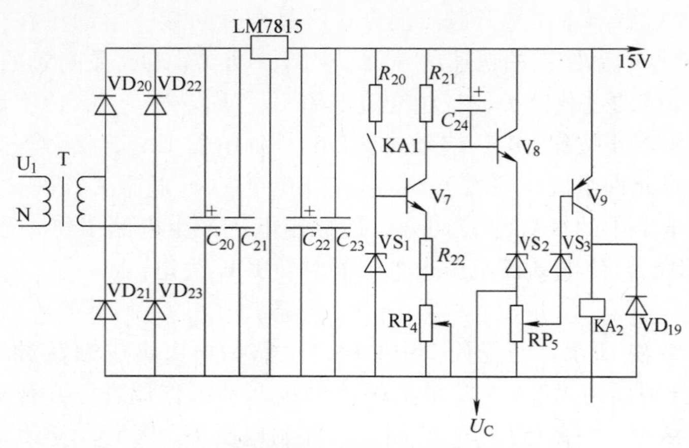

图 4-15　直流电源与控制电压 U_C 产生电路

输出器电路，具有极高的带负载能力。根据主电路和触发电路的要求，在电动机起动时，需要控制电压 U_C 从 10.5V 逐渐向 5.5V 变化，因此在 V_8 的发射极中串入稳压管 VS_2，使输出的控制电压 U_C 从 10.5V 左右开始随着电容 C_{24} 的充电而逐步下降。当 U_C 下降到 5.5V 左右时，调节电位器 RP_5 可使稳压器 VS_3 击穿，晶体管 V_9 饱和导通，继电器 KA_2 得电动作，KM 得电，电动机全压运行，同时 KA_1 失电，电容 C_{24} 通过 R_{21} 放电，为下一次起动做准备，至此电动机起动过程结束。

软起动电路主要元器件及其功能见表 4-8。

表 4-8　软起动电路主要元器件及其功能

序号	元器件代号	元器件名称	功　能
1	QF	断路器	控制电源通断
2	FU_1 ~ FU_6	熔断器	短路保护
3	KM	交流接触器	切换晶闸管
4	R_1 ~ R_3	电阻	交流侧过电压保护
5	C_1 ~ C_3	电容	
6	FR	热继电器	过载保护
7	T	单相整流变压器	变化电压给二极管供压
8	VT_1 ~ VT_6	晶闸管	交流调压
9	KA_1、KA_2	继电器	接通负载
10	M	三相异步电动机	负载
11	TS	三相同步变压器	提供三相同步信号
12	R_{10}、R_{11}	电阻	同步信号获取中点电压
13	RP_1 ~ RP_3	可变电阻	同步信号滤波与移相
14	R_7 ~ R_9	电阻	
15	C_7 ~ C_9	电容	

（续）

序号	元器件代号	元器件名称	功　能
16	C_{10} ~ C_{12}	电容	三相锯齿波形成
17	C_{13}	电容	脉冲宽度调整
18	VD_{20} ~ VD_{23}	二极管	组成桥式整流电路
19	R_{12}	电阻	脉冲封锁信号隔离电阻
20	R_{13}	电阻	脉冲方式信号隔离电阻
21	R_{14} ~ R_{19}	电阻	限制晶体管基极电流
22	V_1 ~ V_6	晶体管	脉冲功率放大
23	TP_1 ~ TP_6	脉冲变压器	脉冲输出与隔离
24	VD_1 ~ VD_{18}	二极管	晶闸管门极保护电路
25	C_{20} ~ C_{23}	电容	滤波电容
26	VS_1 ~ VS_3	稳压管	稳压电源
27	7815	三端稳压器	输出 15V 直流电压
28	C_{24}	电容	形成锯齿波
29	VD_{19}	二极管	继电器保护回路
30	RP_4	可调电阻	调整锯齿波系列斜率
31	RP_5	可调电阻	调整 KA_2 吸合时间点
32	R_{20}	电阻	基极偏置电阻
33	R_{21}	电阻	为电容 C_{24} 提供放电回路
34	R_{22}	电阻	发射极电阻
35	V_7 ~ V_9	晶体管	放大

4.5.3 电路装配准备

1. 电气材料、工具与仪器仪表

1）电气材料一套。

2）电路焊接工具：电烙铁（20~35W）、烙铁架、焊锡丝、松香。

3）测量仪器仪表：万用表、示波器。

4）机加工工具：剪刀、剥线钳、尖嘴钳、平口钳、螺钉旋具、套筒扳手、镊子、电钻。

5）电源设备：~380V 三相四线电源，15V、2A 直流可调稳压电源（调试用）。

2. 元器件的清点与检测

1）在电路装配前首先根据电路原理图清点元器件，并列出电路元器件明细表，元器件明细表格式见表 4-9。

2）检测元器件，检测情况填入元器件检测表中，检测表格式见表 4-10，表中编号按明细表序号填写。

3）各元器件的检测方法可参见任务1与任务2。

表4-9 软起动电路元器件明细表

序号	名称	元器件代号	型号规格	单位	数量	备注
1						
2						
3						
4						

表4-10 软起动电路元器件检测

1. 电阻、电位器检测

编号	代号	色环	标称值	误差	量程选择	实测值

2. 电容检测

编号	代号	电容量	耐压	有无极性	量程选择	漏电阻	是否合格

3. 二极管检测

编号	代号	额定电压/电流	量程选择	正向电阻	反向电阻	是否合格

4. 双向晶闸管检测

编号	代号	额定电压/电流	量程选择	正向电阻/反向电阻			导通试验	是否合格
				T_1、T_2	T_1、G	G、T_2		

5. 变压器检测

编号	代号	量程选择	一次绕组电阻	二次绕组电阻	绕组级间电阻	是否合格

4.5.4 电路安装方案设计

电路安装分为两部分：一部分是主电路，安装在由胶木板做成的主板上；另一部分是直流电源与控制电压产生电路、晶闸管的保护电路和触发电路，分别安装在两块印制电路板上。装好的印制电路板也将安装在主板上。主板与印制电路板之间以及对外的接线均通过接线端子进行连接。

1. 电路主板的方案设计

软起动电路的主电路和控制电路将全部安装在主板上，包括：

1）由反并联晶闸管组成的三相交流调压电路。

2）过电流保护的熔断器电路。

3）切换用的交流接触器和过载保护的热继电器。

4）控制起动、停止的按钮。

另外两块印制电路板也安装在主板上。电路主板的设计可参考图 4-16。

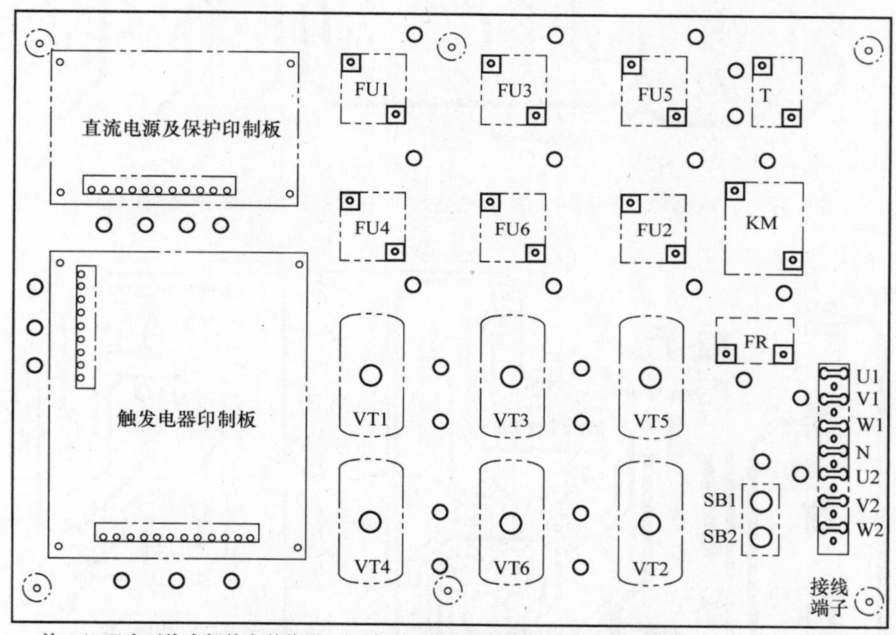

注：1. 双点画线为部件安装位置；2. 实线框为穿线孔和部件安装孔。

图 4-16 主板安装图

2. 印制电路板的设计

印制电路板分为两块：一块安装直流电源、控制电压产生电路和晶闸管的过电压保护电路；另一块安装触发电路。印制电路板的设计可参考图 4-17 和图 4-18。

4.5.5 整机装配

1. 印制板电路（触发电路）**装配**

（1）装配步骤 印制板电路装配一般遵循“先低后高”的原则，先安装电阻与二极管，后安装集成触发器插座、接线端子、小瓷片电容，再安装晶体管、电解电容器，最后安装脉冲变压器。印制板安装完毕后，将集成触发器 TC787 按指定方向插入 IC 插座内。

（2）装配工艺要求

1）将电路所有元器件（零部件）正确装入印制电路板相应位置上，采用单面焊接的方

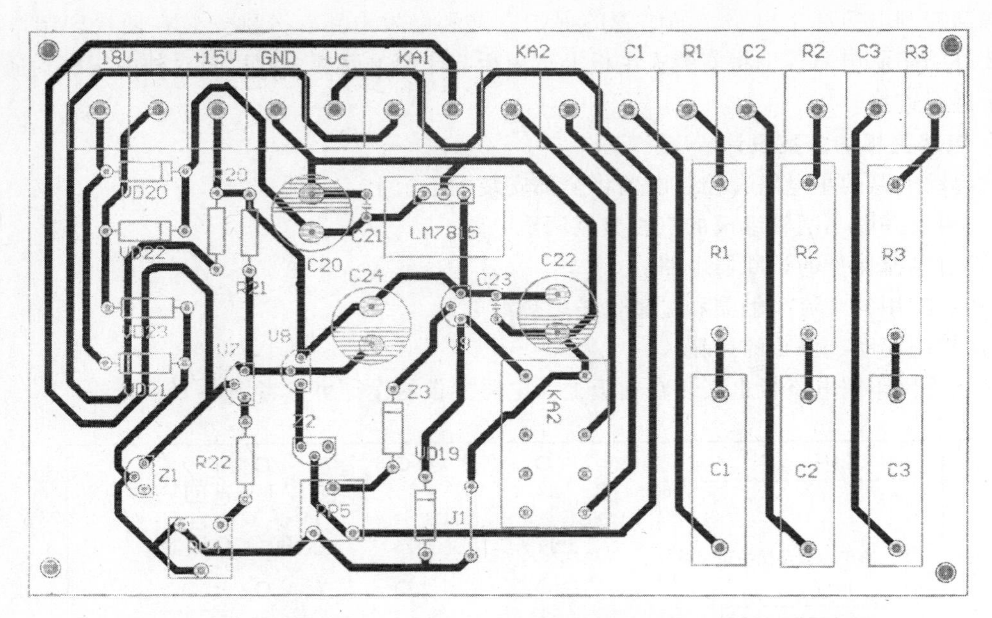

图 4-17 直流电源、控制电压产生电路和晶闸管的过电压保护电路印制板

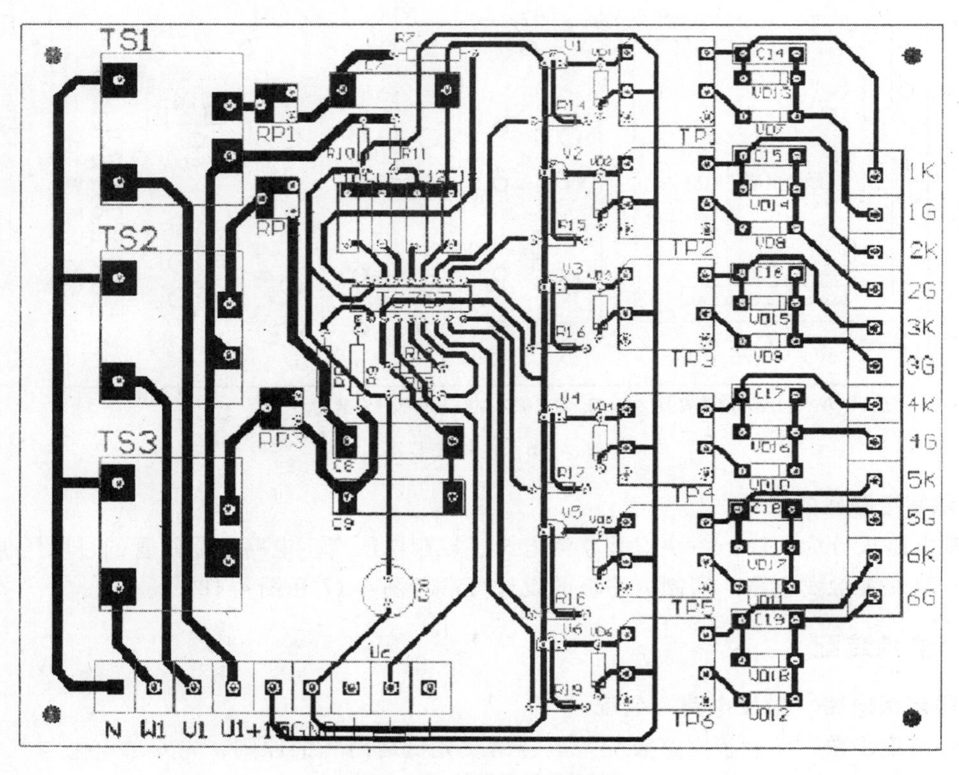

图 4-18 触发电路印制板

法，不得错焊、漏焊、虚焊。

2）有极性的元器件，注意极性不得搞反、搞错，集成电路插座方向应与设计装配方向

一致，脉冲变压器的一、二次绕组不能接错。

3）各元器件（零部件）安装位置要正，高度需平整、一致。

2. 主板电路装配

（1）安装步骤

1）按设计方案要求将各元器件逐一按位置安装，一般根据元器件的体积和重量遵循“先小后大”和“先轻后重”的原则进行安装。

2）接线。

（2）装配工艺要求

1）晶闸管通过散热器安装在主板上，晶闸管与散热器的接触应平整、无杂质，且接触紧密。

2）各元器件（或部件）固定在主板上需牢固、可靠。

3）连接导线的走线应平整、美观，导线绝缘层应保持良好，导线连接端无论是压接或焊接都应牢固，接触良好。

3. 整机装配

（1）装配步骤

1）将装配好的印制电路板固定到主板上。

2）根据原理图连接主板与印制电路板之间的电路。

3）完成主板与外电路的连接。

（2）装配工艺要求　所有接线均通过接线端，需要绕接的注意绕线方向，需要压接的注意压接部分不能太少。接头处不能有毛头出现。元器件安装位置如图 4-18 所示。

完成整机装配后，应认真检查电路，确保装配无误。

4.5.6　电路调试

经检查，在确定电路无误后，进行电路调试。调试过程是先调控制电路，再调主电路。具体调试方法如下：

（1）直流电源、控制电压产生电路调试

1）先将主电路中熔断器 FU_1 ~ FU_6 的熔芯去掉，再将接触器 KM 线圈连线断开，保证主电路不得电的情况下，接通直流电源交流端的 220V 电压，用万用表测量直流电源输出电压 15V 是否正常。若不正常，检查相关元器件和电路使其工作正常。

2）按下起动按钮 SB_2，继电器 KA_1 得电，其常开触点闭合，同时用万用表测量 U_C 观察其变化，当 KA_1 常开触点闭合时 U_C 值应从 10.5V 左右开始逐渐下降到 5.5V 左右（电容 C_{24} 的充电过程），此时调节电位器 RP_5 使继电器 KA_2 动作。按下停止按钮 SB_1，继电器 KA_1 失电，U_C 值又从 5.5V 左右逐渐回到 10.5V 左右（电容 C_{24} 的放电过程）。调节电位器 RP_4 可以改变 U_C 值应从 10.5V 下降到 5.5V 的时间，通常该时间可调整在 10s 左右。

（2）触发电路调试

1）用直流可调稳压电源输出代替控制电压 U_C 临时接至触发电路控制电压输入端（U_C 端），并将电压调为 7.5V。

2）接通电源后，检查触发电路直流工作电压（15V）和同步电源电压，并使其正常。

3）用万用表测量 TC787 集成触发器各脚电压，将测量数据记录在表 4-11 实测值当中，若测量值与参考值差距过大，应检查该脚所接外电路是否存在故障，若有故障应排除后再测量，若无故障可能是TC787集成触发器有问题，需更换TC787后再测。

表4-11　TC787各脚电压数据

TC787引脚	1	2	3	4	5	6	7	8	9
参考电压值/V	7.4	7.4	0	7.5	0.12	15	1.3	1.3	1.3
实测电压值/V									
TC787引脚	10	11	12	13	14	15	16	17	18
参考电压值/V	1.3	1.3	1.3	11	6.8	6.8	6.8	15	7.4
实测电压值/V									

4）测量晶体管 $V_1 \sim V_6$ 的集电极电压，各管集电极电压参考值为14.9V左右。

5）用双踪示波器分别测量六路输出脉冲波形，各波形排列应如任务2中图2-31所示。若某路脉冲输出有问题，应检查该路输出电路；若脉冲排列顺序不对，可能是同步电源的相序不对，应改变同步变压器接电源的相序（将 V_1 与 W_1 两根线对调连接即可）；若相邻脉冲相位不是60°，应调整 $RP_1 \sim RP_3$。各相调试正常后，调节直流电源改变控制电压 U_C，输出脉冲的相位应随着 U_C 的变化而改变。

触发电路调试完毕后，关断电源。

（3）主电路调试

1）测量主电路电源电压及相序。接通交流电源，测量交流线电压应为380V左右，用双踪示波器测量三相电压相序，并使之正确。

2）调整触发电路与主电路的相位同步。用双踪示波器测量交流线电压 u_{UV} 和触发脉冲 u_{g1} 的波形，其波形与相位关系如任务2中图2-32所示。调节控制电压 U_C，触发脉冲相位可在A、B间进行移相（由于同步信号滤波环节的影响，触发脉冲的相位实际有0～60°的后移，视可变电阻 $RP_1 \sim RP_3$ 阻值大小而定）。若脉冲相位不对，相差约120°，需进行同步调整，一般比较方便的是调整同步变压器所接电源的相位，注意的是改变相位时，三相绕组所接电源相位要同时改变（保持相序不变），不得只对掉其中的两相，具体接法要视触发脉冲所移相方向。若需将触发脉冲向前移120°，则需将同步变压器原接U相的绕组改接到W相上，原接V相的绕组改接到U相上，原接W相的绕组改接到V相上；若需将触发脉冲后移120°，则需将同步变压器原接U相的绕组改接到V相，原接V相的绕组改接到W相，原接W相的绕组改接到U相。

3）在同步完成后，关断电源，将主电路中熔断器 $FU_1 \sim FU_6$ 的熔芯装上，并将电动机负载去掉，暂时接成电阻性负载（3个100W左右的白炽灯接成星形）进行调试。电路连接好后，接通电源，调节控制电压 U_C，负载灯泡亮度将会变化，此时用万用表测量负载线电压应能在0～380V之间变化。

4）在用电阻性负载调试正常后，将负载换回电动机负载，再通电调试，此时电路基本都能正常运行。缓慢调节控制电压 U_C，电动机上的电压将随之变化。

主电路调试完毕后，关断电源。

（4）整机调试

1）首先去掉临时作为控制电压 U_C 的可调直流电源，将 U_C 的连接全部恢复正常，并将接触器 KM 线圈连线也恢复正常。

2）接通电源，按下起动按钮 SB_2，继电器 KA_1 得电，电动机开始起动，约 10s 后，接触器 KM 得电，其主触点闭合，将晶闸管短接，电动机在全压下运行。

3）按下停止起动按钮 SB_1，电动机停止运行，此时电路调试完毕。

4.5.7 故障设置与排除

电路装配，调试完成后，同学们进行互评。评价完成后，同学之间相互设置故障，设置故障时，注意不要造成元器件的损坏，然后让对方进行故障检查、分析和排除。故障排除后进行评价和总结并填写表 4-12。

表 4-12 电路故障检查与排除记录表

故障现象	
检查过程	
故障原因(故障点)	
排除方法	
总结经验	

电路故障检查时，应首先根据现象进行直观检查，如直观检查无法发现故障所在，再采用电气测量检查，电气测量检查一般采用万用表法和示波器法，根据所测数据和波形进行分析，缩小故障范围。故障检查步骤参照有关内容进行。

4.6 任务评价与总结

4.6.1 任务评价

本任务的考评点、分值、考核方式、评价标准及本任务在该课程考核成绩中的比例见表 4-13。

表 4-13 软起动器电路制作评价表

序号	考评点	分值	建议考核方式	评价标准		
				优	良	及格
一	制作电路元器件明细表	5	教师评价(50%)+互评(50%)	能详细准确地列出元器件明细表	能准确地列出元器件明细表	能比较准确地列出元器件明细表

（续）

序号	考评点	分值	建议考核方式	评价标准		
				优	良	及格
二	识别元器件、分析电路、了解主要元器件的功能及主要参数	10	教师评价（50%）+互评（50%）	能正确识别、检测晶闸管、单结晶体管等元器件，能正确分析电路工作原理，准确说出电路主要元器件的功能及主要参数	能正确识别、检测晶闸管、单结晶体管等元器件，能分析电路工作原理，较准确说出电路主要元器件的功能及主要参数	能比较正确地识别、检测晶闸管、单结晶体管等元器件，能较准确说出电路主要元器件的功能
三	设计电路装配图	15	教师评价（80%）+互评（20%）	图样绘制规范清晰，元器件布局合理、排列匀称，线路正确、简捷	图样绘制规范清晰，元器件布局合理、排列匀称，线路正确	图样绘制基本符合要求，元器件布局合理，线路正确
四	装配电路	20	教师评价（30%）+自评（20%）+互评（50%）	主板和印制板制作精良，元器件安装正确、牢固，焊接质量可靠，焊点规范、一致性好	布局合理，焊接质量可靠，焊点规范、一致性好，熟练掌握电路的测量、调试、检修方法	布局基本合理，焊接质量可靠，能按要求对电路进行测量、调试、检修
五	调试电路	10	教师评价（20%）+自评（30%）+互评（50%）	能正确使用仪器、仪表，熟练掌握电路的测量、调试方法，各点波形测量准确	能正确使用仪器、仪表，基本掌握电路的测量、调试方法，各点波形测量准确	能使用仪器、仪表，基本掌握电路的测量、调试方法，各点波形测量基本准确
六	排除故障	10	自评（50%）+互评（50%）	能正确进行故障分析，检查步骤简捷、准确，排除故障迅速，检修过程无扩大故障和损坏其他元器件现象	能根据故障现象进行分析，检查步骤基本正确，能够排除故障，检修过程无扩大故障和损坏其他元器件现象	能在他人的帮助下进行故障分析，排除故障
七	任务总结报告	10	教师评价（100%）	格式标准，有完整、详细的单相可控调压电路的任务分析、实施、总结过程记录，并能提出一些新的建议	格式标准，有完整、详细的单相可控调压电路的任务分析、实施、总结过程记录，并能提出一些新的建议	格式标准，有完整的单相可控调压电路的任务分析、实施、总结过程记录
八	职业素养	20	教师评价（30%）+自评（20%）+互评（50%）	工作积极主动、精益求精，不怕苦、不怕累、不怕难、遵守工作纪律，服从工作安排。能虚心请教与热心帮助同学，能主动、大方、准确表达自己的观点与意愿。遵守安全操作规程、爱惜器材与测量仪器，节约焊接材料，不乱扔垃圾，积极主动打扫卫生	工作积极主动、精益求精，不怕苦、不怕累、不怕难、遵守工作纪律，服从工作安排。能虚心请教与热心帮助同学，能主动、大方、准确表达自己的观点与意愿。遵守安全操作规程、爱惜器材与测量仪器，节约焊接材料，不乱扔垃圾，积极主动打扫卫生	工作积极主动、精益求精，不怕苦、不怕累、不怕难、遵守工作纪律，服从工作安排。能准确表达自己的观点与意愿。遵守安全操作规程、爱惜器材与测量仪器，节约焊接材料，不乱扔垃圾，积极主动打扫卫生

4.6.2 任务总结

1）双向晶闸管交流开关与普通接触器一样，用门极小电流的通断控制阳极大电流的通断，它完全消除了电磁继电器、接触器所存在的触点粘着、弹跳、磨损等问题，开关频率可以显著提高。

2）改变反并联晶闸管或双向晶闸管的触发延迟角 α，就可方便地实现交流调压。当晶闸管交流调压接电感性负载或通过变压器接电阻性负载时，必须防止由于正负半周工作不对称而造成输出交流电压中出现直流分量，引起过电流和损坏设备。带电感性负载时，当触发延迟角 α 调小到等于负载功率因数角 ϕ 时，晶闸管就工作于全导通状态，进一步减小 α 时，若触发脉冲为窄脉冲，就会造成晶闸管工作不对称，这是必须避免的，所以交流调压电路通常都采用宽脉冲触发或脉冲列触发。

3）通过软起动器电路的组装，能较好地把理论与实际结合起来，不仅加深了对理论知识的理解，并掌握了交流调压电路的本质。通过软起动器电路的应用得知，如果将电动机改为灯泡，就可将其应用到调光等电路中，达到学以致用的目的。

4.7 相关知识

4.7.1 交-交变频电路

交-交变频电路是直接将电网固定频率的交流电变换为所需频率的交流电。这种变流装置称交—交变频器，也称周波变换器。它广泛应用于大功率低转速的交流电动机调速，也用于电力系统无功补偿、感应加热用电源、交流励磁变速、恒频发电机的励磁电源等。因没有中间的直流环节，减少了一次能量变换过程，消耗能量少，但这种变频电路的输出频率受到限制，它低于输入频率，而且输出频率与变频电路的具体结构有关。

1. 单相交—交变频电路

（1）电路结构和工作原理　单相输出交—交变频电路及波形如图 4-19 所示。它由具有相同特征的两组晶闸管变流电路（或称变流器）反向并联构成，其中一组变流器称为正组变流器（P 组），另外一组称为反组变流器（N 组）。以电阻性负载为例，如果正组（P 组）变流器工作，反组变流器（N 组）被封锁，负载端输出电压为上正下负，负载电流 i_o 为正；反组变流器（N 组）工作，正组（P 组）变流器被封锁，负载端输出电压为上负下正，负载电流 i_o 为负。这样，只要交替地以低于电源的频率切换正反组变流器的工作状态，在负载端就可以获得交变的输出电压。如果在一个周期内触发延迟角 α 是固定不变的，则输出电压波形为矩形波。此种方式控制简单，但矩形波中含有大量的谐波，对电动机负载的工作很不利。如果触发延迟角 α 不固定，在正组工作的半个

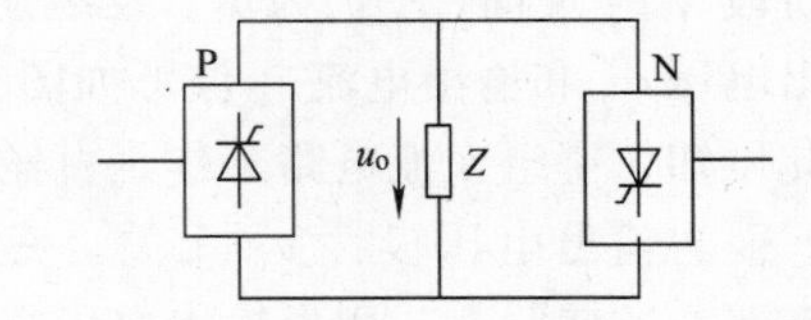

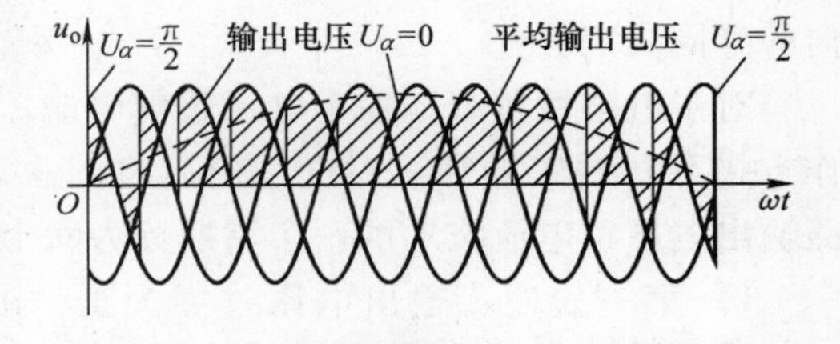

图 4-19　单相输出交—交变频电路及波形

周期内让触发延迟角 α 按正弦规律从 90°逐渐减小到 0°，然后再由 0°逐渐增加到 90°，那么正组变流电路的输出电压的平均值就按正弦规律变化，从零增大到最大，然后从最大减小到零，如图 4-19 所示（单相交流输入）。在反组变流电路工作的半个周期内采用同样的控制方法，就可以得到接近正弦波的输出电压。两组变流器按一定的频率交替工作，负载就得到该频率的交流电。改变两组变流器的切换频率，就可改变输出频率 ω_o。改变变流电路的触发延迟角 α，就可以改变交流输出电压的幅值。

正反两组变流器切换时，不能简单地将原来工作的变流器封锁，同时将原来封锁的整流器立即导通。因为已导通的晶闸管并不能在触发脉冲取消的那一瞬间立即被关断，必须待晶闸管的电流接近于 0 时，才能关断，如果两组变流器切换，触发脉冲的封锁和开放同时进行，原先导通的变流器不能立即关断，而原来封锁的变流器已经导通，就会出现两组桥同时导通的现象，导致产生很大的短路电流，使晶闸管损坏。为了防止在负载电流反向时产生环流，将原来工作的变流器封锁后，必须留有一定死区时间，再将原来封锁的变流器开放工作。这种两组桥任何时刻只有一组桥工作，在两组桥之间不存在环流，称为无环流控制方式。

（2）变频电路的工作过程　交—交变频电路的负载可以是电感性、电阻性或电容性。下面以使用较多的电感性负载为例，说明组成变频电路的两组相控变流电路是怎样工作的。

若将电感性负载的交—交变频电路理想化，忽略变流电路换相时 u_o 的脉动分量，就可把变频电路等效成图 4-20a 所示的正弦波交流电源和二极管的串联。其中交流电源表示变流电路可输出交流正弦电压，二极管体现了变流电路的电流单向性。设负载阻抗角为 φ，输出电流滞后输出电压 φ。两组变流电路工作时采取直流可逆调速系统中的无环流工作方式，即一组变流电路工作时，封锁另一组变流电路的触发脉冲，其工作状态可说明如下：

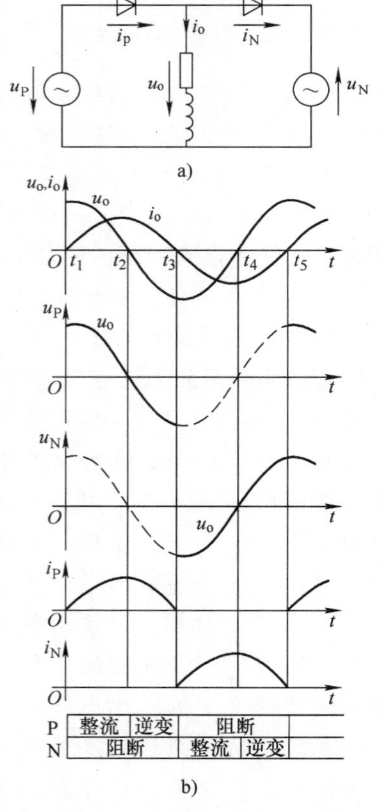

图 4-20　理想化交—交变频电路的整流和逆变工作状态

$t_1 \sim t_3$ 期间：i_o 正半周，正组工作，反组被封锁。其中 $t_1 \sim t_2$ 阶段，u_o 和 i_o 均为正，正组整流，输出功率为正；$t_2 \sim t_3$ 阶段，u_o 反向，i_o 仍为正，正组逆变，输出功率为负。

$t_3 \sim t_5$ 期间：i_o 负半周，反组工作，正组被封锁。则 $t_3 \sim t_4$ 阶段，u_o 和 i_o 均为负，反组整流，输出功率为正；$t_4 \sim t_5$ 阶段，u_o 反向，i_o 仍为负，反组逆变，输出功率为负。输出电压 u_o 和输出电流 i_o 波形如图 4-20b 所示。

由此可知，哪组变流电路工作是由输出电流 i_o 的方向决定的，而与输出电压极性 u_o 无关。变流电路是工作于整流状态还是逆变状态，则由输出电压方向和输出电流方向的异同决定。

对于电感性负载，输出电压超前电流。考虑无环流工作方式下 i_o 过零的死区时间，可以将图 4-21 所示变频电路输出电压、电流波形的一个周期分为六个阶段：

1）第一阶段：输出电压过零为正，由于电流滞后，$i_o<0$，且变流器的输出电流具有单向性，负载负电流必须

由反组变流器输出，则此阶段为反组变流器工作，正组变流器被封锁。由于 u_o 为正，则反组变流器必须工作在有源逆变状态。

2）第二阶段：电流过零，为无环流死区。

3）第三阶段：$i_o>0$，$u_o>0$。由于电流方向为正，反组电流须由正组变流器输出，此阶段为正组变流器工作，反组变流器被封锁。由于 u_o 为正，则正组变流器必须工作在变流状态。

4）第四阶段：$i_o>0$，$u_o<0$。由于电流方向没有改变，正组变流器工作，反组变流器仍被封锁，由于电压反向为负，则正组变流器工作在有源逆变状态。

5）第五阶段：电流为零，为无环流死区。

6）第六阶段：$i_o<0$，$u_o<0$。电流方向为负，反组变流器必须工作，正组变流器被封锁。此阶段反组变流器工作在整流状态。

u_o 和 i_o 的相位差小于90°时，一周期内电网向负载提供能量的平均值为正，电动机工作在电动状态；当二者相位差大于90°时，一周期内电网向负载提供能量的平均值为负，电网吸收能量，电动机为发电状态。

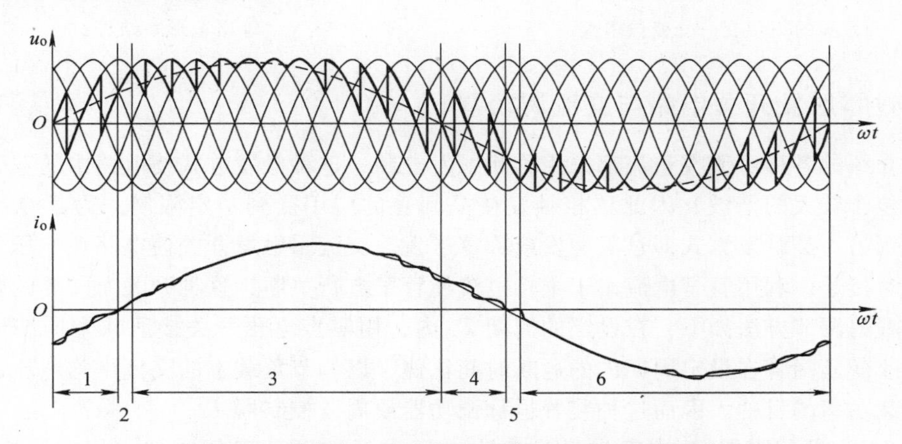

图 4-21　单相交—交变频电路输出电压和电流波形

2. 三相交—交变频电路

交—交变频电路主要用于交流调速系统中，因此，实际使用的主要是三相交—交变频器。

三相交—交变频电路是由三组输出电压相位各差120°的单相交—交变频电路组成的，电路接线形式主要有以下两种。

（1）公共交流母线进线方式　图4-22所示是公共交流母线进线方式的三相交—交变频电路原理图，它由三组彼此独立的、输出电压相位相互错开120°的单相交—交变频电路组成，它们的电源进线通过进线电抗器接在公共的交流母线上。因为电源进线端公用，所以三组单相变频电路的输出端必须隔离。为此，交流电动机的三个绕组必须拆开，同时引出六根线。公共交流母线进线三相交—交变频电路主要用于中等容量的交流调速系统。

（2）输出星形联结方式　图4-23所示是输出星形联结方式的三相交—交变频电路原理图。电源进线通过三个变压器接在公共的交流母线上。三相交—交变频电路的输出端是星形联结，电动机的三个绕组也是星形联结，电动机中性点和变频器中性点不接在一起，电动机只引三根线即可。因为三组单相变频器连接在一起，电源进线端公用，其电源进线就必须隔离，所以三组单相变频器分别用三个变压器供电。和整流电路一样，同一组桥内的两个晶闸管靠双触发脉冲保证同时导通。两组桥之间则是靠各自的触发脉冲有足够的宽度（>30°），以保证同时导通。

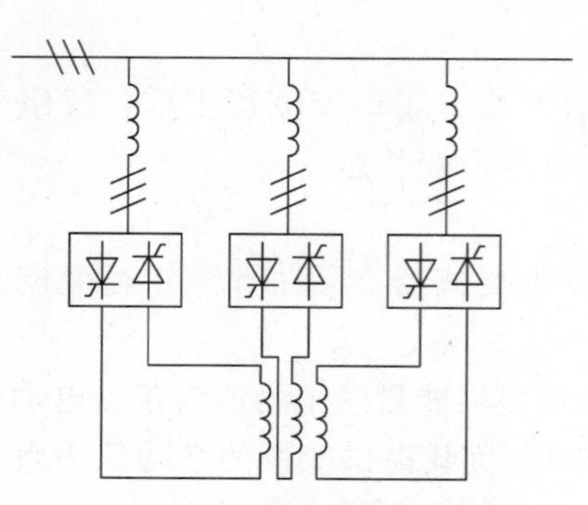

图 4-22　公共交流母线进线方式的三相交—交变频电路

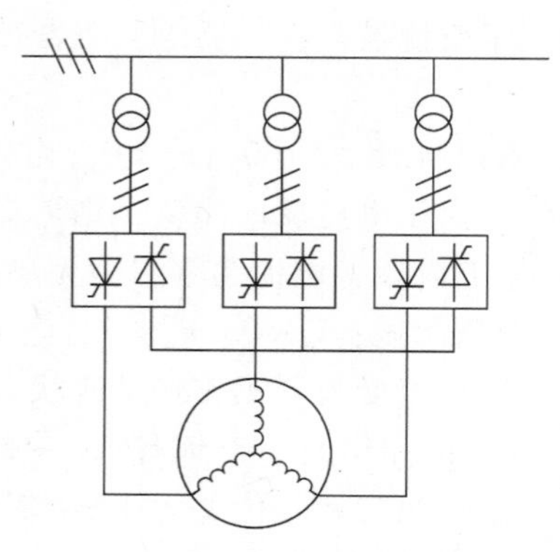

图 4-23　三相交—交变频电路输出星形联结方式

4.7.2　过零触发开关电路与交流调功器

前面介绍的各种可调控整流都采用移相触发控制，这种触发方式使电路中的正弦波形出现缺角，包含较大的谐波，因此移相触发使晶闸管的应用受到一定限制。为了克制这种缺点，可采用另一类触发方式即过零触发或称零触发。交流零触发开关使电路在电压为零或零附近的瞬时接通，利用管子电流小于维持电流使管子自行关断，这种开关对外界的电磁干扰最小。功率的调节方法如下：在设定的周期 T_c 内，用零点电压开关接通几个周波后断开几个周波，改变晶闸管在设定周期内的通断时间比例，以调节负载上的交流平均电压，即可达到调节负载功率的目的。因而这种装置也称调功器或周波控制器。

图 4-24 为设定周期 T_c 内零点触发输出电压波形的两种工作方式，如在设定周期 T_c 内导通的周波数为 n，每个周波的周期为 T（$f=50\text{Hz}$ 时，$T=20\text{ms}$），则调功器的输出功率为

$$P=(nT/T_c)P_n \tag{4-6}$$

式中　P_n——设定周期 T_c 内全部周波导通时，装置输出的功率有效值。

由式（4-6）可见改变导通周波数 n 即可改变功率。

调功器通常可用双向晶闸管也可用两只普通晶闸管反并联组成。图 4-25 为全周波连续式分立元器件过零触发电路，它由锯齿波产生、信号综合、直流开关、过零脉冲输出以及同步电压五部分组成，工作原理简述如下：

1）锯齿波由单结晶体管 V_8 与 C_1 等组成的张弛振荡器，经射极跟随器（V_1、R_4）输出，波形如图 4-26 所示。锯齿波底宽对应一定的时间周期 T_c，调节电位器 RP_1 即可改变锯齿波斜率和 T_c。由于单结晶体管的分压比一定，电容开始放电的电压也一定，斜率减小使锯齿波底宽增大，设定周期 T_c 亦增大。

2）电位器 RP_2 上的控制电压 U_C 与锯齿波电压进行并联叠加后送至 V_2 的基极，合成电

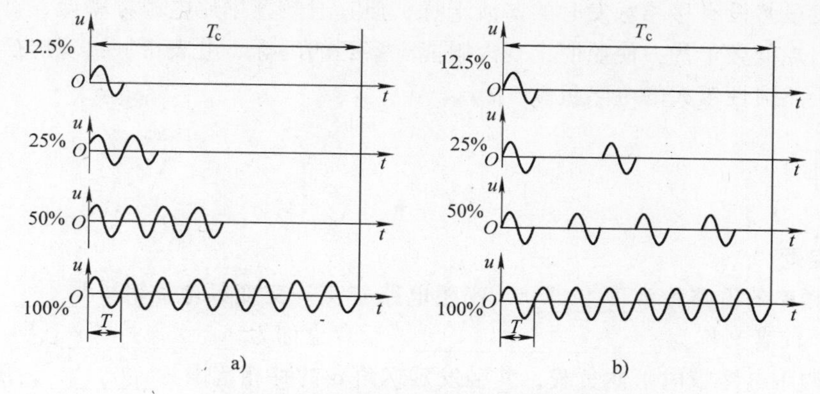

图 4-24　过零触发输出电压波形

a）全周波连续式　b）全周波断续式

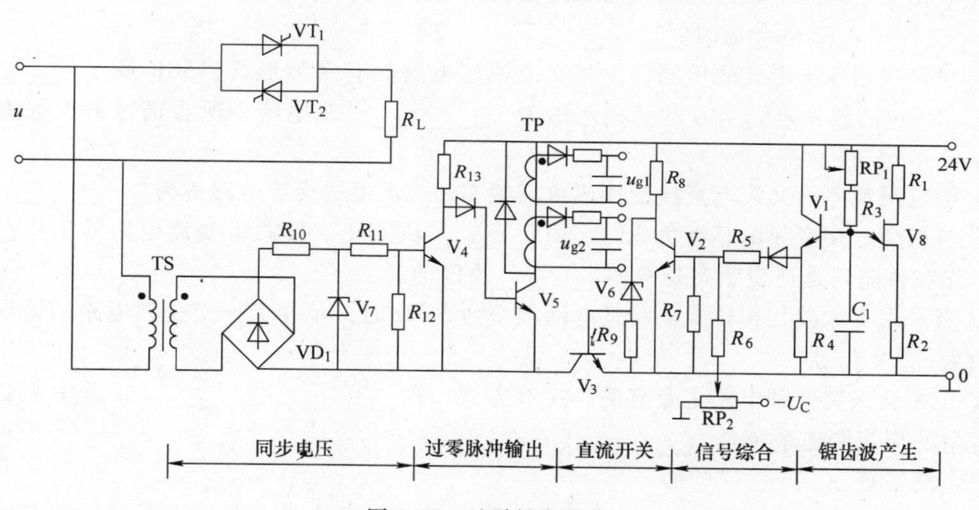

图 4-25　过零触发电路

压为 U_S。当 $U_S>0$（0.7V）时，则 V_2 导通；$U_S<2$ 则 V_2 截止，如图 4-26 所示。

3）由 V_3 管组成触发电源的直流开关。V_2 管导通则 V_3 管截止；V_2 管截止则 V_3 管导通，如图 4-26 所示。

4）过零脉冲输出。由同步变压器 TS、整流桥 VD_1 及 R_{10}、R_{11}、R_7 形成削波同步电压，如图 4-26 所示。它与直流开关输出电压共同控制 V_4、V_5 管，只有当直流开关 V_3 导通期间，在同步电压过零点使 V_4 截止，V_5 才能导通输出触发脉冲，此脉冲使晶闸管导通，如图 4-26 所示。增大控制电压 U_C（数值上），便可增加直流开关 V_3 的导通时间，也就增加了设定周期 T_c 内的导通周波数，从而增加了输出功率。

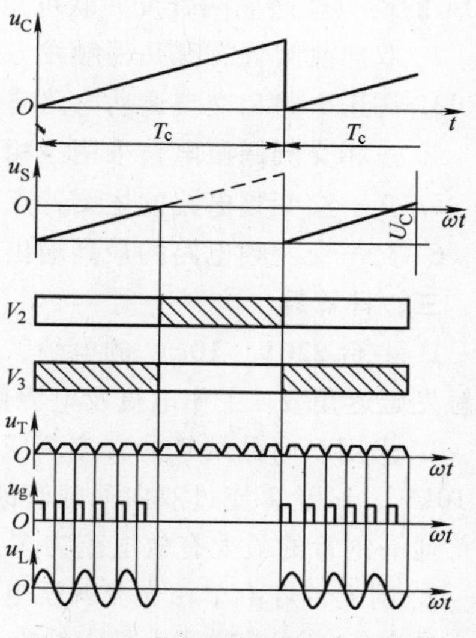

图 4-26　过零触发电路电压波形

过零触发虽然没有移相触发时的谐波干扰，但其通断频率比电源频率低，特别当通断比太小时，会出现低频干扰，使照明出现人眼能觉察到的闪烁、电表指针出现摇摆等。所以调功器通常用于热惯性较大的电热负载。

4.8 练习

一、填空题

1. 改变频率的电路称为________，变频电路有交—交变频电路和________________电路两种形式，前者又称为________________，后者也称为____________。

2. 单相调压电路带电阻性负载，其触发延迟角 α 的移相范围为________，随 α 的增大，U_o________，功率因数________。

3. 单相交流调压电感性负载，当触发延迟角 $\alpha < \varphi$（φ 为功率因数角）时，VT_1 的导通时间________，VT2 的导通时间________。

4. 根据三相连接形式的不同，三相交流调压电路具有多种形式，SCR 属于________连接方式，TCR 的触发延迟角 α 的移相范围为__________，线电流中所含谐波的次数为________。

5. 把电网频率的交流电直接变换成可调频率的交流电的变流电路称为__________。

6. 单相交—交变频电感性负载时，由________决定正、反两组变流电路的工作，变流电路工作在整流还是逆变状态是根据________决定的。

7. 当采用 6 脉波三相桥式电路且电网频率为 50Hz 时，单相交—交变频电路的输出上限频率约为________。

8. 三相交—交变频电路主要有两种接线方式，即________和________，其中主要用于中等容量的交流调速系统是________。

二、简答题

1. 双向晶闸管额定电流的定义和普通晶闸管额定电流的定义有什么不同？额定电流为 100A 的两只普通晶闸管反并联可用额定电流多大的双向晶闸管代替？

2. 双向晶闸管有哪几种触发方式？使用时要注意什么问题？

3. 调压电路和交流调功电路有什么区别？二者各运用于什么样的负载？为什么？

4. 三相交流调压电路采用三相四线接法时，存在何种问题？

5. 交—交变频电路的主要特点和不足是什么？其主要用途是什么？

6. 交—交变频电路的最高输出频率是多少？制约输出频率提高的因素是什么？

三、计算题

1. 一台 220V、10kW 的电炉，采用晶闸管单相交流调压，使其工作在 5kW，试求电路的触发延迟角 α、工作电流及电源侧功率因数。

2. 采用双向晶闸管的交流调压器接三相电阻性负载，如电源线电压为 220V，负载功率为 10kW，试计算流过双向晶闸管的最大电流。如使用反并联连接的普通晶闸管代替，则流过普通晶闸管的最大有效电流为多大？

3. 调光台灯由单相交流调压电路供电，设该台灯可看做电阻性负载，在 $\alpha = 0$ 时输出功率为最大值，试求功率为最大输出功率的 80%、50% 时的触发延迟角 α。

4. 两只晶闸管反并联相控的交流调功电路，输出电压 $U_i = 220V$，负载电阻 $R_L = 5W$。晶闸管导通 20 个周期，关断 40 个周期。求：

（1）输出电压有效值 U_o；

（2）负载功率 P_o；

（3）输出功率因数 $\cos\varphi$。

项目5　无源逆变电路及其应用

相对于整流，变流器把直流电转变成交流电的过程称为逆变。如果变流器的交流侧直接接到负载，即把直流电变换为某一频率或可调频率的交流电供给负载，则称为无源逆变。

无源逆变亦称变频。它在电力电子技术的应用中非常活跃，几乎渗透到国民经济的各个领域。当今高电压、大电流、高频率的自关断器件不断涌现，尤其是绝缘栅双极型晶体管的迅速发展，使逆变器的电路变得简单，性能进一步提高，推动着高频逆变技术的发展。

感应加热是无源逆变的典型应用，它是利用感应线圈产生高密度的磁力线切割放置其中的金属材料，从而使金属材料产生涡流而发热。感应加热广泛用于有色金属的熔炼、锻造加热等场合。此外，无源逆变还广泛应用于交流电动机的变频调速和不间断电源等方面。

本项目通过感应加热电路的制作，使学生加深理解无源逆变电路的工作原理和应用。在设计、安装、调试和维修 IGBT 实用电路的过程中，掌握 IGBT 以及由 IGBT 组成的单相电压型逆变电路的工作过程、波形分析和参数计算等基本知识。

5.1　绝缘栅双极型晶体管（IGBT）

电力晶体管 GTR 为双极型电流驱动器件，通流能力很强，但开关速度较低，所需驱动功率大，驱动电路复杂。功率 MOSFET 为单极型电压驱动器件，开关速度快，输入阻抗高，热稳定性好，所需驱动功率小而且驱动电路简单。绝缘栅双极型晶体管（Insulated-gate Bipolar Transistor，IGBT 或 IGT）是 GTR 和 MOSFET 的复合，结合了二者的优点，具有很好的特性。1986 年投入市场后，成为中小功率电力电子设备的主导器件，目前广泛应用于电动机控制、中频和开关电源等领域。

5.1.1　IGBT 的结构和工作原理

IGBT 有三个电极，分别是集电极 C、发射极 E 和栅极 G。IGBT 可以等效为图 5-1a 所示电路图，相当于由一个功率 MOSFET 驱动一个 GTR，其图形符号如图 5-1b 所示。在应用电路中，IGBT 的 C 接电源正极，E 接电源负极。它的导通和关断由栅极电压 U_{GE} 来控制。当栅射极间施加正向电压且大于开启电压（$U_{GE(th)}$）时，IGBT 导通，导通后的 IGBT 通态压降低。而在栅射极间施加负向电压或不加电压信号时，IGBT 关断。

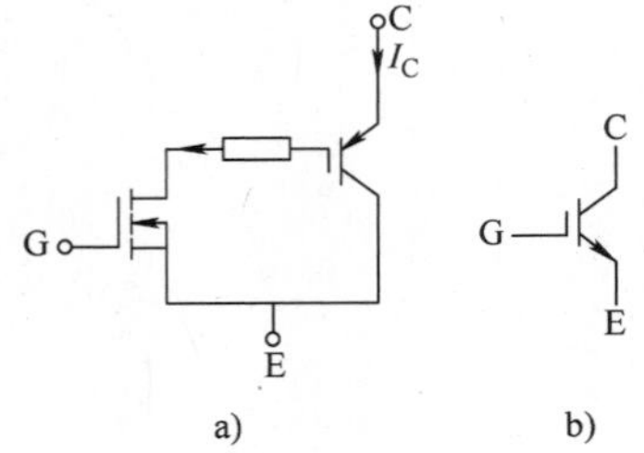

图 5-1　IGBT 简化等效电路和电气图形符号
a）IGBT 的简化等效电路
b）IGBT 的图形符号

5.1.2　IGBT 的基本特性

IGBT 的转移特性如图 5-2a 所示。当 $U_{GE} < U_{GE(th)}$ 时，IGBT 关断；当 $U_{GE} > U_{GE(th)}$（开启电压，一般为 3～6V）时，IGBT 开通，其输出电流 I_C 与驱动电压 U_{GE} 基本呈线性

关系，U_{GE}越高，I_C 越大。值得注意的是，IGBT 的反向电压承受能力很差，其反向阻断电压 U_{BM}只有几十伏，因此限制了它在需要承受高反压场合的应用。IGBT 的输出特性是以 U_{GE} 为参考变量时，I_C 与 U_{CE}间的关系如图 5-2b 所示。它分为三个区域：正向阻断区、有源区和饱和区。

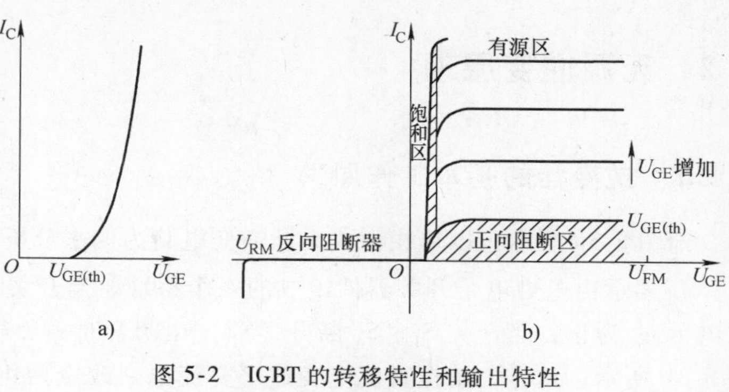

图 5-2 IGBT 的转移特性和输出特性

a）转移特性 b）输出特性

5.1.3 IGBT 的主要参数

1）最大集射极间电压 U_{CES}：决定了器件的最高工作电压，它由内部 PNP 型晶体管的击穿电压确定，具有正温度系数。

2）最大集电极电流：包括集电极连续电流 I_C 和峰值电流 I_{CM}，为 IGBT 的额定电流，表征其电流容量。I_C 受结温的限制，I_{CM}能避免擎住效应的发生。

3）最大集电极功耗 P_{CM}：正常工作温度下允许的最大功耗。

4）最大栅射极电压 U_{GES}：栅极电压由栅氧化层和特性所限制，为了确保长期使用的可靠性，应将栅极电压限制在 20V 之内。

5.1.4 IGBT 的特点

1）开关速度高，开关损耗小。在电压 1000V 以上时，开关损耗只有 GTR 的 1/10，与功率 MOSFET 相当。

2）相同电压和电流额定值时，安全工作区比 GTR 大，且具有耐脉冲电流冲击能力。

3）通态压降比 MOSFET 低，特别是在电流较大的区域。

4）输入阻抗高，输入特性与 MOSFET 类似。

5.1.5 IGBT 的符号含义

有关 IGBT 的符号，各国厂家并不完全一样，但是参数定义与其他功率器件类似。以国际整流器（IR）公司 IRGBC40F 型单管 IGBT 为例，具体见表 5-1。

表 5-1 IGBT 的符号及含义

序号	符号	符号含义	备 注
1	IR	国际整流器	
2	G	IGBT	
3	B	外壳标号	A:TO-3;B:TO-220;C:TO-247
4	C	电压标号	C:600V;E:800V;F:900V;G:1000V;H:1200V
5	4	管芯尺寸	
6	0	改进型	
7	F	速度标号	S:标准;F:快速;U:超快速

5.2 无源逆变原理

5.2.1 逆变器的基本工作原理

如图5-3a所示，以单相桥式无源逆变电路为例来分析其基本工作原理，用开关S_1、S_2、S_3、S_4表示由电力电子开关器件组成的4个桥臂。当开关S_1、S_4闭合，S_2、S_3断开时，负载电压u_o为正；当开关S_1、S_4断开，S_2、S_3闭合时，负载电压u_o为负。u_o和i_o的波形如图5-3b所示，这样，就把直流电变成了交流电。改变两组开关的切换频率，即可改变输出交流电的频率，这就是最基本的逆变电路工作原理。当负载为电阻性负载，负载电流i_o和电压u_o的波形相似，相位相同。若负载为电感性负载，i_o相位要滞后u_o，两者波形的形状不同，图5-3b所示是电感性负载时的波形。设t_1时刻以前S_1、S_4导通，u_o和i_o均为正。在t_1时刻，断开S_1、S_4，同时合上S_2、S_3，则u_o的极性立刻变为负。但由于是电感性负载，流过的电流极性不能立刻改变而维持原方向。这时负载电流从直流电源负极流出，经S_2、负载和S_3流回电源正极，负载电感中存储的能量向直流电源反馈，负载电流逐渐减小，到t_2时刻降为零。之后，i_o才反向并逐渐增大。S_2、S_3断开，S_1、S_4闭合时的情况类似。以上S_1 ~ S_4均为理想开关时的分析，实际电路的工作过程要复杂一些。

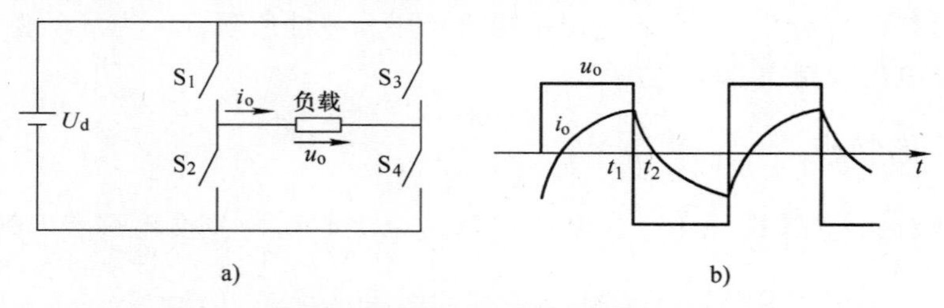

图5-3 单相桥式无源逆变电路及电压与电流波形

a) 电路 b) 负载的电压与电流波形

5.2.2 电力电子器件的换相方式

在图5-3所示的逆变电路工作过程中，在t_1时刻，断开S_1、S_4，同时合上S_2、S_3，电流从一个支路向另一个支路转移的过程称为换相，也称为换流。电力电子开关器件可用开关来表示。图5-4所示的电路示意图中S_1、S_2是两个桥臂。当开关S_1闭合、S_2断开时、电流i流过S_1；当S_2闭合、S_1断开时，电流i从S_1转换到S_2。电路在换相过程中，一个支路断开，另一个支路开通，开通时，只要给组成该支路电力电子器件的控制端适当的信号，就可以使其开通，但要断开某一支路，情况就比较复杂。对于全控型器件可通过对控制端的控制使其关断，而半控型器件则必须利用外部电路或采取一定的措施才能关断。

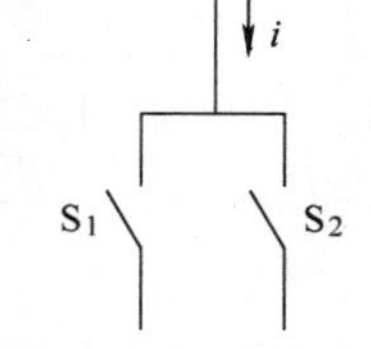

图5-4 通断电路示意图

一般来说，电力电子器件的换相方式可分为以下几种：

（1）器件换相 利用全控型器件自身具有的自关断能力实现换相，由于全控型器件（IGBT、GTO、GTR、MOSFET）可利用控制端信号使其关断，换相控制简单。这种方式在逆变电路中有着广泛的应用。

（2）电网换相　由电网提供换相电压的换相方式称电网换相。例如前面讲述的晶闸管变流电路，无论其工作在整流状态还是有源逆变状态，都是借助于电网电压实现换相的，都属于电网换相。这种换相方式不需要器件具有门极关断能力，也不需要为换相附加任何元器件，但该方式不适用于无交流电网的无源逆变电路。

（3）负载换相　由负载提供换相电压的换相方式称负载换相。凡是负载电流的相位比电压超前，且超前时间大于晶闸管关断的时间的，都可以实现负载换相。当负载为电容性负载时，即可实现负载换相。

（4）强迫换相　设置附加的换相电路，向导通的晶闸管施加反向电压或向导通的晶闸管门极施加反向电流使晶闸管强迫关断，称为强迫换相。强迫换相通常利用附加电容上所存储的能量来实现。因此这种方式也称为电容换相。

5.2.3　逆变电路的分类

随着用电设备的不断发展，用电设备对交流电源的性能参数也有很多不同的要求，由此产生了多种逆变电路，大致可以按照以下方式分类：

1）根据输入直流电源的特点分：可以分为电压型逆变电路和电流型逆变电路。

2）根据电路的结构特点分：可以分为半桥式逆变电路、全桥式逆变电路、推挽式逆变电路以及其他形式逆变电路。

3）根据负载特点分：可以分为非谐振式逆变电路和谐振式逆变电路。

4）按输出相数分：可以分为单相逆变电路和三相逆变电路。

5.3　电压型逆变电路

电压型逆变器的输入端并接有大电容，输入直流电源为恒压源，逆变器将直流电压变换成交流电压。本节主要介绍常用的电压型逆变电路的基本构成、工作原理和特征。

5.3.1　电压型单相半桥逆变电路

1. 电路结构

半桥逆变电路原理图如图 5-5a 所示。它由两个桥臂构成，每个桥臂由一个 IGBT 和一个反向并联二极管组成，在直流侧串联两个容量足够大的电容 C_1 和 C_2，且 $C_1 = C_2$，两个电容的连接点 O 便成为直流电源的中点。设负载连接在直流电源中点 O 和两个桥臂连接点 A 之间。负载电压、电流分别用 u_o、i_o 表示。

2. 工作原理

设开关器件 V_1 和 V_2 的栅极信号在一个周期 T_s 内各有半周正偏，半周反偏，且二者互补。输出电压 u_o 为矩形波，其振幅值为 $U_{om} = U_d/2$，波形如图 5-5b 所示。

在 t_1 时刻给 V_1 开通信号，使 V_1 为通态，而 V_2 为断态，电路中电流通路为电流从电源正极经 V_1、L、R、O 点、C_2 到电源负极，$u_o = U_d/2$。$t_1 \sim t_2$ 期间，有同样的电流通路，也有 $u_o = U_d/2$。

在 t_2 时刻给 V_1 关断信号，给 V_2 开通信号，使 V_1 关断。但电感性负载中电流 i_o 不能立

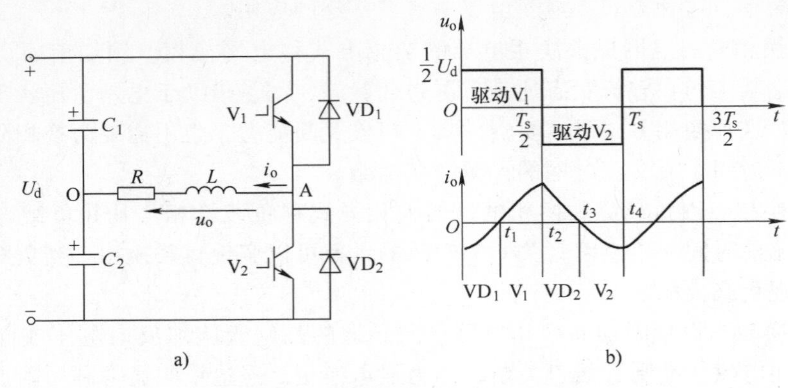

a) b)

图 5-5 半桥逆变电路及工作波形

a）电路原理图 b）电压和电流波形

即改变方向，此时电流通路为 A 点→L→R→O 点→C_2→VD_2→A 点，形成续流回路，$u_o = -U_d/2$。

到 t_3 时刻，负载电流减小为零，VD_2 截止。此时，控制 V_2 开通，电路中电流通路为电流从电源正极经 C_1、O 点、R、L、A 点、V_2 到电源负极，负载电流改变方向，$u_o = -U_d/2$。$t_3 \sim t_4$ 期间 V_2 导通，$u_o = -U_d/2$。

在 t_4 时刻给 V_2 关断信号，给 V_1 开通信号，V_2 关断。但电感性负载中电流 i_o 不能立即改变方向，此时电流通路为 O 点→R→L→A 点→VD_1→C_1→O 点，形成续流回路，$u_o = U_d/2$。$0 \sim t_1$ 期间也是相同的续流回路，因而 $u_o = U_d/2$。

V_1 或 V_2 导通时，i_o 和 u_o 同方向，直流侧向负载提供能量；VD_1 或 VD_2 导通时，i_o 和 u_o 反向，电感中储能向直流侧反馈。VD_1、VD_2 称为反馈二极管，它又起着使负载电流连续的作用，又称续流二极管。

5.3.2 电压型单相全桥逆变电路

1. 电路结构

电压型全桥逆变电路的原理图如图 5-6a 所示。它共有 4 个桥臂，可以看成由两个半桥电路组成。把桥臂 V_1（VD_1）和 V_4（VD_4）作为一对，桥臂 V_2（VD_2）和 V_3（VD_3）作为另一对，成对的两个桥臂同时导通，两对交替各导通 180°。输出电压 u_o 的波形如图 5-6b 所示，与半桥电路的输出电压波形相同，也是矩形波，但其幅值高出一倍，即 $U_{om} = U_d$。负载性质不同时，电路输出电流 i_o 的波形分别如图 5-6c、d、e 所示。

2. 工作原理

在 $0 \leqslant t \leqslant T_s/2$ 期间，V_1 和 V_4 有驱动信号导通，V_2 和 V_3 无驱动信号截止，$u_o = U_d$，在 $T_s/2 \leqslant t \leqslant T_s$ 期间，V_2 和 V_3 有驱动信号导通，V_1 和 V_4 无驱动信号截止，$u_o = -U_d$。因此输出电压是 $T_s/2$ 宽的方波电压，幅值为 U_d。波形如图 5-6b 所示。

若负载为纯电阻，输出电流 i_o 波形如图 5-6c 所示。

若负载是纯电感，在 $0 \leqslant t \leqslant T_s/2$ 期间，V_1（VD_1）和 V_4（VD_4）有驱动信号导通，V_2（VD_2）和 V_3（VD_3）无驱动信号截止，$u_o = U_d$，负载电流 i_o 线性上升，在 $T_s/2 \leqslant t \leqslant T_s$ 期间，V_2（VD_2）和 V_3（VD_3）有驱动信号导通，V_1（VD_1）和 V_4（VD_4）无驱动信号截止，$u_o = -U_d$，负载电流 i_o 线性下降。

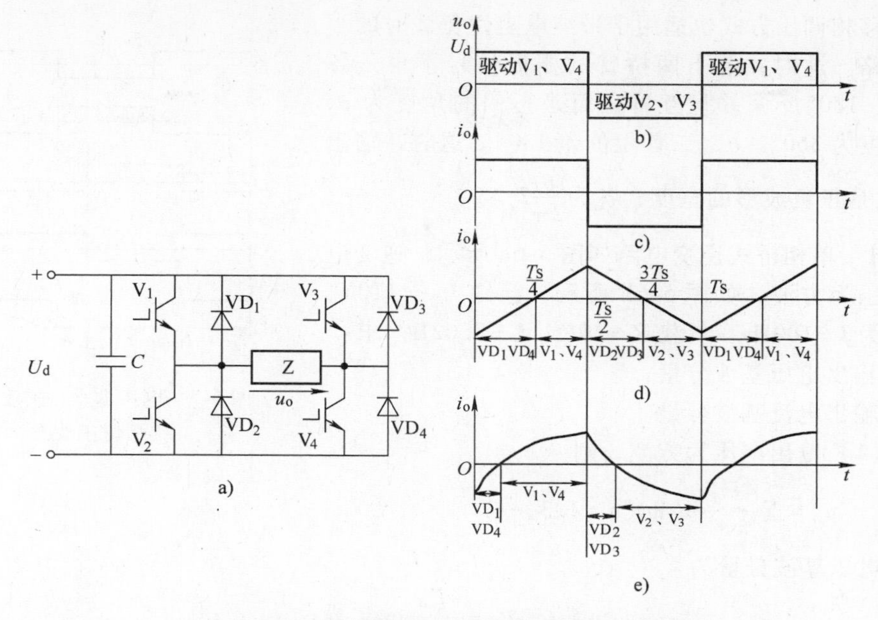

图 5-6　电压型全桥逆变电路的原理图及工作波形

a）电路　b）输出电压　c）纯电阻性负载电流波形　d）纯电感性负载电流波形　e）阻感性负载电流波形

3. 移相调压

以上分析中，u_o 为正负电压都是 $T_s/2$ 宽的矩形波。若要改变输出交流电压的有效值，只能通过改变直流电压 U_d 来实现。在电感性负载时，还可以采用移相的方式来调节逆变电路的输出电压，这种方式称为移相调压。图 5-6a 中，各 IGBT 的栅极信号仍为 180°正偏，180°反偏，并且 V_1 和 V_2 的栅极信号互补，V_3 和 V_4 的栅极信号互补，但 V_3 的基极信号不是比 V_1 的基极信号落后 180°，而是只落后 θ（$0<\theta<180°$）。也就是说，V_3、V_4 的栅极信号不是分别和 V_2、V_1 的栅极信号同相位，而是前移了 $180°-\theta$。这样，输出电压 u_o 就不再是正负各为 $T_s/2$ 的脉冲，而是正负各为 $\frac{\theta}{2\pi}T_s$ 宽的脉冲。各功率开关器件的栅极信号记为 $u_{G1}\sim u_{G4}$，输出电压为 u_o，输出电流为 i_o，其波形如图 5-7 所示。下面对其工作过程进行具体分析。

设在 t_1 时刻前 V_1 和 V_4 导通，V_2 和 V_3 截止，输出电压 u_o 为 U_d。t_1 时刻 V_3 和 V_4 栅极信号互为反向，V_4 截止，而负载电感中的电流 i_o 不能突变，V_3 不能立即导通，VD_3 导通续流。V_1 和 VD_3 同时导通，所以输出电压为零。到 t_2 时刻 V_1 和 V_2 栅极信号互为反向，V_1 截止，而 V_2 不能立即导通，VD_2 导通续流，和 VD_3 构成电流通道，输出电压为 $-U_d$。到负载电流过零并开始反向时，VD_2 和 VD_3 截止，V_2 和 V_3 开始导通，u_o 仍为 $-U_d$。t_3 时刻 V_3 和 V_4 栅极信号再次互为反向，V_3 截止，而 V_4 不能立刻导通，VD_4 导通续流，u_o 再次为零。以后的过程和前面类似。这样，输出电压 u_o 的正负脉冲宽度就各为 $\frac{\theta}{2\pi}T_s$ 宽，改变 θ，就可以调节输出电压。

在纯电阻性负载时，采用上述移相方法也可以得到相同的结果，只是 $VD_1\sim VD_4$ 不再导通，不起续流作用。在 u_o 为零期间，4 个桥臂均不导通，负载也没有电流。

上述移相调压方式也适用于带纯电阻性负载时的半桥逆变电路。这时，上下两桥臂的栅极信号不再是各180°正偏、180°反偏并且互补，而是正偏的角度为 θ，反偏的角度为 $360°-\theta$，二者相位差180°。这时，输出电压 u_o 也是正负波形的宽度，各为 $\frac{\theta}{2\pi}T_s$ 宽。

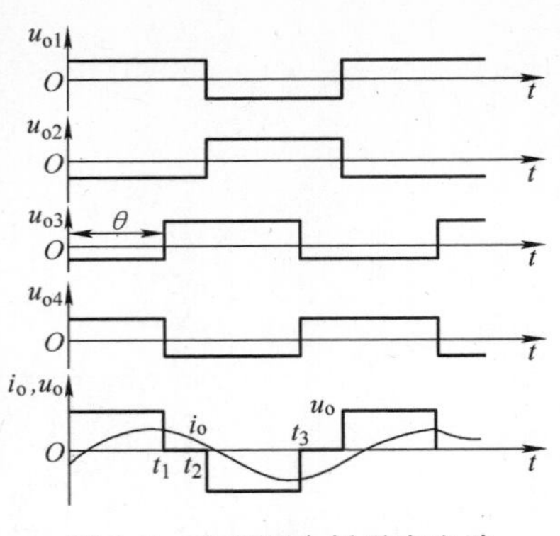

图 5-7　电压型全桥逆变电路移相调压波形

例 5-1　单相桥式逆变电路如图 5-6a 所示，逆变电路输出电压为方波，如图 5-6b 所示，已知 $U_d=110V$，逆变频率为 $f=100Hz$，负载 $R=10\Omega$，$L=0.02H$。求：

（1）输出电压基波分量；

（2）输出电流基波分量。

解：（1）输出电压为方波，则

$$u_o=\sum\frac{4U_d}{n\pi}\sin n\omega t(n=1,3,\cdots)$$

其中输出电压基波分量为

$$u_o=\frac{4U_d}{\pi}\sin\omega t$$

输出电压基波分量的有效值为

$$U_{o1}=\frac{4U_d}{\sqrt{2}\pi}=0.9U_d=0.9\times110V=99V$$

（2）阻抗为

$$Z_1=\sqrt{R^2+(\omega L)^2}=\sqrt{10^2+(2\pi\times100\times0.02)^2}\Omega\approx16\Omega$$

输出电流基波分量的有效值为

$$I_{o1}=\frac{4U_d}{Z_1}=\frac{99}{18.59}A\approx5.33A$$

5.3.3　电压型逆变电路的特点

电压型逆变电路主要有以下特点：

1）直流侧接有大电容，相当于电压源，直流电压基本无脉动。

2）由于直流电压源的钳位作用，交流侧电压波形为矩形波，与负载阻抗角无关，而交流侧电流波形和相位因负载阻抗角的不同而不同，其波形接近三角波或接近正弦波。

3）当交流侧为电感性负载时需提供无功功率，直流侧电容起缓冲无功能量的作用。为了给交流侧向直流侧反馈能量提供通道，各臂都并联了反馈二极管。

5.4　电流型逆变电路

电流型逆变电路一般是在逆变电路直流侧串联一个大电感，大电感中流过的电流脉动很小，以维持电流的恒定，故可看成直流电流源，但实际上理想电流源并不易得。

5.4.1　单相电流型逆变电路工作原理

电流型单相桥式逆变电路如图 5-8a 所示。当 V_1、V_4 导通，V_2、V_3 关断时，$I_o=I_d$。当

V_1、V_4 关断，V_2、V_3 导通时，$I_o=-I_d$。若以频率 f 交替切换开关管 V_1、V_4 和 V_2、V_3 导通时，则在负载上面产生如图 5-8b 所示的电流波形图。不论电路负载性质如何，其输出电流波形不变，均为矩形波。而输出电压波形由负载性质决定，主电路开关管采用自关断器件时，如果其反向不能承受高电压，则需要在各开关的器件支路串入二极管。

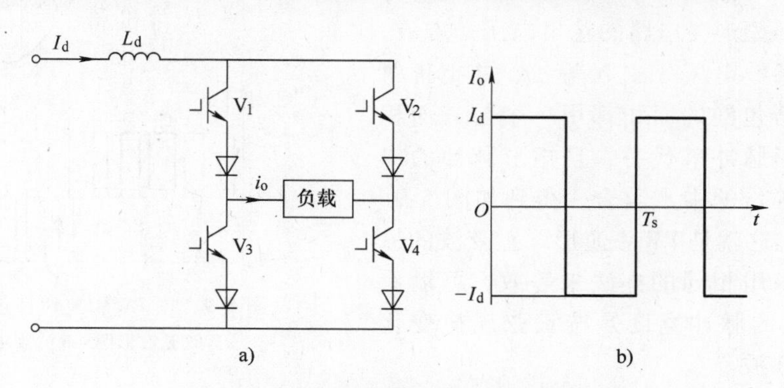

图 5-8　电流型单相桥式逆变电路

a）原理图　b）波形图

下面对负载电流的波形做定量的分析：将图 5-8b 所示的电流 i_o 的波形，展开成傅里叶级数为

$$i_o=\frac{4I_d}{\pi}\left(\sin\omega t+\frac{1}{3}\sin 3\omega t+\frac{1}{5}\sin 5\omega t+\cdots\right) \tag{5-1}$$

式中，其基波幅值 I_{o1m} 和基波有效值 I_{o1} 分别为

$$I_{o1m}=\frac{4I_d}{\pi}=1.27I_d \tag{5-2}$$

$$I_{o1}=\frac{4I_d}{\sqrt{2}\pi}=0.9I_d \tag{5-3}$$

5.4.2　电流型逆变电路的特点

电流型逆变电路主要有以下特点：

1）直流侧接有大电感，相当于电流源，直流电路基本无脉动。

2）由于各开关器件主要起改变直流电流流通路径的作用，故交流侧为矩形波，与负载性质无关，而交流侧电压波形和相位因负载阻抗角的不同而不同。

5.5　逆变器的 SPWM 控制技术

SPWM（Sinusoidal Pulse Width　Modulation）即正弦波脉宽调制技术在逆变电路的应用非常广泛，这种电路的特点主要是：可以得到相当接近正弦波的输出电压和电流，减少了谐波，功率因数高，动态响应快，而且电路结构简单。

5.5.1　SPWM 控制的基本原理

正弦波脉宽调制的控制规律是利用逆变器的开关器件，由控制电路按一定的规律控制开关器件的通断，从而在逆变器的输出端获得一组等幅、等距而不等宽的脉冲序列，其脉宽基本上按正弦分布，以此脉冲列来等效正弦电压。若拟输出如图 5-9a 所示的正弦波电压 $u_o = U_{om}\sin\omega t$，因电压型逆变电路的输出电压是方波，可将一个正弦半波电压分成 N 等份，并把正弦曲线每一等份所包围的面积都用一个与其面积相等的等幅矩形脉冲来代替，且矩形脉冲的中点与相应正弦等份的中点重合，得到如图 5-9b 所示的脉冲列，这就是 PWM 波形。正弦波的另外一个半波可以用相同的办法来等效。可以看出，该 PWM 波的脉冲宽度是按正弦规律变化的，称为 SPWM 波。

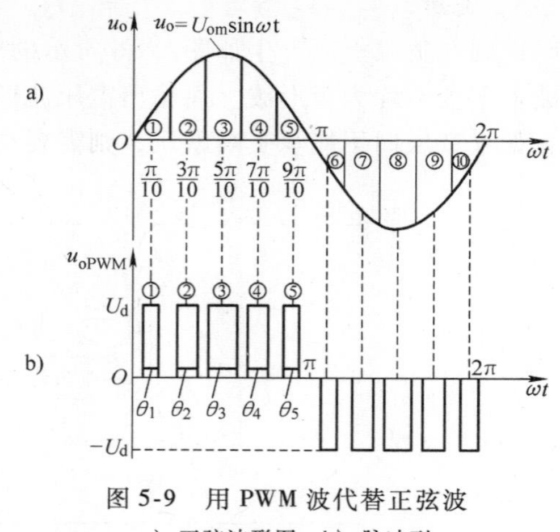

图 5-9 用 PWM 波代替正弦波

a）正弦波形图 b）脉冲列

根据采样控制理论，冲量（脉冲面积）相等而形状不同的窄脉冲加在具有惯性的环节上时，其效果基本相同。脉冲频率越高，SPWM 波作用效果越接近正弦波。逆变电路输出电压为 SPWM 波时，其低次谐波得到很好的抑制和消除，较高次的谐波又能很容易滤去，从而可获得畸变率极低的正弦输出电压。

SPWM 控制方式就是对逆变电路开关器件的通断进行控制，使输出端得到一系列幅值相等而宽度不相等的脉冲，用这些脉冲来代替正弦波或者其他所需要的波形。

从理论上来分析，在 SPWM 控制方式中给出了正弦波频率、幅值和半个周期内的脉冲数后，脉冲波形的宽度和间隔便可以准确计算出来，这种方法称为计算法。但该方法比较繁琐，当输出正弦波的频率、幅值或相位变化时，其结果都要变化，故在实际中很少采用。

在多数情况下，采用正弦波与等腰三角波相交的办法来确定各矩形脉冲的宽度。当等腰三角波与某一光滑曲线相交时，即得到一组等幅而脉冲宽度与该曲线函数成比例的矩形脉冲，这种方法称为调制方法。希望输出的信号为调制信号（也称控制信号），把接受调制的三角波称为载波，当调制信号是正弦波时，所得到的便是 SPWM 波形。

5.5.2 SPWM 逆变电路的控制方式

脉宽调制的方式很多，由调制脉冲的极性表示可分为单极性和双极性；由载波信号和控制信号的频率表示，可分为同步方式和异步方式。

1. 单极性 SPWM 控制方式

所谓单极性 SPWM 控制方式，是指在正弦调制波 u_r 的半个周期内三角载波 u_c 只在正极性或负极性一种极性范围内变化，所得到的输出 SPWM 波形 u_o 也只在一种极性范围内变化的控制方式。

电压型单相桥式 SPWM 控制逆变电路如图 5-10a 所示。电路采用图 5-10b 所示的控制方式。载波信号 u_c 在信号波正半周为正极性的三角波，在负半周为负极性的三角波，调制信号 u_r 和载波 u_c 的交点时刻控制逆变器开关管 V_3、V_4 的通断。控制过程分析如下：

在 u_r 的正半周：始终保持 V_1 导通，V_2、V_3 关断，只控制 V_4，使 V_4 交替通断。当 $u_r > u_c$ 时，控制 V_4 导通，负载电压 $u_o = U_d$；当 $u_r \leqslant u_c$ 时，使 V_4 关断，由于电感负载中电流

不能突变，负载电流将通过 VD_3 续流，负载电压 $u_o=0$。

在 u_r 的负半周：始终保持 V_2 导通，V_1、V_4 关断，控制 V_3 交替通断。当 $u_r<u_c$ 时，使 V_3 导通，$u_o=-U_d$；当 $u_r \geqslant u_c$ 时，使 V_3 关断，负载电流将通过 VD_4 续流，负载电压 $u_o=0$。如图 5-10c 所示，这种在 u_r 的半个周期的三角波只在一个方向变化，所得到的 PWM 波形也只在一个方向变化的控制方式称为单极性 SPWM 控制方式。改变调制信号 u_r 的幅值可以使输出调制脉冲宽度作相应的变化，这能改变逆变器输出电压的基波幅值，从而可以实现对输出电压的平滑调节；改变调制信号 u_r 的频率则可以改变输出电压的频率。所以，从调节角度来看，SPWM 逆变器非常适合于交流变频调速系统。

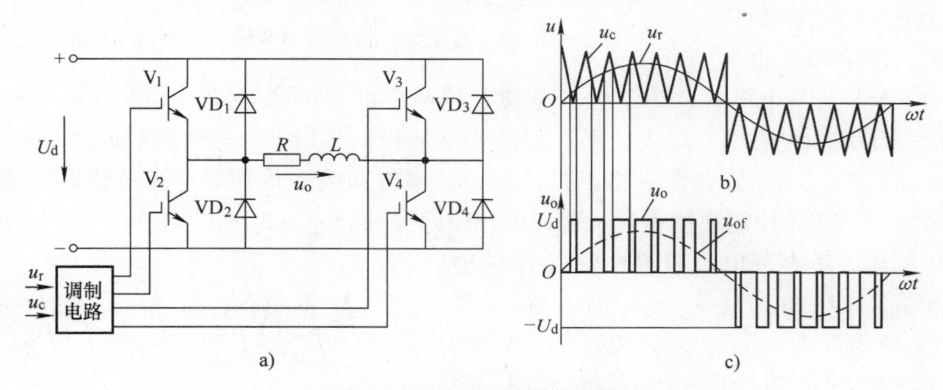

图 5-10　SPWM 电路及波形

a）单相桥式 SPWM 逆变电路　b）单极性 SPWM 控制方式载波与调制波　c）电路输出的 SPWM 电压

2. 双极性 SPWM 控制方式

与单极性 SPWM 控制方式相对应，另外一种 SPWM 控制方式称为双极性 SPWM 控制方式。所谓双极性 SPWM 控制方式，是指在正弦调制波 u_r 的半个周期内三角载波 u_c 在正、负两种极性范围内变化，所得到的输出 SPWM 波形 u_o 也在两种极性范围内变化的控制方式。

图 5-10a 所示电路采用双极性控制方式时的 SPWM 波形如图 5-11 所示。控制过程分析如下：

在 u_r 的正负半周内，对各晶体管控制规律相同，同样在调制信号 u_r 和载波信号 u_c 的交点时刻控制各开关器件的通断。当 $u_r>u_c$ 时，使开关管 V_1、V_4 导通，使 V_2、V_3 关断，此时 $u_o=U_d$；当 $u_r<u_c$ 时，使晶体管 V_2、V_3 导通，使 V_1、V_4 关断，此时 $u_o=-U_d$。

在双极性控制方式中，三角载波是正负两个方向变化，所得到的 SPWM 波形也是正负两个方向变化。在 u_r 一个周期内，PWM 输出只有 $\pm U_d$ 两种电平。逆变电路同一相上下两臂的驱动信号是互补的。在实际应用时，为了防止上、下两个桥臂同时导通而造成短路，在给一个臂施加关断信号后，延迟 Δt 时间，然后给另一个臂施加导通信号。延迟时间的

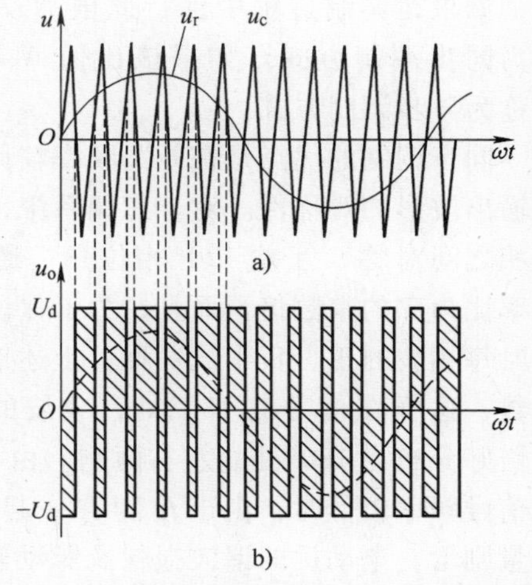

图 5-11　双极性控制方式 SPWM 波形图

a）载波和调制波　b）输出 SPWM 波形

长短取决于功率开关器件的关断时间。注意：这个延迟时间将会给输出的PWM波形带来不利影响，使其偏离正弦波。

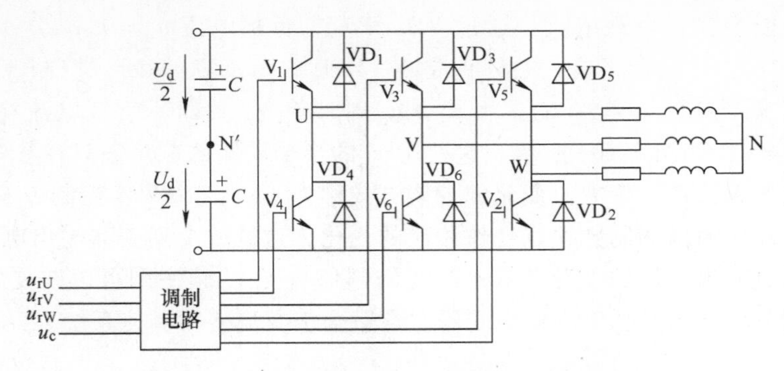

图 5-12　电压型三相桥式 SPWM 控制的逆变电路

3. 三相桥式逆变电路的 SPWM 控制

电压型三相桥式 SPWM 控制的逆变电路如图 5-12 所示。图中两个电容 C 在实际电路中是一个电容，为了分析方便，用两个电容串联等效，引出假想中性点 N′，其控制方式为双极性方式。U、V、W 三相的 SPWM 控制共用一个三角波载波信号 u_c，三相调制信号 u_{rU}、u_{rV}、u_{rW}分别为三相正弦信号，其幅值和频率均相等，相位依次相差 120°。U、V、W 三相 PWM 控制规律相同。现以 U 相为例，当 $u_{rU} > u_c$ 时，使 V_1 导通，使 V_4 关断，则 U 相相对于直流电源假想中性点 N′的输出电压为 $u_{UN'} = U_d/2$；当 $u_{rU} < u_c$ 时，使 V_1 关断，使 V_4 导通，则 $u_{UN'} = -U_d/2$，V_1、V_4 的驱动信号始终互补。其余两相控制规律相同。当给 V_1（V_4）加导通信号时，可能是 V_1（V_4）导通，也可能是 VD_1（VD_4）续流导通，这取决于阻感负载中电流的方向。输出相电压和线电压的波形如图 5-13 所示。

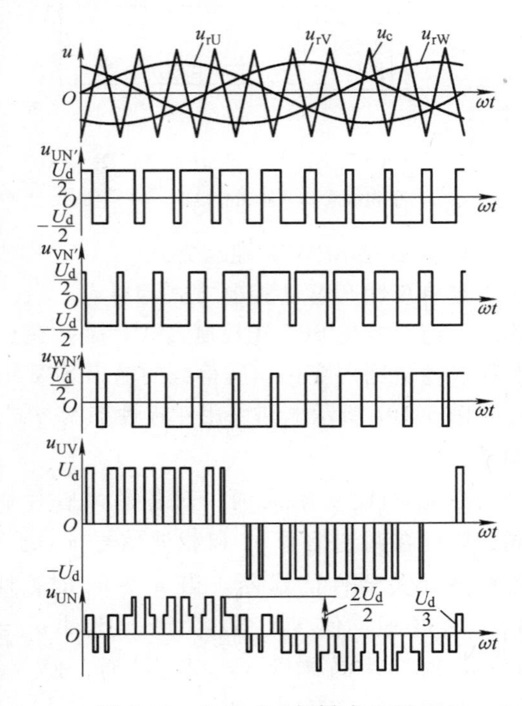

图 5-13　电压型三相桥式 SPWM 控制的逆变电路输出波形

4. 同步调制

在 SPWM 调制方式中，定义载波频率 f_c 与控制信号频率 f_r 之比为载波比。用 $N = f_c/f_r$ 表示，如果在调制过程中保持此值 N 为常数，则称为同步调制方式。如果该比值 N 不为常数，则称为异步调制方式。

同步调制的优点是在开关频率较低时可以保证输出波形的对称性。对于三相系统，为了保证三相之间对称，互差 120°相位角，通常取载波频率比为 3 的整数倍。而且，为了保证双极性调制时每相波的正、负半波对称，上述倍数必须是奇数，这样在信号波 180°处，载波的正、负半周恰好分布在 180°处的左右两侧。由于波形的左右对称，就不会出现偶次谐波问题。但是在信号频率较低时，由于 f_c 随 f_r 一起减少，载波的数量显得稀疏，电流波形脉动大，谐波分量剧增，电动机的谐波损耗及脉动转矩也相应增大。另外，由于载波频率 f_c 随控制信号频率 f_r 连续变化而变化，在利用微处理机进行数字化技术控制时，带来极大不便，因此难以实现。

5. 异步调制

异步调制时，在控制信号频率 f_r 变化的同时，载波频率 f_c 保持不变，因此，载波频率与信号频率之比随之变化。这样，在逆变器整个变频范围内，输出电压半波内的矩形脉冲数是不固定的，很难保持三相波形的对称关系且不利于谐波的消除。异步调制的缺点恰好对应同步调制的优点，即如果载波频率较低，将会出现输出电流波形正、负半周不对称，相位漂移及偶次谐波等问题。但是，在 IGBT 等高速功率开关器件的情况下，由于载波频率可以做得很高，上述缺点实际上已小到完全可以忽略的程度。反之，正由于是异步调制，在低频输出时，一个信号周期内，载波个数成数量级增多，这对抑制谐波电流、减轻电动机的谐波损耗及减小转矩都大有好处。另外，由于载波频率是固定的，也便于微处理机进行数字化控制。

5.5.3 脉宽调制芯片 SG3525

SG3525 是美国通用半导体公司生产的一种性能优良、功能齐全和通用性强的单片集成 PWM 控制芯片，它简单可靠及使用方便灵活。SG3525 输出驱动为推挽输出形式，增加了驱动能力；内部含有欠电压锁定电路、软起动控制电路、PWM 锁存器；有过电流保护功能，频率可调，同时能限制最大占空比。

1. 性能特点

1）工作电压范围宽：8～35V。

2）内置 5.1V×(1±1.0%) 的基准电压源。

3）芯片内振荡器的工作频率宽 100Hz～400kHz。

4）具有振荡器外部同步功能。

5）死区时间可调。为了适应驱动快速场效应晶体管的需要，末级采用推挽式工作电路，使开关速度更快，末级输出或吸入电流最大值可达 400mA。

6）内设欠电压锁定电路。当输入电压小于 8V 时芯片内部锁定，停止工作（基准源及必要电路除外），使消耗电流降至小于 2mA。

7）有软起动电路。比较器的反相输入端即软起动控制端芯片的引脚 8，可外接软起动电容。该电容器内部的基准电压 U_{ref} 由恒流源供电，达到 2.5V 的时间为 $t=(2.5\text{V}/50\mu\text{A})C$。

8）内置 PWM（脉宽调制）。锁存器将比较器送来的所有跳动和振荡信号消除。只有在下一个时钟周期才能重新置位，系统的可靠性高。

2. SG3525 引脚与内部结构

SG3525 为 16 脚 DIP 封装，如图 5-14 所示，其内部结构图如图 5-15 所示。

3. 引脚功能

1）误差放大器反相输入端（引脚 1）：在闭环系统中，接反馈信号；在开环系统中，该端与补偿信号输入端（引脚 9）相连，可构成跟随器。

2）误差放大器同相输入端（引脚 2）：在闭环系统和开环系统中，接给定信号。根据需要，与补偿信号输入端（引脚 9）之间接入不同类型的反馈网络，可以构成比例、比例积分和积分等类型的调节器。

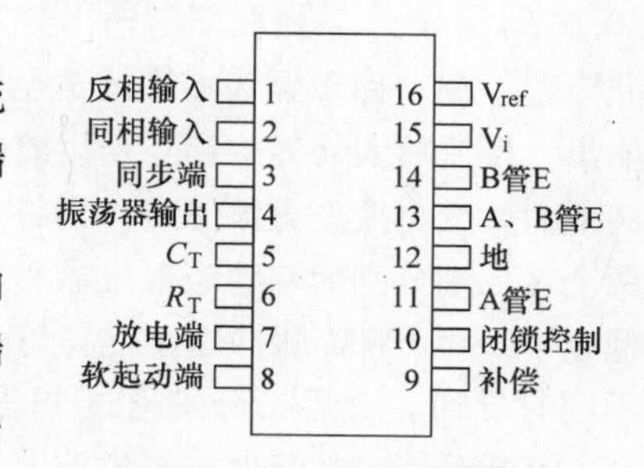

图 5-14 SG3525 引脚图

3）振荡器外接同步信号输入端（引脚3）：接外部同步脉冲信号可实现与外电路同步。

4）振荡器输出端（引脚4）。

5）振荡器定时电容接入端 C_T（引脚5）。

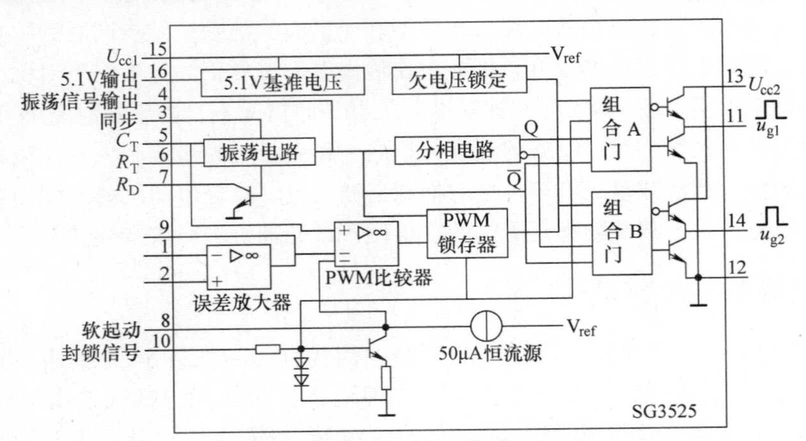

图5-15　SG3525内部结构图

6）振荡器定时电阻接入端 R_T（引脚6）。

7）振荡器放电端（引脚7）：与引脚5之间外接一只放电电阻，构成放电回路。

8）软起动电容接入端（引脚8）：通常接一只5μF的软起动电容。

9）PWM比较器补偿信号输入端（引脚9）：与引脚2之间接入不同类型的反馈网络，可以构成比例、比例积分和积分等类型的调节器。

10）外部关断信号输入端（引脚10）：接高电平时控制器输出被禁止。该端可与保护电路相连，以实现故障保护。

11）输出端A（引脚11）：引脚11和引脚14是两路互补输出端。

12）信号地（引脚12）。

13）输出级偏置电压接入端（引脚13）。

14）输出端B（引脚14）。

15）偏置电源接入端（引脚15）。

16）基准电源输出端 V_{ref}（引脚16）：可输出一温度稳定性极好的基准电压。

4. 工作原理

图5-15所示的SG3525内部结构图中，振荡电路由一个双门限比较器、一个恒流源及外接充放电电容 C_T、电阻 R_T、R_D 组成。振荡器频率由外接电阻 R_T 和电容 C_T 决定，$f=1/[C_T(0.67R_T+3R_D)]$ 振荡器的输出分为两路：一路以时钟脉冲形式送至双稳态触发器及两个“或非”门，另一路以锯齿波形式送至比较器的同相输入端。比较器的反相输入端接误差放大器的输出，误差放大器的输出与锯齿波电压在比较器中进行比较，输出一个随误差放大器输出电压高低而改变宽度的方波脉冲，再将此方波脉冲送到“或非”门的一个输入端。“或非”门的另两个输入端分别为双稳态触发器和振荡器锯齿波。双稳态触发器的两个输出互补，交替输出高低电平，将PWM脉冲送至晶体管的基极。锯齿波的作用是加入死区时间，保证两组晶体管不同时导通。最后，分别通过11脚和14脚输出相位相差为180°的PWM波。

在电容 C_T 上产生一锯齿波，锯齿波的峰点及谷点电平分别为3.3V和0.9V。电阻 R_T、

R_D 分别用来调节锯齿波的上升边和下降边的宽度。

锯齿波的上升时间为

$$t_1 = 0.7R_T C_T \tag{5-4}$$

锯齿波的下降时间为

$$t_2 = 3R_D C_T \tag{5-5}$$

锯齿波的周期为

$$T = t_1 + t_2 = (0.7R_T + 3R_D)C_T \tag{5-6}$$

振荡频率为

$$f_s = 1/[(0.7R_T + 3R_D)C_T] \tag{5-7}$$

式中，C_T、R_T、R_D 均为外接电容和电阻，且 $R_T \geqslant R_D$，因此锯齿波的上升时间远大于下降时间。

5.6 中频感应加热电路制作

5.6.1 任务的提出

1. 中频感应加热电路制作的目的

1）掌握中频感应加热电源的工艺流程。

2）掌握 IGBT 等元器件的检测方法。

3）掌握单相电压型逆变电路及其控制电路的调试、故障分析与故障排除技能。

4）了解单相电压型逆变电路的应用。

2. 内容要求

1）根据电路原理图，列出元器件明细表。

2）检查与测试元器件。

3）设计装配图。

4）中频感应加热电源电路的装配。

5）中频感应加热电源电路关键点的波形测量与系统调试。

6）故障设置与排除。

5.6.2 中频感应加热电源电路的装配准备

1. 电气材料、工具与仪器仪表

1）电气材料一套。

2）电路焊接工具：电烙铁（20～35W）、烙铁架、焊锡丝、松香。

3）机加工工具：剪刀、剥线钳、尖嘴钳、平口钳、螺钉旋具、套筒扳手、镊子、电钻。

4）测量仪器仪表：万用表、示波器。

2. 元器件的清点与检测

1）IGBT 的检测方法。

IGBT 的好坏可用指针万用表的 $R \times 1k$ 档来检测，或用数字万用表的“二极管”档来测量 PN 结正向压降进行判断。检测前先将 IGBT 的三只管脚短路放电，避免影响检测的准确度，然后用指针万用表的两支表笔正反测 G、C 两极及 G、E 两极的电阻。对于正常的 IGBT

（正常 G、C 两极与 G、E 两极间的正反向电阻均为无穷大；内含阻尼二极管的 IGBT 正常时，E、C 极间均有 4kΩ 正向电阻），上述所测值均为无穷大。最后用指针万用表含阻尼二极管的红表笔接 C 极，黑表笔接 E 极，若所测值在 3.5kΩ 左右，则所测管为含阻尼二极管的 IGBT，若所测值在 50kΩ 左右，则所测 IGBT 管内不含阻尼二极管。对于数字万用表，正常情况下，IGBT 管的 C、E 极间正向压降约为 0.5V。

综上所述，内含阻尼二极管的 IGBT 检测示意图如图 5-16 所示，表笔连接除图中所示外，其他连接检测的读数均为无穷大。

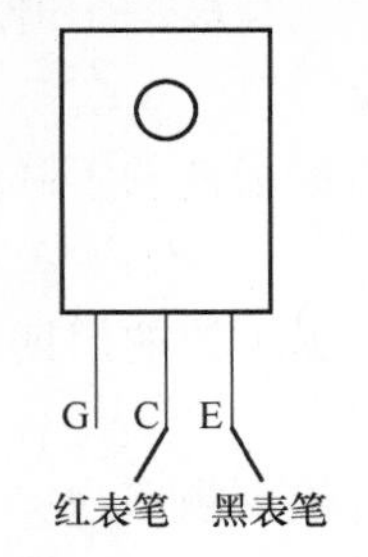

图 5-16　IGBT 检测

如果测得 IGBT 的三个管脚间电阻均很小，则说明该管已击穿损坏；若测得 IGBT 的三个管脚间电阻均为无穷大，说明该管已开路损坏。实际维修中 IGBT 多为击穿损坏。

2）在电路装配前首先根据电路原理图清点元器件，并列出电路元器件明细表，元器件明细表格式见表 5-2。

3）检测元器件，检测情况填入元器件检测表中，检测表格式见表 5-3，表中编号按明细表中序号填写。

表 5-2　中频感应加热电源电路元器件功能

序号	元器件代号	名称	功　能
1	S_1、S_2	开关	电路通断
2	C_1	电容	
3	V_1 ~ V_4	IGBT	开关器件
4	VD_1 ~ VD_4	二极管	保护、续流
5	L_1、R_1、C_2	负载	
6	TP_1、TP_2	脉冲变压器	
7	VD_5 ~ VD_8	整流二极管	
8	C_3、C_4、C_5	滤波电容	
9	R_2、VD_9	电源指示	
10	7815	三端稳压器	
11	R_3、R_4、C_6、C_7、RP_1	调频电路	调节 PWM 波频率
12	R_6、R_8、RP_2	调宽电路	调节 PWM 波占空比
13	R_5、R_7	限流电阻	
14	SG3525	PWM 芯片	

表 5-3　中频感应加热电源电路元器件检测表

1. 电阻、电位器检测

编号	代号	色环	标称值	误差	量程选择	实测值

（续）

2. 电容检测

编号	代号	电容量	耐压	有无极性	量程选择	漏电阻	是否合格

3. IGBT 检测

编号	代号	额定电压/电流	量程选择	正向电阻/反向电阻			阻尼二极管	是否合格
				C-E	G-C	G-E		
				/	/	/		
				/	/	/		
				/	/	/		

4. 二极管检测

编号	代号	额定电压/电流	量程选择	正向电阻	反向电阻	是否合格

5. 晶体管检测

编号	代号	管脚图	量程选择	正向电阻/反向电阻			是否合格
				c、e	c、b	b、e	

3. 中频感应加热电源电路原理图

如图 5-17 所示，中频感应加热电源主电路采用电压型单相全桥逆变电路，由 4 只 IGBT 管 $V_1 \sim V_4$ 和 4 只二极管 $VD_1 \sim VD_4$ 组成，控制电路由脉宽调制专用芯片 SG3525 等元器件组成，V_4、V_5、TP_1、TP_2 等元器件组成脉冲输出电路，二极管 $VD_5 \sim VD_8$、稳压块 7815 等元器件组成 15V 直流电源电路。15V 直流稳压电源电路给控制电路提供电源，SG3525 的 11、14 脚产生互为反相的 PWM 脉冲分别送至 V_5、V_6 的基极，进行放大。通过调节 RP_1、RP_2 分别调节脉冲的周期（或频率）和脉宽。PWM 脉冲经脉冲变压器 TP_1、TP_2 输出到逆变主电路中 $V_1 \sim V_4$ 的栅极和发射极驱动 IGBT，可调直流电压源外接。

5.6.3 整机装配

该电路开关 S、电位器 RP、IGBT 和二极管 VD 安装在胶木底板上，其他元器件安装在

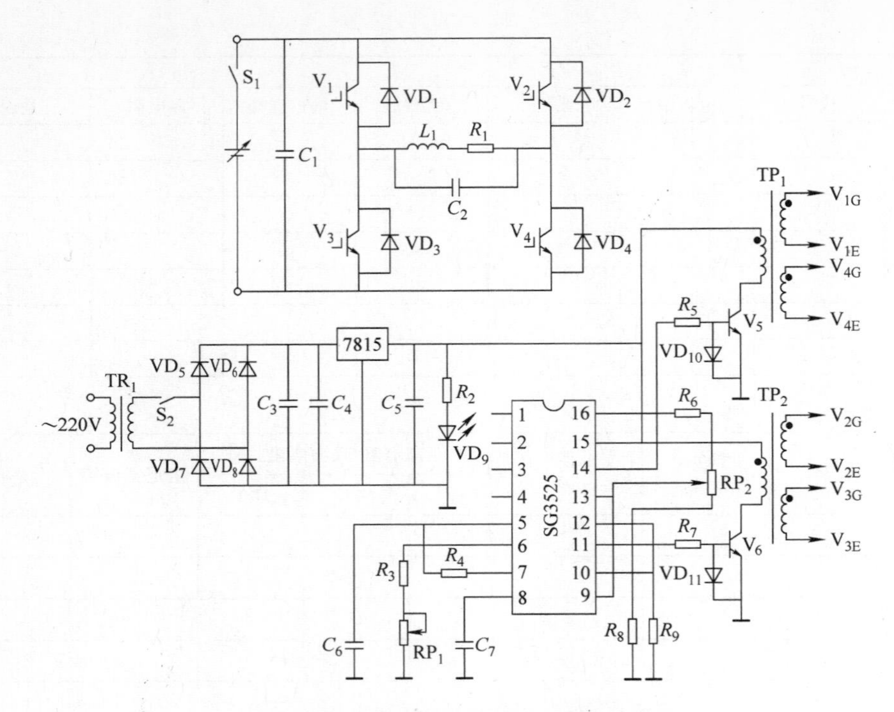

图 5-17　中频感应加热电源电路原理图

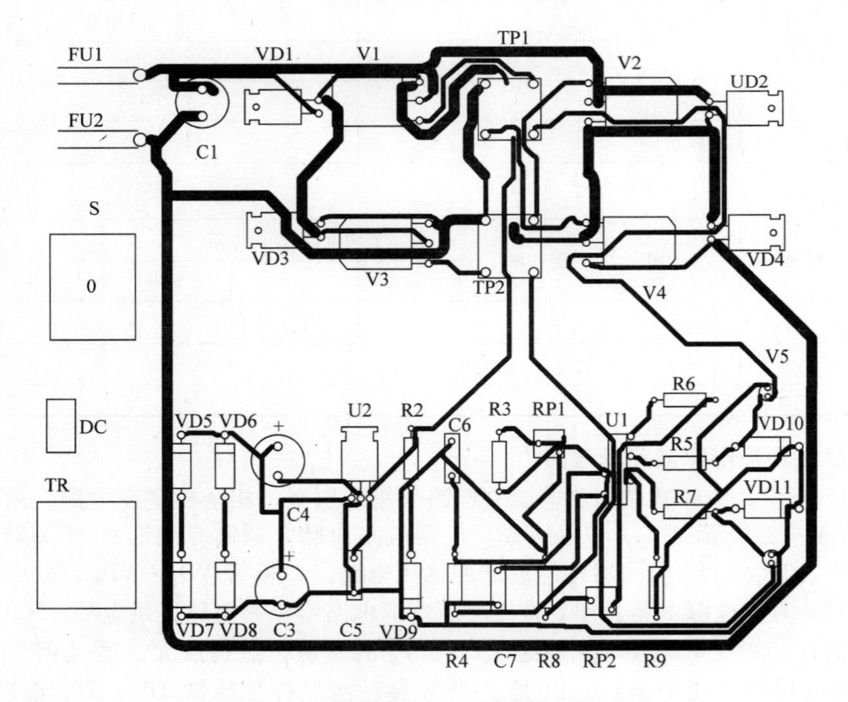

图 5-18　中频感应加热电源电路印制板图

印制电路板上，如图 5-18 所示。安装过程如下：

1）根据电路原理图画出底板上的元器件安装位置图和印制板上的元器件安装位置图。

2）画出元器件导线接线图和印制板上的电路图。

3）加工底板和印制板。

4）按装配图、导线接线图和印制板图正确安装元器件。

5）完成组装后进行整体检查和修整。

5.6.4 电路调试

经检查，在确定电路无误后，进行电路调试。调试过程是先调控制电路，再调主电路。具体调试方法如下：

1）将控制电路接通电源（主电路不通电）。

2）用示波器观察 SG3525 的 11 脚和 14 脚的 PWM 波形，调节 RP_1、RP_2，来调节脉宽和频率。

3）用示波器观察脉冲变压器二次电压的波形、幅值，确保可以驱动 IGBT。

5.6.5 故障设置与排除

电路装配、调试完成后，同学们进行互评。互评后同学之间相互设置故障，然后进行故障检查、分析和排除。

电路故障检查与分析可以采用观察法，也可以采用示波器法。

5.7 任务评价与总结

5.7.1 任务评价

本任务的考评点、分值、考核方式、评价标准及本任务在该课程考核成绩中的比例见表5-4。

表 5-4 中频感应加热电源电路制作评价表

序号	考评点	分值	建议考核方式	评价标准		
				优	良	及格
一	制作电路元件明细表	5	教师评价（50%）+互评（50%）	能详细准确地列出元器件明细表	能准确地列出元器件明细表	能比较准确地列出元器件明细表
二	识别元器件、分析电路、了解主要元器件的功能及主要参数	10	教师评价（50%）+互评（50%）	能正确识别、检测 IGBT 等元器件，能正确分析电路工作原理，准确说出电路主要元器件的功能及主要参数	能正确识别、检测 IGBT 等元器件，能分析电路工作原理，较准确说出电路主要元器件的功能及主要参数	能比较正确地识别、检测 IGBT 等元器件，能较准确说出电路主要元器件的功能
三	设计电路装配图	15	教师评价（80%）+互评（20%）	图样绘制规范清晰，元器件布局合理、排列匀称，线路正确、简捷	图样绘制规范清晰，元器件布局合理、排列匀称，线路正确	图样绘制基本符合要求，元器件布局合理，线路正确
四	装配电路	20	教师评价（30%）+自评（20%）+互评（50%）	底板和印制板制作精良，元器件安装正确、牢固，焊接质量可靠，焊点规范、一致性好	底板和印制板制作满足要求，元器件安装正确、牢固，焊接质量可靠，焊点规范	底板和印制板制作基本满足要求，元器件安装正确，焊接质量可靠

（续）

序号	考评点	分值	建议考核方式	评价标准		
				优	良	及格
五	调试电路	10	教师评价（20%）+自评（30%）+互评（50%）	能正确使用仪器、仪表，熟练掌握电路的测量、调试方法，各点波形测量准确	能正确使用仪器、仪表，基本掌握电路的测量、调试方法，各点波形测量准确	能使用仪器、仪表，基本掌握电路的测量、调试方法，各点波形测量基本准确
六	排除故障	10	自评（50%）+互评（50%）	能正确进行故障分析，检查步骤简捷、准确，排除故障迅速，检修过程无扩大故障和损坏其他元器件现象	能根据故障现象进行分析，检查步骤基本正确，能够排除故障，检修过程无损坏其他元器件现象	能在他人的帮助下进行故障分析，排除故障
七	任务总结报告	10	教师评价（100%）	格式标准，有完整、详细的中频感应加热电源电路的任务分析、实施、总结过程记录，并能提出一些新的建议	格式标准，有完整的中频感应加热电源电路的任务分析、实施、总结过程记录，并能提出一些建议	格式标准，有完整的中频感应加热电源电路的任务分析、实施、总结过程记录
八	职业素养	20	教师评价（30%）+自评（20%）+互评（50%）	工作积极主动、精益求精，不怕苦、不怕累、不怕难、遵守工作纪律，服从工作安排。能虚心请教与热心帮助同学，能主动、大方、准确表达自己的观点与意愿。遵守安全操作规程、爱惜器材与测量仪器，节约焊接材料，不乱扔垃圾，积极主动打扫卫生	工作积极主动，不怕苦、不怕累、不怕难、遵守工作纪律，服从工作安排。能虚心请教与帮助同学，能主动、大方、准确表达自己的观点与意愿。遵守安全操作规程、爱惜器材与测量仪器，节约焊接材料，不乱扔垃圾，积极主动打扫卫生	工作积极主动、精益求精，不怕苦、不怕累、不怕难、遵守工作纪律，服从工作安排。能准确表达自己的观点与意愿。遵守安全操作规程、爱惜器材与测量仪器，节约焊接材料，不乱扔垃圾，积极主动打扫卫生

5.7.2 任务总结

1）IGBT是全控型电力电子器件，当 $U_{GE}>U_{GE(th)}$（开启电压，一般为3～6V）时，IGBT开通；当 $U_{GE}<U_{GE(th)}$ 时，IGBT关断。IGBT的反向电压承受能力很差，其反向阻断电压 U_{BM} 只有几十伏，因此限制了它在需要承受高反压场合的应用。

2）逆变电路可分为电压型逆变电路和电流型逆变电路，从结构上可分为半桥式逆变电路、全桥式逆变电路、推挽式逆变电路等。

3）SG3525是美国通用半导体公司生产的一种性能优良、功能齐全和通用性强的单片集成PWM控制芯片。它简单可靠及使用方便灵活，输出驱动为推挽输出形式，增加了驱动能力；内部含有欠电压锁定电路、软起动控制电路、PWM锁存器；有过电流保护功能，频率可调，同时能限制最大占空比。

4）通过中频感应加热电源电路的组装，能较好地把理论与实际结合起来，不仅加深了对理论知识的理解，并掌握了单相全桥逆变电路的调压本质。通过中频感应加热电源电路的应用得知，如果通过改变可控整流电路的输出电压、PWM脉冲的频率，可以调节感应加热电源的容量。如果负载改为交流电动机，可实现交流调速，达到学以致用的目的。

5.8 相关知识

5.8.1 感应加热的基本原理

图5-19中，两个线圈相互耦合在一起，在第一个线圈中突然接通直流电流（将图中开关S突然合上）或突然切断电流（将图中开关S突然打开），此时在第二个线圈所接的电流表中可以看出有某一方向或反方向的摆动。这种现象称为电磁感应现象，第二个线圈中的电流称为感应电流，第一个线圈称为感应线圈。若第一个线圈的开关S不断地接通和断开，则在第二个线圈中也将不断地感应出电流。每秒内通断次数越多（通断频率越高），则感应电流将会越大。

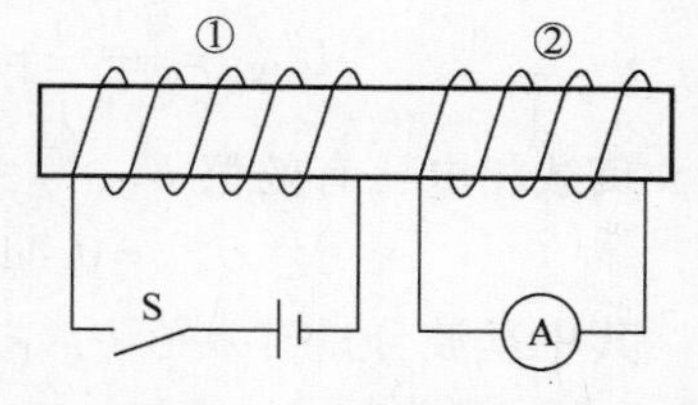

图5-19 电磁感应现象示意图

利用中频电源来加热通常有两种方法：电介质加热和感应加热。

（1）电介质加热 电介质加热通常用来加热不导电材料，比如木材、橡胶等。微波炉利用的就是这个原理。

当高频电压加在两极板层上时，就会在两极之间产生交变的电场。需要加热的介质处于交变的电场中，介质中的分子或者离子就会随着电场作同频的旋转或振动，从而产生热量，达到加热效果。

（2）感应加热 感应加热原理为产生交变的电流，从而产生交变的磁场，再利用交变磁场来产生涡流达到加热的效果。

5.8.2 电压型三相桥式逆变电路

电压型三相桥式逆变电路如图5-20所示，电路由三个半桥电路组成。电路中的电容器为了分析方便画成两个，并有一个假想的中性点M。因为输入端施加的是直流电压源，全控型绝缘栅双极晶体管 V_1 ~ V_6 始终保持正向偏置，VD_1 ~ VD_6 同样是为电感性负载提供续流回路反并联的二极管。和单相半桥、全桥逆变电路相同，电压型三相桥式逆变电路的基本工作方式也是180°导电方式，即每个桥臂的导电角度为180°，同一相（同一半桥）上下两个桥臂交替通、断，各相开始导电的角度依次相差120°，在任一瞬间，将有3个桥臂同时导通，可能是上面1个桥臂下面2个桥臂，也可能是上面2个桥臂下面1个桥臂同时导通，在逆变器输出端形成U、V、W三相电压。由于每次换相都是在同一相上下两个桥臂之间进行的，因此也被称为纵向换相。设N与M连接，负载为星形联结。三相桥式逆变电路的波形如图5-21所示。在 $0<\omega t\leqslant\pi/3$ 之间，V_1、V_5 和 V_6 导通。负载电流经 V_1 和 V_5 被送到U相和W相绕组，经V相负载和 V_6 流回电源。在 $\omega t=\pi/3$ 时刻，V_5 的控制电压触发脉冲下降到零，V_5 迅速关断，由于电感性负载电流不能立即改变方向，VD_2 导通续流，W相负载电压被钳位到零电位，

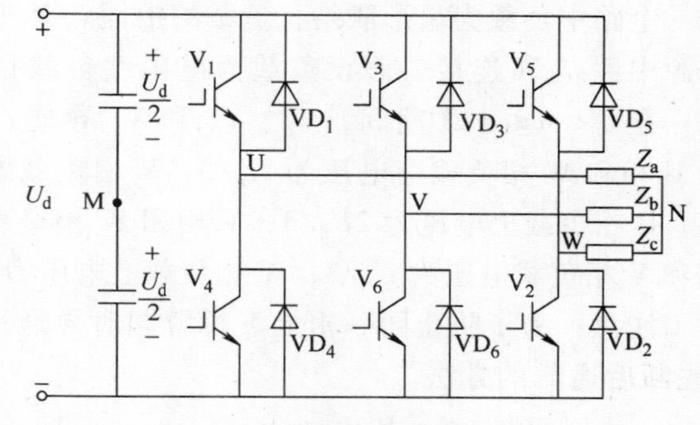

图5-20 三相桥式逆变电路图

其他两相电流通路不变。当 VD_2 中续流结束时（续流时间取决于负载电感和电阻大小），W 相电流反向经 V_2 流回电源。

三相桥式逆变电路输出线电压 U_{UV} 的有效值为

$$U_{UV}=0.816U_d \tag{5-8}$$

其中基波分量有效值 U_{UV1} 为

$$U_{UV1}=\frac{\sqrt{6}U_d}{\pi}=0.78U_d \tag{5-9}$$

负载相电压有效值 U_{UN} 为

$$U_{UN}=0.417U_d \tag{5-10}$$

其中基波分量有效值 U_{UN1} 为

$$U_{UN1}=\frac{U_{UN1m}}{\sqrt{2}}=0.45U_d \tag{15-11}$$

此时负载电流由电源经 V_1 和 U 相负载，分别流到 V 相和 W 相负载，分别经 V_6 和 V_2 流回电源。

在 $\omega t=2\pi/3$ 时刻，V_6 的触发脉冲下降到零，V_6 关断，V 相电流由 VD_3 续流。当续流结束时，VD_3 截止，V_3 导通。负载电流由电源经 V_1、V_3、U 相和 V 相负载，然后汇流到 W 相，一个周期内其他各管的工作情况与上述分析相同。

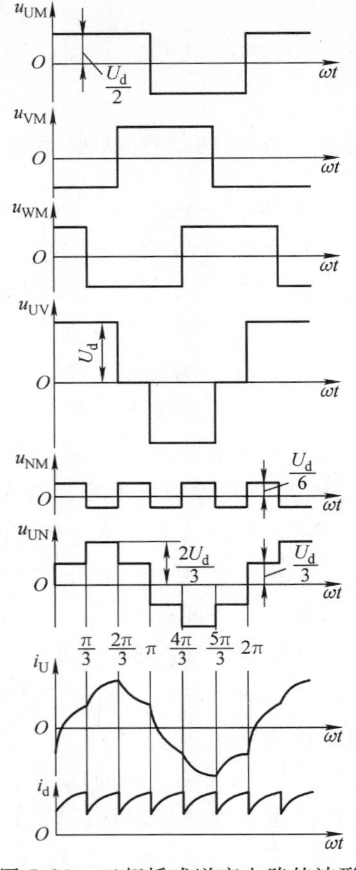

图 5-21　三相桥式逆变电路的波形

电路中负载为星形联结，负载的中性点 N 不与直流电源中性点 M 连接。假设负载为电阻性负载且三相对称，在 $0<\omega\leqslant\pi/3$ 期间，V_1、V_5 和 V_6 导通，由此可得 U 相和 W 相负载上电压为 $U_d/3$，V 相负载电压为 $2U_d/3$。同理，在 $\pi/3\leqslant\omega t\leqslant2\pi/3$ 期间，U 相负载上电压为 $2U_d/3$，V 相和 W 相负载上电压为 $U_d/3$。在 $2\pi/3<\omega t\leqslant\pi$ 期间，U 相和 V 相负载电压为 $U_d/3$，W 相负载上电压为 $2U_d/3$。

注意：为了防止同一相上下桥臂同时导通造成直流侧电源短路，在换相时，必须采取“先断后通”的方法。

5.8.3　电流型三相桥式逆变电路

图 5-22a 为开关器件采用 IGBT 的电流型三相桥式逆变电路原理图，在直流电源侧接有大电感 L_d，以维持电流的恒定。电流型三相桥式逆变电路的基本工作方式是 120°导通方式，即每个 IGBT 导通为 120°，$V_1\sim V_6$ 依次间隔 60°导通。任意瞬间只有两个桥臂导通，不会发生同一桥臂两器件直通现象。这样，每个时刻上桥臂组和下桥臂组中各有一个臂导通，换相时，在上桥臂组或下桥臂组内依次换相，属于横向换相。图 5-22b 所示为电流型三相桥式逆变电路的输出波形，它与负载性质无关。输出电压波形由负载的性质决定。

输出电流的基波有效值 I_{o1} 和直流电流 I_d 的关系式为

$$I_{o1}=\frac{\sqrt{6}}{\pi}I_d=0.78I_d \tag{5-12}$$

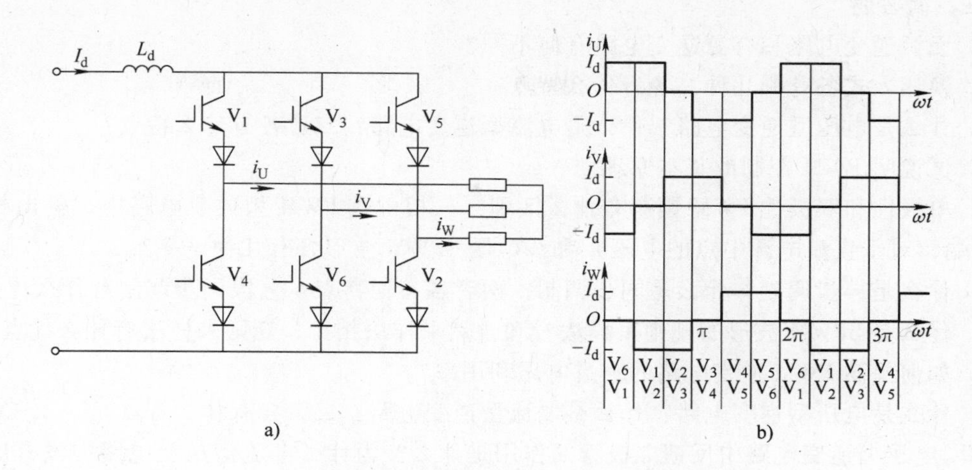

图 5-22 电流型三相桥式逆变电路

a）原理图 b）波形图

5.9 练习

一、填空题

1. 三相电流型逆变电路基本电路的工作方式是______导电方式，输出交流电流波形为______，电流宽度为______，其基波有效值为______。

2. 电力电子器件的换相方式可分为______、______、______和强迫换相。

3. 在 SPWM 调制方式中，______频率与______频率之比称为载波比。

4. 逆变电路按电路结构特点可分为：______逆变电路、______逆变电路、______逆变电路和其他形式的逆变电路等。

5. 当变流器运行于逆变状态时，通常将 $\alpha > 90°$时的控制触发延迟角用 β 来表示，β 称为______；触发延迟角 α 是以______作为计量起始点，由此向右方计量，β 是从______的位置为计量起点向左方来计量。

6. 按脉冲的极性，脉宽调制可分为____________调制与____________调制。

7. 在 SPWM 调制方式中，______频率与______频率之比称为载波比，在调制过程中载波比保持为常数称为______调制方式。

8. 逆变电路按输入电源的特点可分为______和______两类。

二、选择题

1. 变流器必须工作在 α（　　）区域，才能进行逆变。

A　>90°　　B　>0　　C　<90°　　D　=0

2. 为了保证能正常逆变，变流器的逆变角不得小于（　　）。

A　5°　　B　15°　　C　20°　　D　30°

3. 下面哪种功能不属于变流的功能（　　）

A　有源逆变　　B　交流调压　　C　变压器降压　　D　直流斩波

三、简答题

1. 无源逆变电路和有源逆变电路有何不同？

2. 换相方式各有哪几种？各有什么特点？

3. 什么是电压型逆变电路？什么是电流型逆变电路？二者各有什么特点？

4. 试说明 PWM 控制的基本原理。

5. 单极性和双极性 PWM 调制有什么区别？三相桥式 PWM 型逆变电路中，输出相电压（输出端相对于直流电源中点的电压）和线电压 SPWM 波形各有几种电平？

6. 什么是异步调制？什么是同步调制？两者各有何特点？分段同步调制有什么优点？

7. 什么是 SPWM 波形的规则采样法？和自然采样法相比，规则采样法有什么优点？

8. 如何提高 PWM 逆变电路的直流电压利用率？

9. 什么是电压型逆变电路？什么是电流型逆变电路？二者各有什么特点？

10. 电压型逆变电路中反馈二极管的作用是什么？为什么电流型逆变电路中没有反馈二极管？

11. 单极性和双极性 PWM 调制有什么区别。

四、计算题

单相桥式逆变电路如图 5-23 所示，逆变电路输出电压为方波，已知 $U_d=110V$，逆变频率为 $f=100Hz$，负载 $R=10\Omega$，$L=0.02H$。求：

（1）输出电压基波分量；

（2）输出电流基波分量。

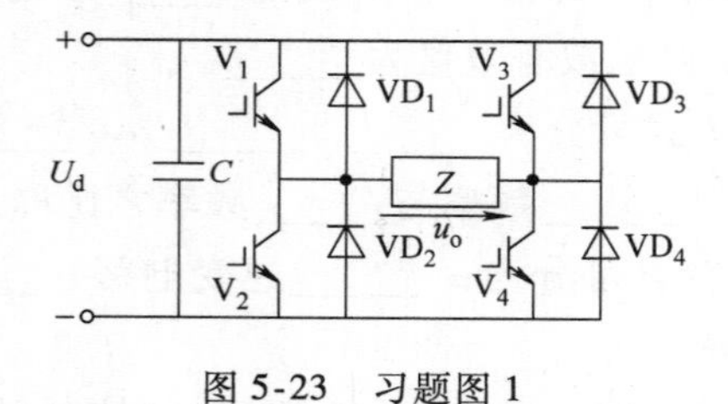

图 5-23　习题图 1

附　　录

附录 A　直流调光电路元器件及材料清单

序号	名称	元器件代号	型号/规格	单位	数量	备　　注
1	带灯船型开关	S	KCD4、250V、15A	只	1	
2	变压器	TS	S3—12B	只	1	
3	熔断器	FU	BLX—A 型	只	2	5A、250V
4	脉冲变压器	TP	KCB472/104B	只	1	
5	晶闸管	VT_1、VT_2	KP5—12	只	2	
6	二极管	VD_1、VD_2	Z P5—12	只	2	
7	二极管	$VD_3 \sim VD_{12}$	1N4007	只	10	
9	稳压管	V_1	1N5357B	只	1	20V、5W
10	晶体管	V_2	S9014	只	1	
11	晶体管	V_3	S9012	只	1	
12	单结晶体管	V_4	BT35	只	1	
13	电位器	RP	WH09-1-25-5K	只	1	
14	电阻	R_1	RJ-1kΩ-2W	只	1	
15	电阻	R_2、R_3	RJ-5. 1kΩ-0. 25W	只	2	
16	电阻	R_4	RJ-1kΩ-0. 25W	只	1	
17	电阻	R_5	RJ-2kΩ-0. 25W	只	1	
18	电阻	R_6	RJ-300Ω-0. 25W	只	1	
19	电容	C	0. 22μF	只	1	
20	接线端子		KF705A-7. 5-2P	只	2	
21	印制电路板			块	1	
22	铜螺母		M6 × 4	只	4	安装晶闸管与二极管用
23	铜垫片		M6	只	4	
24	螺钉、螺母、垫片		螺钉 M3A × 8	套	8	晶闸管阴极接线
25	接线片		ϕ4. 2	只	4	
26	六角铜柱		长 40	只	4	支脚
27	橡胶机脚		ϕ14 × 11 × 11	只	4	支脚
28	白炽灯箱	EL	220V、100 ~ 200W	台	1	

附录B　直流电动机调速电路元器件及材料清单

序号	名称	元器件代号	型号/规格	单位	数量	备注
1	断路器	QF		只	1	自备
2	熔断器	FU	10A/500V	只	3	自备
3	三相整流变压器	TR	380V/190V、1kV·A	只	1	可采用自耦变压器
4	直流电动机	M	0.18～0.8kW、220V	只	1	并励
5	快速熔断器	$FU_1 \sim FU_6$	RLS—15(熔芯10A)	只	6	
6	同步变压器	TS	T3—01	只	3	
7	脉冲变压器	$TP_1 \sim TP_6$	KCB473/065B	只	6	
8	平波电抗器	L_d	200mH、10A	只	1	
9	晶闸管	$VT_1 \sim VT_6$	KP20—12	只	6	
10	晶体管	$V_1 \sim V_6$	S9013	只	6	
11	二极管	$VD_1 \sim VD_{18}$	1N4007	只	18	
12	集成触发器	IC	TC787AP	只	1	
13	压敏电阻	$RV_1 \sim RV_4$	15K431	只	4	
14	电位器	RP_5	2.2kΩ、1W	只	1	有手动柄
15	可变电阻	$RP_1 \sim RP_3$	10kΩ、1W	只	3	
16	可变电阻	RP_4、RP_6	3kΩ、1W	只	2	
17	电阻	$R_1 \sim R_6$	100Ω、8W	只	6	或120Ω、8W
18	电阻	$R_7 \sim R_9$	200kΩ、0.25W	只	3	
19	电阻	R_{10}、R_{11}	20kΩ、0.25W	只	2	
20	电阻	R_{12}	100kΩ、0.25W	只	1	
21	电阻	R_{13}	3kΩ、0.25W	只	1	
22	电阻	$R_{14} \sim R_{19}$	10kΩ、0.25W	只	6	
23	电容	$C_1 \sim C_6$	0.1μF、630V	只	6	或0.47μF、630V
24	电容	$C_7 \sim C_9$	1μF	只	3	
25	电容	$C_{10} \sim C_{12}$	0.1μF	只	3	误差<5%
26	电容	C_{13}	0.01μF	只	1	
27	电容	$C_{14} \sim C_{19}$	0.22μF	只	6	
28	电容	C_{20}	1000μF、25V	只	1	
29	晶闸管散热器			只	6	
30	电位器旋钮			只	1	

（续）

序号	名称	元器件代号	型号/规格	单位	数量	备注
31	保护电路印制板			块	1	
32	触发电路印制板			块	1	
33	胶木板			块	1	主板
34	接线端子		KF705A-7.5-2P	只	12	安装在印制板上
35	接线端子				若干	安装在主板上
36	螺钉、垫片		M8×20	套	6	安装晶闸管用
37	螺钉、螺母、垫片		螺钉 M4×25	只	14	安装熔断器与端子
38	螺钉、螺母、垫片		螺钉 M3A×8	套	26	晶闸管接线与支脚
39	六角铜柱		长40	只	6	支脚
40	橡胶机脚		ϕ14×11×11	只	6	支脚

附录C　直流调速电路主板加工制作图

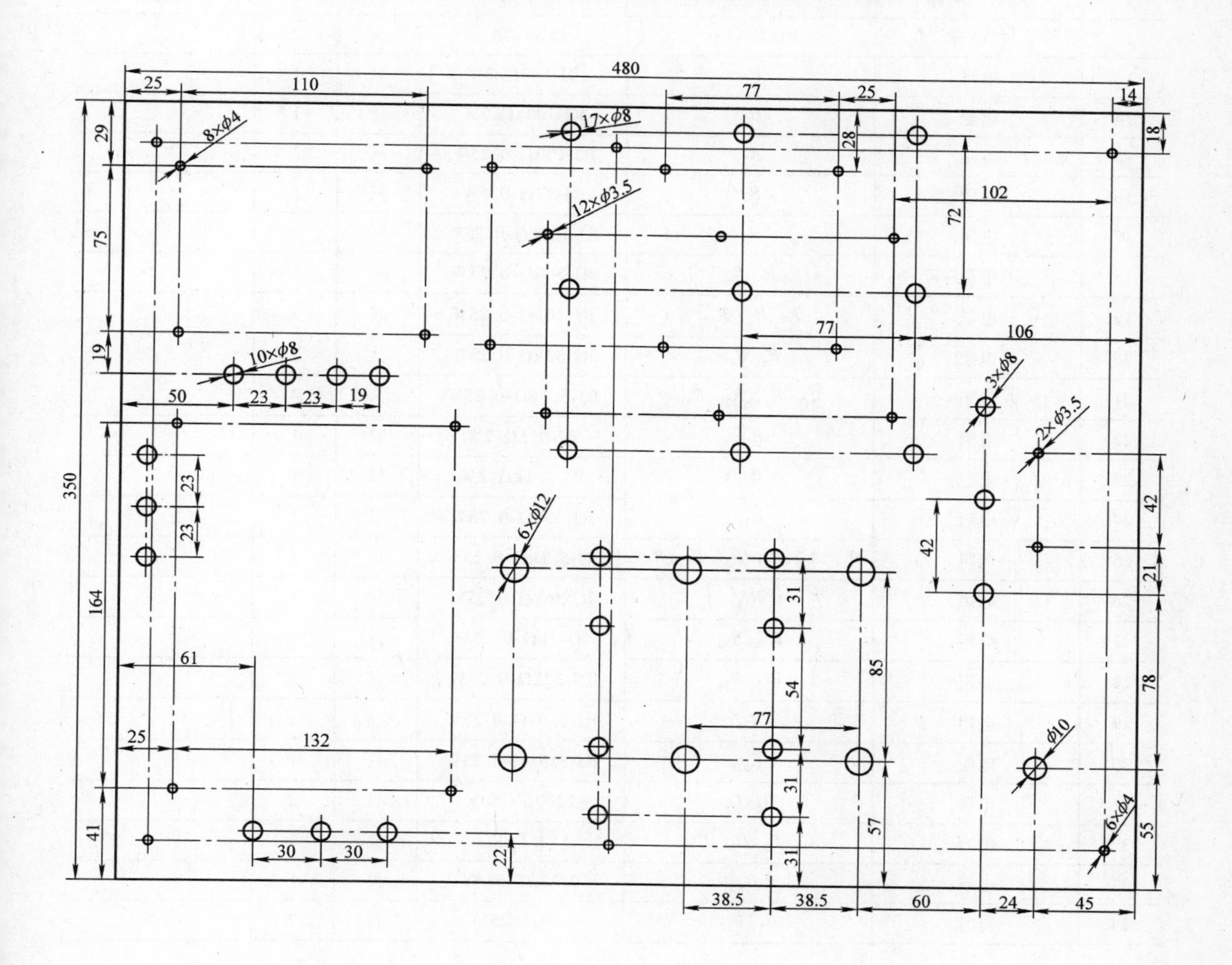

附录D 太阳能光伏电源电路元器件及材料清单

序号	名称	元器件代号	型号/规格	单位	数量	备注
1	带灯船型开关	S_1、S_2、S_3	KCD4、250V、15A	只	3	
2	高频变压器	TR	EC35 磁心	只	1	卧式7+7骨架
3	熔断器	FU	BLX—A 型	只	1	5A、250V
4	功率 MOSFET	V_1	IRFP05B	只	1	
5	晶体管	V_2、V_3	8050	只	2	
6	肖特基二极管	VD_1、VD_6	MUR420	只	2	
7	快恢复二极管	VD_2	HER307	只	1	
8	快恢复二极管	VD_3、VD_7	HER303	只	2	
9	快恢复二极管	VD_5	HER507	只	1	
10	稳压二极管	VD_4、VD_8	1N4742	只	2	12V、2W
11	发光二极管	VD_9、VD_{12}	$\Phi4$	只	2	绿色、红色各一只
12	二极管	VD_{10}、VD_{11}	1N4148	只	2	
13	电阻	R_1	RJ-100Ω-2W	只	1	
14	电阻	R_2	RJ-100kΩ-2W	只	1	
15	电阻	R_3	RJ-100Ω-0.25W	只	2	
16	电阻	R_4	RJ-22Ω-0.5W	只	1	
17	电阻	R_5	RJ-100kΩ-0.25W	只	1	
18	电阻	R_6、R_9	RJ-300Ω-0.25W	只	2	
19	电阻	R_7、R_{10}、R_{17}	RJ-10kΩ-0.25W	只	3	
20	电阻	R_8、R_{16}	RJ-33kΩ-0.25W	只	2	
21	电阻	R_{11}、R_{19}、R_{25}、R_{31}	RJ-5.1kΩ-0.25W	只	4	
22	电阻	R_{12}	RJ-0.1Ω-2W	只	1	
23	电阻	R_{13}	RJ-5.1kΩ-2W	只	1	
24	电阻	R_{14}	RJ-330Ω-0.25W	只	1	
25	电阻	R_{15}、R_{21}、R_{23}、R_{24}、R_{27}、R_{28}	RJ-5.1kΩ-0.25W	只	6	
26	电阻	R_{18}	RJ-56kΩ-0.25W	只	1	
27	电阻	R_{20}、R_{30}	RJ-1kΩ-0.25W	只	2	
28	电阻	R_{22}、R_{26}	RJ-22kΩ-0.25W	只	2	
29	电阻	R_{29}	RJ-5.6kΩ-0.25W	只	1	
30	电阻	R_{32}	RJ-3.9kΩ-0.25W	只	1	
31	电容	C_1、C_9	2200μF-50V	只	2	
32	电容	C_2、C_5、C_{10}、C_{13}	0.1μF	只	4	
33	电容	C_3	0.22μF-630V	只	1	
34	电容	C_4、C_{12}	22μF-25V	只	2	

（续）

序号	名称	元器件代号	型号/规格	单位	数量	备注
35	电容	C_6、C_8	1000pF	只	2	
36	电容	C_7	0.01μF	只	1	
37	电容	C_{11}	47μF-50V	只	1	
38	电容	C_{14}	0.022μF-630V	只	1	
39	脉宽调制器	U_1	UC3843A	只	1	
40	光耦合器	U_2	PC817	只	1	
41	2.5V 基准电压源	U_3	TL431	只	1	
42	电压比较器	U_4	LM393	只	1	
43	接线端子	J_1、J_2、J_3	KF705A-7.5-2P	只	2	
44	印制电路板			块	1	
45	六角铜柱		长 40	只	4	支脚
46	橡胶机脚		$\phi 14\times 11\times 11$	只	4	支脚

附录 E　软起动电路元器件及材料清单

序号	名称	元器件代号	型号/规格	单位	数量	备注
1	空气断路器	QF		只	1	自备
2	熔断器	$FU_1\sim FU_6$	10A/500V	只	6	自备
3	中间继电器	KA_1	20/220 V,50Hz	只	1	
4	交流电动机	M	0.8kW、380V、50Hz	只	1	异步
5	交流接触器	KM	CJX1-85/44,380V	只	1	
6	同步变压器	TS	T3—01	只	3	
7	脉冲变压器	$TP_1\sim TP_6$	KCB473/065B	只	6	
8	单相变压器	T	220V/18V　10V·A	只	1	
9	集成触发器	IC	TC787AP	只	1	
10	三端稳压器		LM7815	只	1	
11	热继电器	FR	NR2-11.5/Z 10A	只	1	
12	晶闸管	$VT_1\sim VT_6$	KP20—12	只	6	
13	晶体管	$V_1\sim V_8$	9013	只	8	NPN
14	晶体管	V_9	9012	只	1	PNP
15	二极管	$VD_1\sim VD_{23}$	1N4007	只	23	
16	继电器	KA_2	SRU-24V-SL-A	只	1	—
17	电容	C_{24}	100μF	只	1	
18	可变电阻	$RP_1\sim RP_3$	10kΩ、1W	只	3	
19	可变电阻	RP_4	100kΩ、1W	只	1	

（续）

序号	名称	元器件代号	型号/规格	单位	数量	备注
20	可变电阻	RP_5	10kΩ、1W	只	1	
21	电阻	$R_1 \sim R_3$	100Ω、8W	只	3	或 120Ω、8W
22	电阻	$R_7 \sim R_9$	200kΩ、0.25W	只	3	
23	电阻	R_{10}、R_{11}	20kΩ、0.25W	只	2	
24	电阻	R_{12}	100kΩ、0.25W	只	1	
25	电阻	R_{13}	3kΩ、0.25W	只	1	
26	电阻	$R_{14} \sim R_{19}$	10kΩ、0.25W	只	6	
27	电阻	R_{20}	5.1kΩ、0.25W	只	1	
28	电阻	R_{21}	100kΩ、0.25W	只	1	
29	电阻	R_{22}	470Ω、0.25W	只	1	
30	电容	$C_1 \sim C_3$	0.1μF、630V	只	3	或 0.47μF、630V
31	电容	$C_7 \sim C_9$	1μF	只	3	
32	电容	$C_{10} \sim C_{12}$	0.1μF	只	3	误差 <5%
33	电容	C_{13}	0.01μF	只	1	
34	电容	$C_{14} \sim C_{19}$	0.22μF	只	6	
35	电容	C_{20}	1000μF、25V	只	1	
36	电容	C_{21}	0.33μF、25V	只	1	
37	电解电容	C_{22}	470μF、25V	只	1	
38	电容	C_{23}	0.1μF、25V	只	1	
39	电解电容	C_{24}	220μF、25V	只	1	
40	稳压管	VS_1	2.5V	只	1	
41	稳压管	VS_2	3.9V	只	1	
42	稳压管	VS_3	6.8V	只	1	
43	晶闸管散热器			只	6	
44	按钮			块	1	
45	触发电路印制板			块	1	
46	胶木板			块	1	主板
47	接线端子		KF705A-7.5-2P	只	18	安装在印制板上
48	接线端子				若干	安装在主板上
49	螺钉、垫片		M8×20	套	6	安装晶闸管用
50	螺钉、螺母、垫片		螺钉 M4×25	只	14	安装熔断器与端子
51	螺钉、螺母、垫片		螺钉 M3A×8	套	26	晶闸管接线与支脚
52	六角铜柱		长 40	只	6	支脚
53	橡胶机脚		φ14×11×11	只	6	支脚
54	白炽灯箱	EL	220V、100~200W	台	1	

附录F　软起动电路主板加工制作图

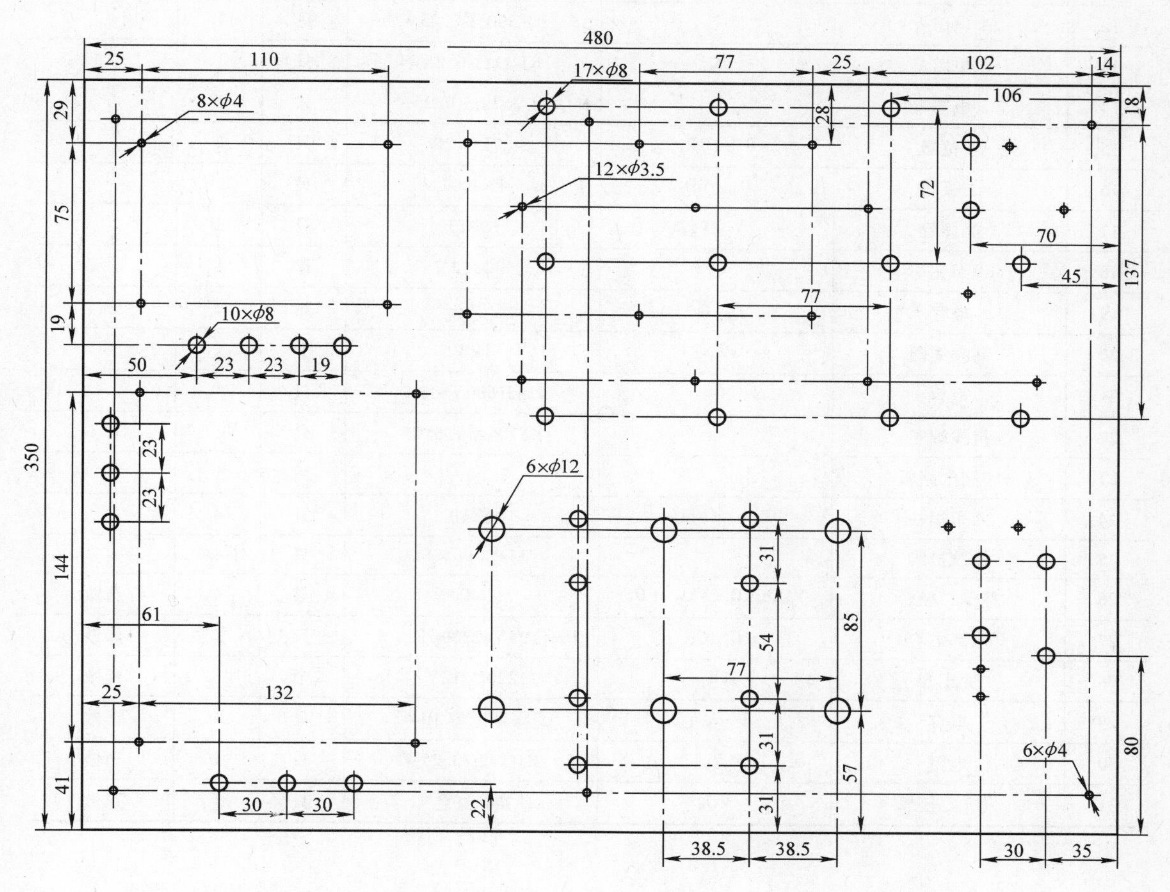

附录G　感应加热电源电路元器件及材料清单

序号	名称	元器件代号	型号/规格	单位	数量	备注
1	带灯船型开关	S	KCD4、250V、15A	只	1	
2	熔断器	FU	BLX—A	只	2	
3	脉冲变压器	TP_1、TP_2	KCB472/104B	个	2	
4	绝缘栅双极型晶体管	V_1、V_2、V_3、V_4	KGT25N120NDA	只	4	
5	散热器		铝合金 3×2.4×1.5	只	8	
6	快速恢复二极管	VD_1、VD_2、VD_3、VD_4	DSEI10—12	只	4	
7	电容	C_1	275V，5μF	只	1	
8	电阻	R_3	RJ-2kΩ-0.25W	只	1	
9	电阻	R_4	RJ-2.2kΩ-0.25W	只	1	
10	电阻	R_5	RJ-300Ω-0.25W	只	1	

（续）

序号	名称	元器件代号	型号/规格	单位	数量	备注
11	电阻	R_6	RJ-1kΩ-0.25W	只	1	
12	电阻	R_7	RJ-300Ω-0.25W	只	1	
13	电阻	R_8	RJ-1kΩ-0.25W	只	1	
14	电阻	R_9	RJ-2.2kΩ-0.25W	只	1	
15	电位器	RP_1、RP_2	4.7kΩ-2W	只	2	
16	二极管	VD_{10}、VD_{11}	1N4007	只	2	
17	晶体管	V_5、V_6	S9013	只	2	
18	PWM 芯片	U_1	SG3525	片	1	
19	电容	C_6、C_7	0.22μF	只	2	
20	高频线圈	L_1	1kW	个	1	
21	电容	C_2	224J1600VS0617	只	1	
22	接线端子		KF705A-7.5-2P	只	1	
23	印制电路板			块	1	
24	六角铜柱		长 40	只	4	
25	橡胶机脚		$\phi 14\times 11\times 11$	只	4	
26	整流二极管	VD_5、VD_6、VD_7、VD_8	1N4007	只	4	选做
27	电解电容	C_3、C_4	25V,2200μF	只	2	选做
28	变压器	TR_1	220V/12V	个	1	选做
29	电容	C_5	陶瓷电容 104	只	1	选做
30	电阻	R_2	RJ-1kΩ-0.25W	只	1	选做
31	发光二极管	VD_9	$\Phi 4$,红色	只	1	选做

参 考 文 献

[1] 王兆安、黄俊．电力电子技术［M］．4 版．北京：机械工业出版社，2011.

[2] 粟书贤．电力电子技术实验［M］．北京：机械工业出版社，2009.

[3] 黄家善．电力电子技术［M］．北京：机械工业出版社，2002.

[4] 郑忠杰，吴作海．电力电子变流技术［M］．2 版．北京：机械工业出版社，1997.

[5] 刘雨棣．电力电子技术及应用［M］．西安：西安电子科技大学出版社，2006.

[6] 王维平．现代电力电子技术及应用［M］．南京：东南大学出版社，2001.

[7] 张涛．电力电子技术［M］．北京：电子工业出版社，2003.

[8] 温淑玲．电力电子技术［M］．合肥：安徽科学技术出版社，2007.

[9] 邓木生，周红兵．模拟电子电路分析与应用［M］．北京：高等教育出版社，2008.

[10] 洪乃刚．电力电子技术基础［M］．北京：清华大学出版社，2008.

[11] 孙慧峰，熊旭平．变流技术的实现应用［M］．北京：科学出版社，2009.

[12] 余孟尝．模拟、数字及电力电子技术：下册［M］．北京：机械工业出版社，1999.

[13] 李安定．太阳能光伏发电系统工程［M］．北京：北京工业大学出版社，2001.

[14] 王长贵，崔容强．周篁．新能源发电技术［M］．北京：中国电力出版社，2003.

[15] 朱松然．铅蓄电池技术［M］．2 版．北京：机械工业出版社，2002.

[16] 赵同贺．开关电源设计技术与应用实例［M］．北京：人民邮电出版社，2007.